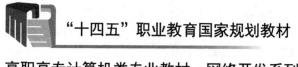
"十四五"职业教育国家规划教材

高职高专计算机类专业教材·网络开发系列

网站设计与网页制作
立体化项目教程（第4版）

何福男　密海英　陈莉莉　主　编

芮文艳　陈园园　杨小英　副主编

沈　茜　盛永华　顾华强　参　编

电子工业出版社

Publishing House of Electronics Industry

北京·BEIJING

内 容 简 介

本书通过苏州英博特智能科技有限公司官网的设计与制作，为读者全面展示了网站设计与网页制作的基本知识，让没有网页制作基础的读者可以轻松地制作出自己心目中的网站。

本书第一篇基本技能篇通过制作城市电子名片网页和爱国科学家钱学森先生的个人介绍页面，使读者快速掌握网页制作的基础知识，包括网页制作技术、常用开发工具、网站建设流程、HTML 和 CSS 的基础知识。第二篇项目实战篇按照网站开发的一般流程，制作苏州英博特智能科技有限公司官网，包括网站前期策划、网站开发准备、首页页面制作、二三级页面制作、网站测试与发布、宣传推广与维护及项目总结七个任务，使读者在巩固网页制作技能的同时，进一步掌握 HTML5 和 CSS3 的新特性，实现更复杂的页面样式变化及一些交互效果，能够制作具有更好的交互性和用户体验的网页。第三篇岗位能力强化篇结合 1+X 职业技能证书 Web 前端开发（初级）的考核要求，以任务为驱动，针对 HTML、CSS 等重要知识单元，结合实际案例和应用环境进行分析和设计，使读者能够真正掌握这些知识单元在实际场景中的应用。

本书配套资源包括书中所有任务案例素材及效果、电子课件，可登录华信教育资源网注册后免费下载。本书同时配有 97 段微课视频、电子活页、能力拓展和在线测试，可在书中二维码处扫码学习。

本书是专门为高等职业教育计算机类、艺术设计类和电子商务类等专业编写的网站设计与网页制作课程的专业教材，也可作为考取 1+X 职业技能证书 Web 前端开发（初级）的培训材料。

图书在版编目（CIP）数据

网站设计与网页制作立体化项目教程 / 何福男，密海英，陈莉莉主编. —4 版. —北京：电子工业出版社，2022.7

ISBN 978-7-121-43890-5

Ⅰ. ①网…　Ⅱ. ①何…　②密…　③陈…　Ⅲ. ①网页制作工具－高等学校－教材　Ⅳ. ①TP393.092.2

中国版本图书馆 CIP 数据核字（2022）第 118232 号

责任编辑：左　雅
印　　刷：三河市鑫金马印装有限公司
装　　订：三河市鑫金马印装有限公司
出版发行：电子工业出版社
　　　　　北京市海淀区万寿路 173 信箱　邮编　100036
开　　本：787×1 092　1/16　印张：20.5　字数：525 千字
版　　次：2011 年 1 月第 1 版
　　　　　2022 年 7 月第 4 版
印　　次：2024 年 1 月第 6 次印刷
定　　价：59.80 元

凡所购买电子工业出版社图书有缺损问题，请向购买书店调换。若书店售缺，请与本社发行部联系，联系及邮购电话：（010）88254888，88258888。

质量投诉请发邮件至 zlts@phei.com.cn，盗版侵权举报请发邮件至 dbqq@phei.com.cn。

本书咨询联系方式：（010）88254580，zuoya@phei.com.cn。

FOREWORD

前言

党的二十大报告指出，坚持把发展经济的着力点放在实体经济上，推进新型工业化，加快建设制造强国、质量强国、航天强国、交通强国、网络强国、数字中国。前端开发工程师、前端设计师、前端架构师和用户体验设计师是建设网络强国、数字中国必不可少的职业岗位，为网站前端设计和开发领域注入了新的生命和活力。随着用户对应用体验的要求越来越高，前端领域面临的挑战越来越大，问题也越来越突出。其中最突出的问题便是缺少复合型的前端开发人才。从知识体系上讲，复合型的前端开发人才需要掌握和了解的知识非常之多，甚至可以用"庞杂"二字来形容。这导致一名出色的前端开发人才需要很长的时间来成长，因此行业对此类人才的需求极其迫切，前端开发人才的从业前景较好。

本书以工作过程为导向，以企业网站的设计与制作为项目，将学生引入前端开发职业岗位，再通过完成能力拓展项目及小型商业网站的制作，使学生完成从需求分析、整体设计、项目创建、网页设计制作、网站调试、网站推广到文档书写的完整过程。本书重在岗位技能训练，与 1+X 职业技能证书 Web 前端开发（初级）挂钩，加入大量技能训练题目，学生学完本书后可直接考证，为初次就业打下基础。同时本书又将 HTML5、CSS3 等必要的专业知识传授给学生，为学生的后续学习和发展打好基础。

全书分为三个篇章。第一篇基本技能篇通过制作城市电子名片网页和爱国科学家钱学森先生的个人介绍页面，使读者快速掌握网页制作的基础知识，包括网页制作技术、常用开发工具、网站建设流程、HTML 和 CSS 的基础知识。第二篇项目实战篇按照网站开发的一般流程，制作苏州英博特智能科技有限公司官网，包括网站前期策划、网站开发准备、首页页面制作、二三级页面制作、网站测试与发布、宣传推广与维护及项目总结七个任务，使读者在巩固网页制作技能的同时，进一步掌握 HTML5 和 CSS3 的新特性，实现更复杂的页面样式变化以及一些交互效果，能够制作具有更好的交互性和用户体验的网页。第三篇岗位能力强化篇结合 1+X 职业技能证书 Web 前端开发（初级）的考核要求，以任务为驱动，针对 HTML、CSS 等重要知识单元，结合实际案例和应用环境进行分析和设计，使读者能够真正掌握这些知识单元在实际场景中的应用。

每个篇章分为若干任务，每个任务按照如下思路安排学习内容："能力要求"→"学习导览"→"任务概述"→"任务思考"→"任务实施"→"相关知识"→"课后习题"→"能力拓展"。其中"学习导览"是本任务的导学单，列出了项目实施过程和相关知识结构；"任务思考"通过提出完成任务会遇到的问题引导读者去思考；"能力拓展"是对本任务及前面内容的综合应用，该部分内容作为活页式内容，可以替换为其他案例。

本书部分素材融入思政教育元素。部分素材取自互联网知名网站，这些素材仅用于模仿学习，如有侵权，请与作者联系。

本书免费提供任务案例素材及效果、制作视频等资源。一些文档的书写规范也以电子活页的形式提供给读者参考。同时所有案例视频可在书中二维码处扫码学习。

本书第 1 版自 2011 年出版以来，受到全国广大读者（包括学生、教师和自学者）的广泛好评。本书适用于高职高专院校的教育教学，符合产业与技术发展的新趋势，内容、结构和体系新颖、有特色，在国内同类教材中具有一定的水平和质量。

本书第 2 版被荣幸地评为"'十二五'职业教育国家规划教材"，第 3 版被荣幸地评为"'十三五'职业教育国家规划教材"。第 4 版更加顺应行业需求，以培养复合型网站设计与网页制作人才为目的进行修订，综合了网页美工设计、网页标准布局，以及当下流行的 HTML 5、CSS 3 等新技术，以适应企业不断发展的需求。教材内容与课程思政相结合，融入活页式教材的元素，并与 1+X 职业技能证书紧密结合，与岗位技能要求相适应。

本书在第 3 版的基础上又做了进一步的修订和扩展，主要涵盖如下几个方面。

- 对软件版本进行了更新；
- 加入了 HTML5 和 CSS3 的新特性；
- 项目素材融入思政教育元素；
- 添加了第一篇基本技能篇，便于读者快速掌握网页制作的基础知识；
- 添加了第三篇岗位能力强化篇，与 1+X 职业技能证书结合；
- 更换了项目案例，选用了智能制造企业真实的网站建设项目作为案例；
- 每个任务添加了"学习导览"、"任务思考"及"能力拓展"，"能力拓展"为活页式内容；
- 采用二维码的方式提供相关内容的微课视频（共 97 段）、电子活页、能力拓展、在线测试等参考资源；书中所有任务案例素材及效果、电子课件请登录华信教育资源网（http://www.hxedu.com.cn）注册后免费下载。
- 配备丰富的教学资源，可参考精品课程网站。本课程的在线开放课程将在中国大学MOOC 上线，届时读者可以到中国大学 MOOC 网站上搜索苏州工业职业技术学院的"Web 前端技术基础"课程进行在线学习。

本书由苏州工业职业技术学院何福男、密海英、陈莉莉任主编，由苏州工业职业技术学院芮文艳、陈园园、杨小英任副主编，沈茜、盛永华、顾华强（企业编者）参与编写，由苏州英博特智能科技有限公司提供书中项目支持。企业专家、院校专家给予编写指导，共同完成了本书的结构、章节设计及编写。

由于作者水平有限，书中难免存在不足之处，敬请广大读者批评指正。

编　者

CONTENTS

目录

第三篇　岗位能力强化篇

第一篇
基本技能篇

随着网络的发展，互联网已成为人们生活的一部分，其中网页起着非常重要的作用。通过网页，浏览者可以得到各种信息，可以交换思想，可以通过网络进行购物。目前，网站种类繁多，如以宣传企业为目的的企业网站、成为互联网商店的大型购物网站、提供综合性互联网信息服务的应用系统门户网站、为制造企业服务的工业大数据展示平台等。那些视觉效果及用户体验比较好的网站往往会受到用户的青睐，那么这些网页是如何制作出来的呢？本篇将通过制作苏州城市电子名片网页和爱国科学家钱学森先生的个人介绍网页，使读者快速掌握网页制作的基础知识。

任务1 网页体验——城市电子名片页面制作

要设计出令人满意的网页，不仅要熟练掌握网页设计软件的基本操作，还要掌握网页制作的一些基础知识和网站建设的基本流程。任务1将带领读者体验完成一个城市电子名片页面的制作，使读者对静态页面开发有初步的体验和认识。

☑ 能力要求

（1）能识别网页和网站。
（2）掌握网页制作的相关技术。

（3）掌握网页制作工具的基本功能。

（4）熟悉网站建设的基本流程。

 **学习导览**

本任务学习导览如图 1-1-1 所示。

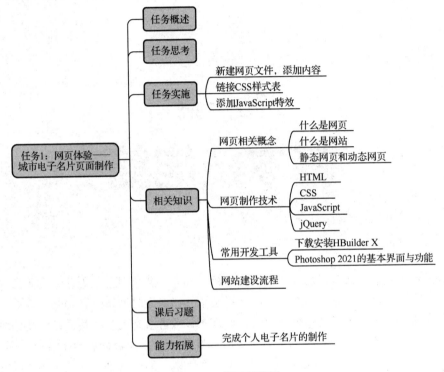

图 1-1-1　学习导览图

1.1　任务概述

制作国家历史文化名城"苏州"的城市电子名片页面，体验网页制作的流程、工具和技术，包括名片内容的制作、样式的设计及简单时间特效的添加，最终页面效果如图 1-1-2 所示。

微课：编写第一个网页"城市电子名片页面"

图 1-1-2　城市电子名片页面效果图

1.2　任务思考

（1）HTML、CSS、JavaScript 在网页开发中的作用是什么？

（2）开发一个网站的流程是怎样的？

（3）网页开发工具软件有哪些？请列举两个。

1.3　任务实施

1.3.1　新建网页文件，添加内容

（1）在 HBuilderX 软件中，打开城市电子名片网站文件目录 1-1，新建网页 suzhou.html。

（2）打开 suzhou.html 文件，输入以下代码，输入完成后保存文件。

```
<!DOCTYPE HTML>
<HTML lang="en">
    <head>
        <meta charset="UTF-8">
        <title>苏州城市电子名片页面制作</title>
    </head>
    <body>
        <div id="mycard">
            <div id="myphoto"><img src="img/photo.jpg" width="155"
height="207"></div>
            <div id="myinfo">
                姓名：苏州<br />
                面积：8657.32 km²<br />
                行政区类别：地级市<br />
                所属地区：中国华东地区<br />
                气候条件：亚热带季风海洋性气候<br />
                著名景点：拙政园、狮子林(等) <br />
            </div>
        </div>
    </body>
</HTML>
```

（3）利用浏览器打开 suzhou. html 文件，浏览网页效果。

1.3.2　链接CSS样式表

（1）在<head></head>标签内输入以下代码，链接 CSS 样式。输入完成后保存文件。

```
<head>
    <meta charset="UTF-8">
```

```
<title>苏州城市电子名片页面制作</title>
<link rel="stylesheet" type="text/css" href="css/style.css"/>
</head>
```

（2）利用浏览器打开 suzhou. html 文件，浏览网页效果。

1.3.3 添加JavaScript特效

（1）在著名景点所在行下面输入一段 JS 代码。输入完成后保存文件。

```
……
著名景点：拙政园、狮子林(等)<br />
<script language="JavaScript">
    today = new Date();
    var d = ["星期日", "星期一", "星期二", "星期三", "星期四", "星期五", "星期六"];
    document.write(
        "<font style='font-size:14px;font-family:microsoft yahei'> ",
        today.getFullYear(), "年",
        today.getMonth() + 1, "月",
        today.getDate(), "日",
        d[today.getDay()],
        "</font>");
</script>
```

（2）利用浏览器打开 suzhou. html 文件，浏览网页效果，如图 1-1-2 所示。

1.4 相关知识

微课：网页相关概念

1.4.1 网页相关概念

1. 什么是网页

在互联网上，应用最广的功能当属网页浏览。浏览器窗口中显示的页面被称为网页，网页实际上就是一个文件，这个文件存放在世界上某个地方的某一台计算机中，而且这台计算机必须与互联网相连接。当用户在浏览器的地址栏中输入网页地址后，经过复杂而又快速的程序解析后，网页文件就会被传送到用户的计算机中，然后通过浏览器解释网页的内容，最后展现在用户的眼前。

一般网页上都会有文字和图片等信息，而复杂一些的网页中还包括动画、表单、视频和音频等内容。随着大数据、云计算、物联网、人工智能等产业的快速发展，还出现了很多应用于生产管理、先进控制、节能环保、智慧能源、智能制造、车联网、智能电网等行业或领域的大数据管理平台，直观地呈现各种大数据，便于用户进行数据采集和分析，提高生产力。如图 1-1-3 所示为英博特 MES 管理系统。

2. 什么是网站

网站是众多网页的集合，不同的网页通过有组织的链接被整合到一起，为浏览者提供更丰富的信息。网站同时也是信息服务类企业的代名词。如果某人在网易或搜狐工作，那他可能会告诉你，他在一家网站工作。

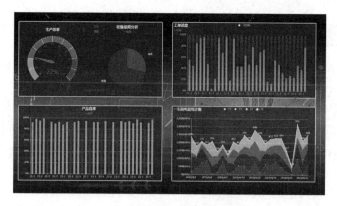

图 1-1-3　英博特 MES 管理系统

我们可以这样形容网页和网站的关系：假如网站是一本书的话，那么网页就是这本书中的一页。一个小型网站可能只包含几个网页，而一个大型网站则可能包含成千上万个网页。

3．静态网页和动态网页

每个网页都是独立的文件，网页内容都被保存在 Web 站点中。Web 站点中的网页分为静态网页和动态网页。

所谓静态网页是指纯粹的 HTML 格式的网页，这种网页制作完成后，其内容是固定的，修改或更新都必须通过专用的网页制作工具来完成，并且只要修改网页中的任何一个内容，都必须重新上传一次，以此覆盖原来的网页。

每个静态网页都有一个固定的 URL 地址。网页的 URL 地址通常以.html、.htm 或.shtml 等作为扩展名。静态网页在网站制作和维护方面工作量较大，且拥有的人机交互能力较差。

所谓动态网页，并非指网页上具有各种动画和其他视觉上的"动态效果"，动态网页也可以是纯文字的。与静态网页的根本区别是，动态网页是以数据库技术为基础，采用动态网页技术生成的网页。

HTML 是编写网页的语言，但仅用 HTML 是不能编写出动态网页的，还需要使用另外的技术。通过动态网页中的脚本语言，如 ASP、PHP、JSP、ASP.net 等，将网站内容动态地存储到数据库中，用户访问网站时通过读取数据库来动态地生成网页。当动态网页在浏览器中显示时，会自动调用存储在数据库中的数据，而信息的更新和维护则利用数据库在后台进行。

静态网页和动态网页在内容、扩展名、优点、缺点和数据库等方面的区别如表 1-1-1 所示。

表 1-1-1　静态网页和动态网页的区别

	静 态 网 页	动 态 网 页
内容	网页内容固定	网页内容动态生成
扩展名	.htm、.html 等	.asp、.php、.jsp 等
优点	无须系统实时生成； 网页风格灵活多样	日常维护简单； 更改结构方便； 交互性能强
缺点	交互性能差； 日常维护烦琐	需要大量的系统资源合成网页
数据库	不支持	支持

1.4.2 网页制作技术

微课：网页制作技术

1. HTML

HTML（Hyper Text Markup Language，超文本标记语言）是目前最流行的网页制作语言。互联网中的大多数网页都是由 HTML 所构成的。HTML 是建立网页文本的一种标记语言，它是在 SGML 定义下的一种描述性语言，是一种简单、通用的全置标记语言，通过标记和属性对文本的属性进行描述。HTML 可以通过超链接指向不同地址中的文件，支持在文本中嵌入图像、影像、声音等不同格式的文件。HTML 还具有强大的排版功能，利用 HTML 和其他的 Web 技术可以制作出功能强大的网页。

HTML5 是近十年来 Web 开发标准的巨大飞跃。和以前的版本不同，HTML 5 并非仅仅用来表示 Web 内容，它的新使命是将 Web 带入一个成熟的应用平台，在 HTML 5 平台上，视频、音频、图像、动画及同计算机的交互都被标准化。

HTML 网页文件可以由文本或专用网页编辑器编辑，编辑完毕后，HTML 文件将以.htm 或.html 作为文件扩展名保存。

2. CSS

CSS（Cascading Style Sheet，层叠样式表）是由 W3C 组织制定的一种非常实用的网页元素定义规则，是用来进行网页风格设计的。CSS 是对 HTML 的补充，利用 CSS 可以有效地对页面的布局、字体、颜色、背景和其他效果实现更加精确地控制。通过设置 CSS，可以统一地控制 HTML 中各标记的显示属性，节省了许多重复性格式的设定。

CSS3 是 CSS 技术的升级版本，CSS3 语言开发朝着模块化的方向发展。以前的规范作为一个模块实在是太庞大而且比较复杂了，所以，把它分解为一些小的模块，同时将更多新的模块加入进来。这些模块包括盒模型、列表模块、超链接方式、语言模块、背景和边框、文字特效、变形、过渡、动画、弹性布局、多栏布局等。

3. JavaScript

JavaScript 是为适应动态网页制作的需要而诞生的一种新的编程语言，如今被越来越广泛地应用于网页制作中。JavaScript 是一种基于对象和事件驱动，并具有相对安全性的客户端脚本语言，同时也是一种被广泛用于客户端 Web 开发的脚本语言，常用来给 HTML 网页添加动态功能。JavaScript 提供了丰富的运算功能，包括算术运算、关系运算、逻辑运算和连接运算。JavaScript 的一个重要功能就是面向对象的功能，通过基于对象的程序设计，可以用更直观、模块化和可重复使用的方式进行程序开发。

4. jQuery

jQuery 是一个优秀的 JavaScript 框架，它是轻量级的 JS（即 JavaScript）库，jQuery 使用户能更方便地处理 HTML 文件和事件，实现动画效果，并且方便地为网站提供 AJAX 交互。jQuery 还有一个比较大的优势：它的文档说明很全，而且各种应用也介绍得很详细，同时还有许多成熟的插件可供选择。jQuery 能够使用户的 HTML 页面保持代码和 HTML 内容分离。此外，jQuery 提供 API 让用户编写插件，其模块化的使用方式使用户可以很轻松地开发出功能强大的静态或动态网页。

微课：常用开发工具

1.4.3 常用开发工具

常用的网页前端开发工具软件有 Photoshop、Visual Studio Code、

Sublime Text 编辑器、IntelliJ IDEA、HBuilder X 等。本书介绍 HBuilder X 的下载、安装和基本操作，以及 Photoshop 的界面及基本功能。

1．HBuilder X 的下载、安装和基本操作

通过扫描二维码在线学习 HBuilder X 的下载、安装和基本操作，见电子活页 1-1-1。

电子活页 1-1-1

2．Photoshop 2021 的基本界面与功能

Photoshop，简称"PS"，是目前世界上最流行的图像处理软件之一，主要处理以像素构成的数字图像。Photoshop 的应用领域很广泛，在图形、图像、文字、视频、出版等各方面都有涉及。本书介绍的是 Photoshop 2021 版本。

（1）Photoshop 2021 主界面。从"开始"菜单中成功启动 Photoshop 2021 后，进入 Photoshop 2021 主界面，如图 1-1-4 所示。

图 1-1-4　Photoshop 2021 主界面

Photoshop 2021 主界面包括菜单栏、工具箱、工具属性栏、编辑区和面板集等。

① 菜单栏：菜单栏由 11 类菜单组成，分别是文件、编辑、图像、图层、文字、选择、滤镜、3D、视图、窗口和帮助菜单，如图 1-1-4 所示。菜单栏几乎集中了 Photoshop 2021 的所有命令和功能，用户可以选择其中的命令完成所有常规操作。

② 工具箱：在默认情况下，工具箱位于 Photoshop 2021 主界面的左侧边框处，将常用的命令以图标的形式汇集在工具箱中。用鼠标右键单击或按住工具图标右下角的▶符号，会弹出功能相近的隐藏工具。

③ 工具属性栏：当在工具箱中选择了一个工具时，工具属性栏里面就会出现这个工具的相应属性，可以根据需要设置相应的属性。

④ 编辑区：显示 Photoshop 2021 中导入的图像，可以对图像进行一系列的编辑。

⑤ 面板集：最初显示在主界面的右侧，其中的每个面板都是浮动的控件，可以随意拖动，因此可以按自己的喜好排列面板。为了方便使用 Photoshop 2021 的各项功能，将控件以面板的形式提供给用户。

（2）Photoshop 2021 的基本功能。Photoshop 2021 的基本功能包括图像编辑、图像合成、校色调色及特效制作等。图像编辑是图像处理的基础，包括对图像进行各种变换，如放大、缩小、旋转、倾斜、镜像、透视等，也可进行复制、去除斑点、修补、修饰图像的残损等。这在婚纱摄影、人像处理中有非常大的用处，可以去除人像上不满意的部分，进行美化加工，得到让人满意的效果。

（3）Photoshop 2021 的新增功能：①"Neural Filters"工作区；②"天空替换"功能；③增强的云文档；④图案预览模式；⑤实时形状；⑥重置智能对象；⑦更快、更轻松地使用增效工具；⑧预设搜索；⑨内容感知描摹工具；⑩内容识别、填充方面的改进等。

1.4.4 网站建设流程

微课：网站建设流程

1. 定位网站的主题

在建设网站之前，要对市场进行调查与分析，了解目前互联网的发展状况及同类网站的发展、经营状况，汲取它们的长处，找出自己的优势，确定自己网站的功能，是产品宣传型、网上营销型、客户服务型，还是电子商务型，抑或是其他类型网站，然后根据网站功能确定网站应达到的目的和应起到的作用，从而明确网站的主题，确定网站的名称。

网站的名称很重要，它是网站主题的概括和浓缩，关系到网站是否更容易被人接受。

提示：网站的名称应该简短、有特色、容易记，最重要的是，它应该能够很好地概括网站主题。

网站命名的原则如下。

（1）要有很强的概括性，能反映出网站的题材。

（2）要合理、合法、易记，最好读起来朗朗上口。

（3）名称不宜过长，要方便其他网站进行链接。

（4）要有个性，体现出一定的内涵，能给浏览者更多的想象力和冲击力。

2. 收集整理资料

在建设网站之前，要尽可能多地收集与网站主题相关的素材（文字、数据、图像、多媒体等），再去芜存菁，取其精华为我所用。

（1）文字素材。文本内容可以让浏览者明白网站要表达的内容。文字素材可以从用户那里获取，也可以通过网络、书籍等途径收集，还可以由制作者自己编写。这些文字素材可以制作成 Word 文档或 TXT 文档，保存到站点下的相关子目录中。

（2）图像、多媒体等素材。一个能够吸引浏览者眼球的网站仅有文本内容是不够的，还需要添加一些增加视觉效果的素材，如图像（静态图像或动态图像）、动画、声音、视频等，使网页充满动感和生机，从而吸引更多的浏览者。这些素材可以由用户提供，也可以由制作者自己拍摄制作，或通过其他途径获取。将收集整理好的素材存放到站点下的相关子目录中。

（3）数据采集。在互联网行业快速发展的今天，数据采集已经被广泛应用于互联网及各个分布式领域，如智能制造离不开车间生产数据的支撑，在制造过程中，数控机床不仅是生产工具和设备，更是车间信息网络的节点，通过机床数据的自动化采集、统计、分析和反馈，将结果通过数据看板直观地呈现，用于改善制造过程，将大大提高制造过程的柔性和加工过程的集成性，从而提升产品生产过程的质量和效率。这些数据素材可以由用户提供。

3．设计规划网站结构

网站结构设计也就是网站栏目功能规划，即确定网站要展示的相关内容，把要展现在网站上的信息体现出来。网站结构蓝图也决定着网站导航设计。一个好的网站导航设计对提供丰富友好的用户体验有至关重要的作用，简单直观的导航不仅能提高网站的易用性，而且在方便用户找到所需的信息后，可有助于提高用户转化率。如果把主页比作网站门面，那么导航就是通道，这些通道走向网站的每个角落，导航的设计是否合理对于一个网站具有非常重要的意义。

4．设计网站形象

内容是网站的基础，一个网站有充实的、丰富的、能充分满足用户需求的内容是第一位的，但过分偏重内容而忽视形象也是不可取的。忽视形象，将导致网站吸引力、注意力、用户体验度的降低。一个没有独特风格的网站很难给浏览者留下深刻的印象，更不容易把网站打造成一个网络品牌。网站形象设计包括以下几个方面。

（1）网站的标志。网站的标志也被称为网站的 logo。在计算机领域，logo 是标志、徽标的意思，顾名思义，网站的 logo 就是网站的标志图案，它一般会出现在网站的每个页面上，是网站给人的第一印象。因而，logo 设计追求的是以简洁的、符号化的视觉艺术形象把网站的形象和理念长留于人们心中。

logo 实际上是将具体的事物、事件、场景和抽象的精神、理念、方向通过特殊的图形固定下来，使人们在看到 logo 的同时自然地产生联想，从而对企业产生认同心理，它是网站特色和内涵的集中体现。一个好的 logo 应该是网站文化的浓缩，能反映网站的主题和名称，能让浏览者见到它就能联想到它的网站。logo 设计的好坏直接关系着一个网站乃至一个公司的形象。

logo 制作可以使用图像处理软件或配合动画制作软件（如果要做一个动画的 logo）来完成，如 Photoshop、Fireworks 等。而 logo 的制作方法也和普通的图片及动画的制作方法没什么区别，不同的是 logo 设计有它自己的规范。

提示：① 88 像素×31 像素，这是互联网上最普遍的 logo 规格。

② 120 像素×60 像素，这种规格用于一般大小的 logo。

③ 120 像素×90 像素，这种规格用于大型 logo。

【赏析】部分知名网站的 logo 赏析如图 1-1-5 所示。

图 1-1-5　部分知名网站 logo 赏析

（2）网站的色彩搭配。网站给人的第一印象来自视觉的冲击，因此，确定网站的色彩是相当重要的一步。不同的色彩搭配会产生不同的效果，并可能影响到浏览者的情绪。赏心悦目的网页，其色彩的搭配都是和谐而优美的。

一般来说，适合于网页标准色的颜色主要有蓝色、黄/橙色、黑/灰/白色 3 大色系。在对网页进行色彩规划时，要注意以下几点。

① 网页的标准色彩不宜过多，太多会让人眼花缭乱。标准色彩应该用于网站的 logo、标题、主菜单和主色块，给人以整体统一的感觉，其他的色彩只作为点缀和衬托，绝不可以喧宾夺主。

② 不同的颜色会给浏览者不同的心理感受。因此，在确定主页的题材后，要了解哪些颜色适合哪些网页。

③ 在色彩的运用中还要注意一个问题：由于国家和种族、宗教和信仰的不同，以及地理、文化的差异等，不同的人群对色彩的喜恶程度有着很大的差异。

【赏析】网站色彩搭配赏析如图 1-1-6 所示。

图 1-1-6　网站色彩搭配赏析

（3）网站的标准字体。网站的字体也是网页内涵的一种体现，合适的字体会让人感觉到美观、亲切、舒适。一般的网页，其默认的字体是宋体，如果想体现与众不同的风格，可以做一些特效字体，但特效字体最好以图像的形式体现，因为很多浏览者的计算机中可能没有网站所设置的特效字体。

【赏析】网站特殊字体赏析如图 1-1-7 所示。

图 1-1-7　网站特殊字体赏析

（4）网站的宣传标语。网站的宣传标语也就是网站的广告语。广告语是品牌传播中的核心载体之一，好的广告语是可以让人朗朗上口、容易记忆的。更重要的是，出色的广告语，能深深地打动浏览者，让它所代表的网站在网络世界的众多网站里占有一席之地！

【举例】网易——轻松上网，易如反掌；263——中国人的网上家园。

5．设计网页布局

网页的布局最能够体现网站设计者的构思，良好的网页布局能使浏览者身心愉悦，而布局不佳的网页则可能使浏览者失去继续浏览的兴趣而匆匆离去。所以，网页布局也是网站设计中的关键因素。

所谓网页布局就是对网页元素的位置进行排版。对于不同的网页，各种网页元素所处的地位不同，出现在网页上的位置也不同。

网页布局元素一般包括：网站名称（logo）、广告区（banner）、导航区（menu）、新闻（what's new）、搜索（search）、友情链接（links）、版权（copyright）等。对网页元素的排版决定着网页页面的美观与否和实用性。常见的布局结构有以下几种。

（1）"T"字形布局。所谓"T"字形布局，就是指页面顶部为一横条（网站标志、横条广告），下方左侧为二级栏目条，右侧显示主体内容的布局，如图 1-1-8 所示。

（2）"同"字形布局。"同"字形布局名副其实，采用这种结构的网页，往往将导航区置于页面顶端，一些如横条广告、友情链接、搜索引擎、注册登录、栏目条等内容置于页面两侧，中间为主体内容，如图 1-1-9 所示。

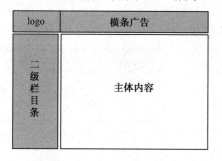

图 1-1-8 "T"字形布局网页

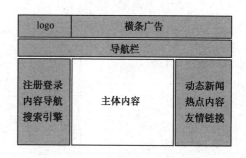

图 1-1-9 "同"字形布局网页

"T"字形布局与"同"字形布局的网页页面结构清晰、左右对称呼应、主次分明，因而采用这两种布局的网页得到非常普遍的运用。但是这两种布局太规矩、呆板，如果细节、色彩上缺少变化和调剂，很容易让人感到单调乏味。

（3）"国"（"口"）字形布局。"国"字形布局是在"同"字形布局的基础上演化而来的，在保留"同"字形的同时，在页面的下方增加一横条状的菜单或广告，如图 1-1-10 所示。（还有一种四周空出、中间做窗口的布局，被称为"口"字形布局。）

"国"（"口"）字形布局的网页充分利用了版面，信息量大，与其他网页的链接多、切换方便。但这种布局方式容易使得页面拥挤、四面封闭，令人感到不舒服。

（4）自由式（"POP"）布局。自由式布局打破了"T"字形布局、"同"字形布局、"国"字形布局的菜单框架结构，页面布局像一张宣传海报，以一张精美的图片作为页面的设计中心，菜单栏目自由地摆放在页面上，常用于时尚类网页。这种方式布局的网页比较漂亮、能够吸引人，但显示速度慢、文字信息量少，如图 1-1-11 所示。

（5）"匡"字形布局。这种布局与"国"字形布局其实只是形式上的区别，它去掉了"国"字形布局最右边的部分，给主体内容区释放了更多空间。这种布局上面是标题及横条广告，接下来的左侧是一窄列链接等，右侧是很宽的正文，下面也是一些网站的辅助信息，如图 1-1-12 所示。

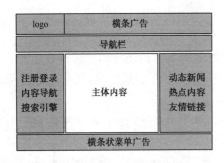

图 1-1-10 "国"字形布局网页   图 1-1-11 "POP"布局网页

（6）左右（上下）对称布局。顾名思义，这种布局是指采取左右（上下）分割屏幕的办法形成的对称布局，这里的"对称"指的只是在视觉上的相对对称，而非几何意义上的对称。在左右部分内，自由安排文字、图像和链接。单击左边的链接时，在右边显示链接的内容。左右（上下）对称布局大多用于设计型的网站。这种布局的网页既活泼、自由，又可显示较多的文字、图像，视觉冲击力很强。这种布局不适用于信息、数据量巨大的网站，如图 1-1-13 所示。

（7）"三"字形布局。这种布局多见于国外网站，国内用得不多。其特点是页面上有横向两条色块，将页面整体分割为三部分，色块中大多放广告条，如图 1-1-14 所示。

  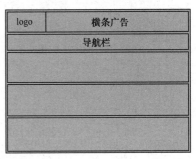

图 1-1-12 "匚"字形布局网页   图 1-1-13 左右对称布局网页   图 1-1-14 "三"字形布局网页

除了以上介绍的几种常见布局结构，还可以见到诸如"川"字形布局、封面型布局、Flash布局、标题文本型布局、框架型布局和变化型布局等结构，它们也都具备各自的特点。设计者可以根据自己网站的主题及要实现的功能来选择合适的布局。

6．制作裁切网站设计稿

网页的界面是整个网站的门面，好的门面会吸引越来越多的浏览者，因此网页界面的设计就显得非常重要。网页界面的设计主要包括创意、色彩和版式三个方面。创意会使网页在众多竞争对手中脱颖而出，色彩可以使网页获得生命的力量，版式则是和用户沟通的核心，所以这三者缺一不可。

俗话说："良好的开端是成功的一半。"在网站设计上也是如此，首页的设计是一个网站成功与否的关键。人们往往看到首页就已经对网站有了一个整体的感觉。能否促使浏览者继续浏览网站的其他页面，关键就在于首页设计的效果。首页最重要的作用在于它能够表现出整个网站的概貌，能将网站所提供的功能或服务展示给浏览者。

首页设计的方法：先在纸上画出首页的页面布局图，再利用图片处理软件，如 Photoshop设计并制作首页整体效果图。这样后面其他页面的设计就没有首页那么复杂了，主要和首页风格保持一致，页面设计要美观，要有返回首页的链接等。

接下来就要将网页整体效果图进行裁切。虽然网页在浏览器中的效果和效果图一致，但一整张效果图的大小可能有 200KB 或更高，浏览器下载就会变慢，如果访问速度太慢，浏览者就会因为等待时间过长而放弃浏览，所以要把整图裁切成小块，以加快下载速度。

裁切是网页设计中非常重要的一环，它可以很方便地标明哪些是图片区域，哪些是文本区域，使版块格式尤其是图片和文字的比例得到合理的控制。合理的裁切还有利于加快网页的下载速度、设计复杂造型的网页，以及对不同特点的图片进行分格式压缩等。另外，网站是要实时更新的，根据布局裁剪以后更新网站就会很方便。

7．规划与建立站点

Web 站点是一组具有共享属性的链接文档，包含了很多类型的文件，如果将所有的文件混杂在一起，那么整个站点就会显得杂乱无章，看起来很不舒服且不易管理，因此在制作具体的网页之前，需要对站点的内部结构进行规划。

站点的规划不仅需要准备好建设站点所需的各种素材资料，还要设计好资料整合的方式，并根据资料确定站点的风格特点，同时在内部还要整齐有序地排列归类站点中的文件，便于将来的管理和维护。

设置站点的常规做法是在本地磁盘上创建一个包含站点所有文件的文件夹（站点根文件夹），该文件夹被称为本地站点。然后在该文件夹中再创建若干个文件夹，分别命名为 img、media、css 等。再将各个文件分门别类地放到不同的文件夹下，这样可以使整个站点的结构看起来条理清晰，井然有序，人们通过浏览站点的结构，就可知道该站点的大概内容。

8．实现网页结构

规划好站点相关的文件和文件夹后，就可以开始制作具体的网页了。设计网页时，首先要选择网页设计软件。目前常用的网页制作软件有 Photoshop、Dreamweaver、Visual Studio Code、Sublime Text 编辑器、IntelliJ IDEA、HBuilderX 等。

素材有了，工具也选好了，下面就是具体的实施设计，将站点中的网页按照设计方案制作出来，这是一个复杂而细致的过程，一定要按照先大后小、先简单后复杂的原则进行制作。所谓先大后小，就是指在制作网页时，先把大的结构设计好，然后逐步完善小的结构设计。所谓先简单后复杂，就是先设计出简单的内容，然后设计复杂的内容，以便出现问题时好修改。

使用 HTML 实现网页结构设计时，需要思考哪些对象将以网页内容的形式使用 HTML 代码来实现，内容和格式要分离。

9．使用 CSS 技术美化页面

现代网页制作离不开 CSS 技术，采用 CSS 技术，可以有效地对页面的布局、字体、颜色、背景和其他效果实现更加精确地控制，可以实现调整字间距、行间距，取消链接的下画线，固定背景图像等 HTML 标签无法表现的效果。

样式表的优点就是，在对很多网页文件设置同一种属性时，无须对所有文件反复进行操作，只要应用样式表就可以便利、快捷地进行操作，而且容易更新，修改时只要对一处 CSS 规则进行更新，则使用该定义样式的所有文档的格式都会自动更新为新样式。完成页面结构设计和内容添加以后，就可以使用样式表对页面进行美化设计。

10．JavaScript 脚本应用

JavaScript 可以在页面中实现动画、游戏，以及对页面效果进行切换等。尤其是当 Ajax 技术兴起之后，网站的用户体验又得到了更大的提升。例如，当人们在百度的搜索框中输入

几个字以后，网页会智能感知用户接下来要搜索的内容，出现一个下拉菜单，这个效果的实现离不开 JavaScript。另外，JavaScript 的用途已经不局限于浏览器了，Node.js 的出现使得开发人员能够在服务器端编写 JavaScript 代码，使得 JavaScript 的应用更加广泛，可以根据客户需求，在网站中添加 JavaScript 脚本，实现页面的动态交互效果。

11．测试与发布网站

网站创建完毕，要发布到 Web 服务器上，才能够让全世界的人浏览。网站在上传之前要进行细致周密的测试，以保证上传之后浏览者能正常浏览和使用。

在网站开发、设计、制作过程中，对网站的测试、确定和验收是一项重要而又富有挑战性的工作。网站测试不但需要检查是否按照设计的要求运行，而且要测试网站在不同客户端的显示是否合适，最重要的是，从最终用户的角度进行安全性和可用性测试。

12．更新与维护网站

一个好的网站，并非制作完就宣告结束，日后的更新维护也是极其重要的。就像盖好的一栋房子或者买回的一辆汽车，如果长期搁置无人维护，必然变成朽木或者废铁。网站也是一样的，只有不断地更新、管理和维护，才能留住已有的浏览者并且吸引新的浏览者。

对于任何一个网站来说，想要始终保持对浏览者有足够的吸引力，定期进行内容的更新是唯一的途径。如果浏览网站的浏览者每次看到的页面都是一样的，那么日后就不会再来，几个月甚至一年一成不变的网站是毫无吸引力可言的，那样的结果只能是访问人数的不断下降，同时也会对网站的整体形象造成负面影响。

13．网站项目总结

网站建设在达到目标后，需要进行项目总结，对项目的成功经验、完成的效果及吸取的教训进行分析，并将这些信息存档以备后用。

项目总结的目的和意义在于总结经验教训、防止犯同样的错误、评估项目团队、为绩效考核积累数据，以及考察是否达到阶段性目标等。

 课后习题

在线测试 1-1-1

课后习题见在线测试 1-1-1。

 能力拓展

运用本节学习的知识，完成个人电子名片的制作。

任务引导 1：安装网页制作工具 HBuilderX，熟悉其操作方法。
已完成安装 □　　安装存在问题 □
任务引导 2：在 HBuilderX 中新建一个基本 HTML 项目，新建网页。请查阅资料，写出网页及相关资源文件命名的规则。
任务引导 3：请准备一张个人电子名片的照片，保存到图片文件夹中。请查阅资料，写出网站开发中常用的图片格式。

任务引导 4：根据自身情况设计个人电子名片内容，请写出 HTML 代码结构。
任务引导 5：利用课堂案例的样式表，美化个人电子名片，请写出 HTML 中链接外部样式表的代码。
任务引导 6：请使用两个以上主流浏览器预览页面最终效果。
页面显示正常 □   页面无法正常显示 □（哪个浏览器不正常，如何修改？） _____

任务2 页面制作——人物介绍页面内容呈现

万维网中所有的网页都是HTML格式的文本，使用HTML描述的文件需要通过Web浏览器显示出效果。目前HTML的版本为HTML5，是HTML的第5代版本。HTML有自己的语法格式和编写规范，任务2将完成一个人物介绍页面的内容呈现，使读者初步掌握HTML的基本结构、语法格式和编写规范。

 能力要求

（1）掌握 HTML 基本结构。
（2）掌握 HTML 语法格式。
（3）掌握 HTML 文本、图像等常用标签。
（4）会编写简单的网页。

 学习导览

本任务学习导览如图 1-2-1 所示。

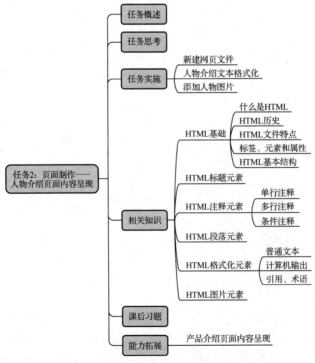

图 1-2-1 学习导览图

2.1 任务概述

设计与制作钱学森先生的人物介绍页面，了解钱学森先生所取得的卓越成就，学习他严谨求实的科学精神。人物介绍页面包括添加标题、段落、水平线、特殊字符和图像等，最终效果如图 1-2-2 所示。

微课：钱学森先生的人物介绍页面内容呈现

图 1-2-2　钱学森先生的人物介绍页面效果图

2.2 任务思考

（1）什么是超文本标记语言？

（2）HTML5 的基本结构是怎样的？

（3）在网页中如何换段和换行？

2.3 任务实施

2.3.1 新建网页文件

打开 HBuilderX 软件，新建项目 1-2，新建并打开 qianxs.html 页面，将钱学森先生人物介绍文本复制到\<body\>和\</body\>中，代码如下。

```
<!DOCTYPE HTML>
<HTML>
    <head>
        <meta charset="utf-8" />
        <title>钱学森先生的人物介绍页面</title>
    </head>
    <body>
        钱学森，1911 年 12 月出生，生前系原总装备部科技委高级顾问，中国科学院院士、中国工程院院士。钱学森是新中国留学归国人员中最具代表性的国家建设者，是新中国历史上伟大的人民科学家。最先为中国火箭导弹技术的发展提出极为重要的实施方案，此后长期担任我国火箭导弹和航天器研制的技术领导职务，获国家科技进步特等奖、中国科学院自然科学奖一等奖、小罗克韦尔奖章和世界级科学与工程名人称号。被国务院、中央军委授予"国家杰出贡献科学家"荣誉称号，获中共中央、国务院、中央军委颁发的"两弹一星"功勋奖章。当选"100 位新中国成立以来感动中国人物"。
        学术论著
        工程控制论物理力学讲义（新世纪版） 星际航行概论导弹概论（钱学森手稿）
        XXX 版权所有
    </body>
</HTML>
```

运行结果如图 1-2-3 所示。

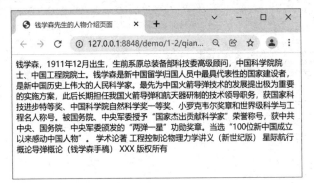

图 1-2-3　插入文本内容

2.3.2　人物介绍文本格式化

在文本没有格式化之前，文字全部连在一起，没有标题和分段，因此需要在文本上执行如下操作，完成文本格式化。

（1）为标题"钱学森"添加\< h1\>标签，为"学术论著"添加\< h2\>标签；

（2）为正文添加\<p\>（段落）标签，分成两段，并在每段首行加 4 个空格\ ；

（3）在版权文字前面插入\<hr /\>（水平线）标签，在"版权"前加上版权符号\&copy；

（4）将四部学术论著换行显示，添加\<br /\>标签；

（5）为"爱国"文字添加强调语气，添加\<strong\>标签；

添加完成后代码如下：

```
<!DOCTYPE HTML>
<HTML>
```

```
<head>
    <meta charset="utf-8" />
    <title>钱学森先生的人物介绍页面</title>
</head>
    <body>
    <h1>钱学森</h1>
    <p>    钱学森，1911 年 12 月出生，生前系原总装备部科技委高级顾问，
中国科学院院士、中国工程院院士。</p>
    <p>    钱学森是新中国<strong>爱国</strong>留学归国人员中最具代表
性的国家建设者，是新中国历史上伟大的人民科学家。最先为中国火箭导弹技术的发展提出极为重要的实
施方案，此后长期担任我国火箭导弹和航天器研制的技术领导职务，获国家科技进步特等奖、中国科学院
自然科学奖一等奖、小罗克韦尔奖章和世界级科学与工程名人称号。被国务院、中央军委授予"国家杰出
贡献科学家"荣誉称号，获中共中央、国务院、中央军委颁发的"两弹一星"功勋奖章。当选"100 位新中
国成立以来感动中国人物"。
    </p>
    <h2>学术论著</h2>
    工程控制论<br />物理力学讲义（新世纪版）<br /> 星际航行概论<br />导弹概论（钱学森手稿）
<br />

    <hr />
    XXX &copy;版权所有
</body>
</HTML>
```

运行结果如图 1-2-4 所示。

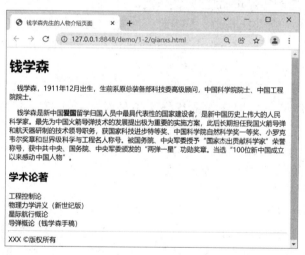

图 1-2-4　文本格式化

2.3.3　添加人物图片

在四部学术论著后添加钱学森先生照片 photoInfo.jpg，代码如下：

```
<h2>学术论著</h2>
工程控制论<br />物理力学讲义（新世纪版）<br /> 星际航行概论<br />导弹概论（钱学森手稿）<br />
<img src="img/photoInfo.jpg" alt="">
```

运行结果如图 1-2-2 所示。

2.4 相关知识

微课：HTML 基础

2.4.1 HTML基础

在制作网页之前，先来了解一下浏览器是如何显示网页内容的。我们可以通过浏览器查看已有网页的源代码，如图 1-2-5 和图 1-2-6 所示，这些源代码就是浏览器可以"理解"的一种计算机语言——HTML。

图 1-2-5　网页效果

图 1-2-6　查看网页源代码

1．什么是 HTML

HTML 是 Hyper Text Markup Language 的缩写，中文翻译为"超文本标记语言"，是制作网页的最基本语言，它的特点正如它的名称所示。

（1）Hyper（超）："超（Hyper）"是相对于"线性（Linear）"而言的，HTML 之前的计算机程序大多是线性的，即必须按由上至下的顺序运行，而 HTML 制作的网页可以通过其中的链接从一个网页"跳转"至另一个网页。

（2）Text（文本）：不同于一些编译性的程序语言，如 C、C++或 Java 等，HTML 是一种文本解释性的程序语言，即它的源代码不用经过编译而直接在浏览器中运行时会被"翻译"。

（3）Markup（标记）：HTML 的基本规则就是使用"标记语言"，用成对尖括号组成的标签元素来描述网页内容是如何在浏览器中显示的。

2．HTML 历史

HTML 最早作为一种标准的网页制作语言是在 20 世纪 80 年代末由科学家蒂姆·伯纳斯·李（Tim Berners-Lee）提出的。当时他定义了 22 种标签元素，发展至 1999 年 12 月，由万维网联盟（W3C）发布的 HTML 4.01 规范中还保留其中的 13 种标签元素。2000 年 5 月，HTML 已成为一项国际标准（ISO/IEC 15445：2000）。2008 年 1 月，万维网联盟已经发布了 HTML 5 规范的草案版。

早期的 HTML 版本不仅用标签元素描述网页的内容结构，而且用标签元素描述网页的排版布局。我们知道，在网页的设计中，网页的内容结构一般变化较小，但是网页的排版布局可以千变万化。因此，当需要改变网页的布局时，就必须大量地修改 HTML 文件，这给网页的设计与开发带来了很多不便。从 HTML 4.0 开始，为了简化程序的开发，HTML 已经尽量将"网页的内容结构"与"网页的排版布局"分开。它的主要原则如下。

- 用标签元素描述网页的内容结构。
- 用 CSS 描述网页的排版布局。
- 用 JavaScript 描述网页的事件处理，即鼠标或键盘在网页元素上实施动作后的程序。

本书将以 HTML 5 规范为标准进行讲解，HTML 5 的详细规范内容可以通过万维网联盟网站进行查询。

3．HTML 文件特点

（1）HTML 文件必须以.htm 或.html 作为扩展名。两者并没有太大的区别，只是对于一些老式的计算机系统，限制文件的扩展名只能由 3 个字母组成，那么使用.htm 就会更为安全。本书的示例中将使用.html 作为扩展名。

（2）HTML 文件可以在大多数流行的网页浏览器上显示，如目前流行的 Microsoft 的 Internet Explorer（以下简称 IE）、Google 的 Chrome 和 Mozilla 的 Firefox 浏览器等。本书将使用 Google 的 Chrome 浏览器显示网页。

在 HBuilderX 中打开新建的 index.html 文件，在图 1-2-7 中可以看到，HTML 文件是由各种 HTML 元素组成的，如 html（HTML 文件）元素、head（头）元素、body（主体）元素、title（标题）元素等。这些元素都是通过用尖括号组成的标签形式来表现的。实际上，HTML 程序编写的内容就是标签、元素和属性。

```
index.html
1   <!DOCTYPE HTML>
2   <html>
3       <head>
4           <meta charset="utf-8" />
5           <title></title>
6       </head>
7       <body>
8           欢迎
9       </body>
10  </html>
```

图 1-2-7　index.html 源代码

4．标签、元素和属性

（1）标签。从 index.html 源代码中可以看出，html 标签是由一对尖括号<>及标签名称组成的，如<html>。html 标签通常是成对出现的，如<title>和</title>，标签对中的第一个标签是开始标签，第二个标签是结束标签；也有单独呈现的标签，如<meta charset="utf-8">等。一般成对出现的标签，其内容在两个标签中间；单独呈现的标签，则在标签属性中赋值。标签名称对大小写是不敏感的，如<HTML>和<html>的效果是一样的，这里推荐使用小写字母。

网页的内容需在<html>标签中，标题、字符格式、语言、兼容性、关键字、描述等信息显示在<head>标签中，而网页中展示的内容需嵌套在<body>标签中。某些时候不按照标准书写代码虽然也可以正常显示，但是为了培养职业素养，还是应该养成良好的编程习惯。

（2）元素。HTML 元素是指从开始标签到结束标签的所有代码。HTML 元素以开始标签起始，以结束标签终止，元素的内容是开始标签与结束标签之间的内容。HTML 元素分为"有内容的元素"和"空元素"两种，前者包括开始标签、结束标签及两者之间的内容，如<title>无标题文档</title>；后者则只有开始标签而没有结束标签和内容，如
。在 XHTML、XML 及未来版本的 HTML 中，所有元素都必须被关闭。在开始标签中添加斜杠，如
，是关闭空元素的正确方法，HTML、XHTML 和 XML 都接受这种方式。

（3）属性。在元素的开始标签中，还可以包含"属性"来表示元素的其他特性，它的格式是<标签名称　属性名="属性值">，如在超链接标签 "<a href ="http://www.cnblogs.com">博客园</a>" 中使用了属性 href 来指定超链接的地址。属性值对大小写是不敏感的，也没有规定属性值一定要在引号中，但为了养成良好的编程习惯，还是应该统一在属性值外面加上双引号。

5．HTML 文件基本结构

从图 1-2-7 中可以看出，HTML 文件的基本结构如下。

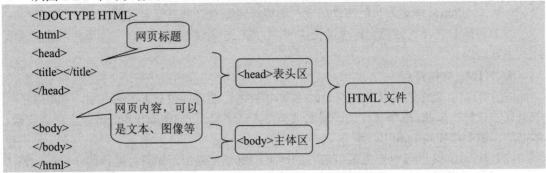

其中，各部分含义如下。

<!DOCTYPE>：向浏览器说明文档遵循的 HTML 标准的版本。

<html>：通常在此定义网页的文件格式。

<head>：表头区，记录文件基本资料，包括标题和其他说明信息等。

<title>：标题区，必须在表头区内使用，定义浏览该 HTML 文件时在浏览器窗口的标题栏上显示的标题。

<body>：文本区，文件内容，即在浏览器中浏览该 HTML 文件时在浏览器窗口中显示的内容。

微课：HTML 常用标签

2.4.2　HTML标题元素

在 HTML 文件中，标题是通过<h1>～<h6>标签进行定义的，表示 6 个不同级别的标题，<h1>定义最大的标题，<h6>定义最小的标题。由于<h>元素拥有确切的语义，所以在开发过程中需要选择恰当的标签层级构建文档的结构。通常<h1>用于最顶层标题，<h2>～<h4>用于较低层级，而<h5> <h6>的使用频率比较低。

【示例代码】1-2-1.html

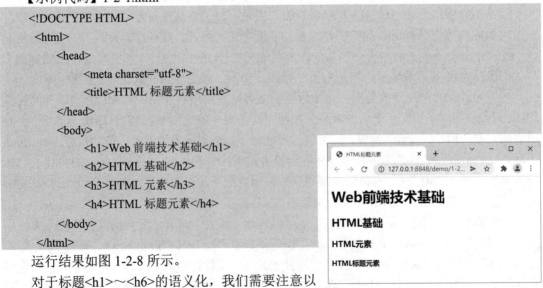

运行结果如图 1-2-8 所示。

对于标题<h1>～<h6>的语义化，我们需要注意以下 4 个方面。

图 1-2-8　HTML 标题元素

- 一个页面只能有一个<h1>标签。
- <h1>～<h6>不要断层。
- 不要用<h1>～<h6>来定义样式。
- 不要用 div 来代替<h1>～<h6>。

2.4.3　HTML注释元素

HTML 注释标签是用来在 HTML 源代码中添加说明/注释的，使用该标签注释的内容将不在浏览器中显示。边写代码边写注释是一个好习惯，特别是代码量很大的时候，可以方便以后对自己代码的理解与修改，也有助于团队协作，方便其他程序员快速了解代码。

HTML 注释标签语法格式如下：

```
<!-- 注释的内容 -->
```

HTML 注释标签可以应用在以下地方。

1．单行注释

```
<h1>HTML 注释标签的详细介绍</h1><!-- 文章标题-->
```

说明：通过注释可知前面是文章的标题。

2．多行注释

```
<!--
<p>这是文章的一个段落</p>
<p>这是文章的一个段落</p>
-->
```

说明：在代码有 bug 的时候，可以用注释标签来排错。

3．条件注释

```
<script type="text/javascript">
<!--
这是一段 JavaScript 代码
//-->
</script>
```

提示：通过这样的条件注释可以避免一些浏览器不支持 JavaScript，从而把 JavaScript 代码文本显示在页面上，影响美观。

2.4.4　HTML段落元素

在 HTML 文件中，可以使用段落标签<p>来标记一段文字。每个<p>标签就是一个段落，段落元素会自动在其前后创建一些空白，浏览器会自动添加这些空间，也可以用样式自定义。

【示例代码】1-2-2.html

```
<!DOCTYPE HTML>
<html>
    <head>
        <meta charset="utf-8" />
        <title>中国式现代化的本质要求</title>
    </head>
    <body>
        <h1>中国式现代化的本质要求</h1>
```

```
            <p>坚持中国共产党领导</p>
            <p>坚持中国特色社会主义</p>
            <p>实现高质量发展</p>
            <p>发展全过程人民民主</p>
            <p>丰富人民精神世界</p>
            <p>实现全体人民共同富裕</p>
            <p>促进人与自然和谐共生</p>
            <p>推动构建人类命运共同体</p>
            <p>创造人类文明新形态</p>
        </body>
</html>
```

运行结果如图 1-2-9 所示。

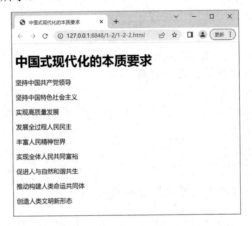

图 1-2-9　HTML 段落元素

如果只需要换行，可以使用
标签，注意
标签不是用于分割段落的。

【示例代码】1-2-3.html

```
<!DOCTYPE HTML>
<html>
    <head>
        <meta charset="utf-8" />
        <title>中国式现代化的本质要求</title>
    </head>
    <body>
        <p>坚持中国共产党领导<br />
            坚持中国特色社会主义<br />
            实现高质量发展<br />
            发展全过程人民民主<br />
            丰富人民精神世界<br />
            实现全体人民共同富裕<br />
            促进人与自然和谐共生<br />
            推动构建人类命运共同体<br />
            创造人类文明新形态</p>
    </body>
</html>
```

运行结果如图 1-2-10 所示。

图 1-2-10 换行标签

由图 1-2-10 可以看出，用<p>标签会导致两段文字之间有空行，而
则不会。如果内容是两段内容，那么需要用<p>标签。

如果需要添加分割线，可以使用水平线<hr />标签。

在页面中，也可以使用特殊字符，常用的特殊字符如表 1-2-1 所示。

表 1-2-1 常用的特殊字符

HTML 源代码	显 示 结 果	描 述
&lt;	<	小于号或显示标记
&gt;	>	大于号或显示标记
&amp;	&	可用于显示其他特殊字符
&quot;	"	引号
&reg;	®	已注册
&copy;	©	版权
&trade;	™	商标
		半个空白位
		一个空白位
		不断行的空白

2.4.5 HTML格式化元素

HTML 中还包含具有特殊意义的特殊元素定义的文本，例如，使用元素来格式化输出，如粗体或斜体文本。

1．普通文本

<b>：定义粗体文本。

<big>：定义大号字。

<em>：定义着重文字。

<i>：定义斜体字。

<small>：定义小号字。

<strong>：定义加重语气。

<sub>：定义下标字。

<sup>：定义上标字。

<ins>：定义插入字。

<del>：定义删除字。

2．计算机输出

<code>：定义计算机代码文本。

<kbd>：定义键盘文本。

<samp>：定义计算机代码样式。

<tt>：定义打字机样式文本。

<var>：定义变量。

<pre>：定义预格式文本。与<p>标签不同的是，在 pre 元素中被包围在<pre>标签中的文本通常会保留空格和换行符。

3．引用、术语

<abbr>：定义缩写。

<acronym>：定义首字母缩写。

<address>：定义地址。

<bdo>：定义文字方向。

<blockquote>：定义长的引用。

<q>：定义短的引用。

<cite>：定义引用、引证。

<dfn>：定义一个定义项目。

【示例代码】1-2-4.html

```
<!DOCTYPE HTML>
<html>
    <head>
        <meta charset="utf-8">
        <title>普通文体格式化</title>
    </head>
    <body>
        <h1>普通文体格式化</h1>
        粗体文本：<b>社会主义核心价值观 24 字</b>是什么？<br />
        大号字：<big>社会主义核心价值观 24 字</big>是什么？<br />
        着重文字：<em>社会主义核心价值观 24 字</em>是什么？<br />
        斜体字：<i>社会主义核心价值观 24 字</i>是什么？<br />
        小号字：<small>社会主义核心价值观 24 字</small>是什么？<br />
        加重语气：<strong>社会主义核心价值观 24 字</strong>是什么？<br />
        下标字：<sub>社会主义核心价值观 24 字</sub>是什么？<br />
        上标字：<sup>社会主义核心价值观 24 字</sup>是什么？<br />
        插入字：<ins>社会主义核心价值观 24 字</ins>是什么？<br />
        删除字：<del>社会主义核心价值观 24 字</del>是什么？<br />
    </body>
</html>
```

运行结果如图 1-2-11 所示。

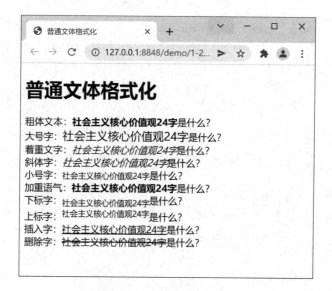

图 1-2-11　普通文本格式化

【示例代码】1-2-5.html

```
<!DOCTYPE HTML>
<HTML>
    <head>
        <meta charset="utf-8">
        <title>计算机输入格式化</title>
    </head>
    <body>
        <h1>计算机输入格式化</h1>
            普通文字：<p>
                public class HTMLUtils {
                     &npsb;private static final VERSION=5.0;
                }
            </p>
            计算机代码文本：<br />
            <code>
                public class HTMLUtils {
                     &npsb;private static final VERSION=5.0;
                }
            </code><br />
            键盘文本：<br />
            <kbd>
                public class HTMLUtils {
                     &npsb;private static final VERSION=5.0;
                }
            </kbd><br />
            计算机代码样式：<br />
            <samp>
```

```
                    public class HTMLUtils {
                         &npsb;private static final VERSION=5.0;
                    }
            </samp><br />
            打字机样式文本：<br />
            <tt>
                    public class HTMLUtils {
                         &npsb;private static final VERSION=5.0;
                    }
            </tt><br />
            变量：<var>int x=10;</var><br />
            预格式文本：
            <pre>
富强
        民主
                文明
                        和谐
            </pre>
        </body>
</HTML>
```

运行结果如图 1-2-12 所示。

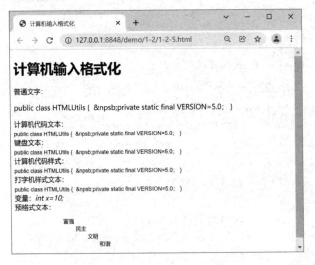

图 1-2-12　计算机输入格式化

【示例代码】1-2-6.html

```
<!DOCTYPE html>
<HTML>
    <head>
        <meta charset="utf-8">
        <title>普通文体格式化</title>
    </head>
    <body>
```

```
    <h1>引用、术语格式化</h1>
    缩写：<abbr title="etcetera">etc.</abbr><br />
    首字母缩写：<acronym title="World Wide Web">WWW</acronym><br />
    地址：<address>江苏省苏州市工业园区九华路 118 号</address><br />
    文字方向从左到右：<bdo dir="ltr">苏州工业园区欢迎您!</bdo><br />
    文字方向从右到左：<bdo dir="rtl">苏州工业园区欢迎您!</bdo><br />
    长引用：<blockquote>社会主义核心价值观 24 字是富强、民主、文明、和谐、自由、平等、
公正、法治、爱国、敬业、诚信、友善。</blockquote>
    短引用：社会主义核心价值观<q>24 字</q><br />
    引用：社会主义<cite>核心价值观</cite>24 字<br />
    定义：<dfn>HTML</dfn>是一种超文本标记语言。
    </body>
</HTML>
```

运行结果如图 1-2-13 所示。

图 1-2-13　引用、术语格式化

2.4.6　HTML图片元素

在 HTML 文件中，<img>标签用来在网页中嵌入一幅图像。从技术上讲，图像并不是插入网页中的，而是链接到网页中的，<img>标签的作用是为被引用的图像创建占位符。<img>标签在网页中很常用，如引入一个 logo 图片、按钮背景图片、工具图标等。只要是有图片的地方，源代码中基本都有<img>标签（除一些背景图片外）。

<img>标签的语法格式如下。

```
<img src="被引用图像的地址" alt="图像的替代文本">
```

src 属性用来指定需要嵌入网页中的图像地址，可以是相对路径也可以是绝对路径。

alt 属性用来规定图像的替代文本，当图像不显示时，将显示该属性值内容。搜索引擎会读取该属性值内容作为图像表示的意思，所以搜索引擎优化中需注意该属性。

src 属性和 alt 属性是<img>标签的必备属性，虽然不写 alt 属性也不会出错，但是建议必须写上。如果不写 alt 属性，那么搜索引擎看不懂图像是什么意思。如果图片不能显示了，那么会出现空白，用户也不知道这是什么意思。

<img>标签还有一些常用的属性，如 width 可以设置图片宽度，height 可以设置图片高度等。

【示例代码】1-2-7.html

```
<!DOCTYPE HTML>
<html>
    <head>
        <meta charset="utf-8">
        <title>HTML 图片元素</title>
    </head>
    <body>
        <img src="img/meeting.png" alt="中国共产党第二十次全国代表大会" width="300"
        height="180">
    </body>
</html>
```

运行结果如图 1-2-14 所示。

图 1-2-14   HTML 图片元素

 课后习题

在线测试 1-2-1

课后习题见在线测试 1-2-1。

 能力拓展

运用本节学习的知识，完成一个产品介绍页面的内容呈现。

任务引导 1：在 HBuilderX 中新建一个基本 HTML 项目，新建产品介绍网页，请写出你创建的网页名称。
任务引导 2：查找或收集某个产品的图片及文字素材，将图片重命名并放入图片文件夹中，请写出你要介绍的产品名称。
任务引导 3：选择合适的 HTML 元素设计产品页面的内容，包括标题、文本的内容呈现，请写出 HTML 代码结构。

续表

任务引导 4：在页面的合适位置插入产品介绍图片，请写出 HTML 代码结构。
任务引导 5：请使用两个以上主流浏览器预览页面最终效果。 页面显示正常 □　　页面无法正常显示 □（哪个浏览器不正常，如何修改？） _____

任务3 样式设计——人物介绍页面美化

CSS是一种定义样式结构（如字体、颜色、位置等）的语言，用于描述网页上的信息格式化和显示的方式。CSS提供了丰富的文档样式定义，易于使用和修改，支持多页面应用。CSS样式可以直接存储于HTML网页或者放置在单独的样式表文件中，样式表的复用可以大大减小页面的体积，这样在加载页面时使用的时间也会大大减少。CSS样式表包含将样式应用到指定类型的元素的规则。任务3将完成人物介绍页面的样式设计，使得页面更加美观，使读者初步掌握CSS的语法格式和编写规范。

能力要求

（1）掌握 CSS 样式的分类。
（2）掌握 CSS 语法规则。
（3）掌握 CSS 选择器。
（4）掌握 CSS 字体、文本、背景的常用样式属性。
（5）能对页面进行基本样式的设计。

学习导览

本任务学习导览如图 1-3-1 所示。

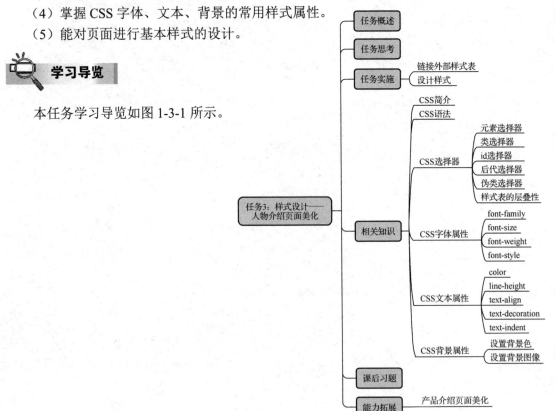

图 1-3-1 学习导览图

3.1　任务概述

为钱学森先生的人物介绍页面设计基本样式，包括引入外部样式表，设置页面中的字体、文本、背景样式。最终效果如图 1-3-2 所示。

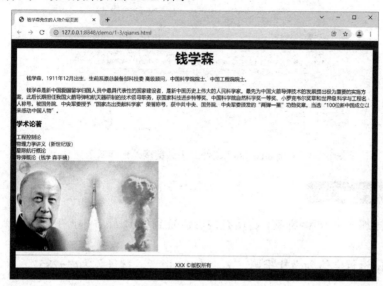

微课：钱学森
先生的人物介
绍页面美化

图 1-3-2　钱学森先生的人物介绍页面美化效果图

3.2　任务思考

（1）为什么称 CSS 为层叠样式表？

（2）ID 选择器与类选择器有何区别，两者的应用场景是怎样的？

（3）要对多个选择器设置相同的样式，如何写 CSS 规则？

3.3　任务实施

3.3.1　链接外部样式表

在 HBuilderX 中打开任务 2 中完成的钱学森先生的人物介绍页面，在 css 文件夹中新建样式表文件 style.css，在 qianxs.html 文件的头部链接外部样式表文件，如图 1-3-3 所示。

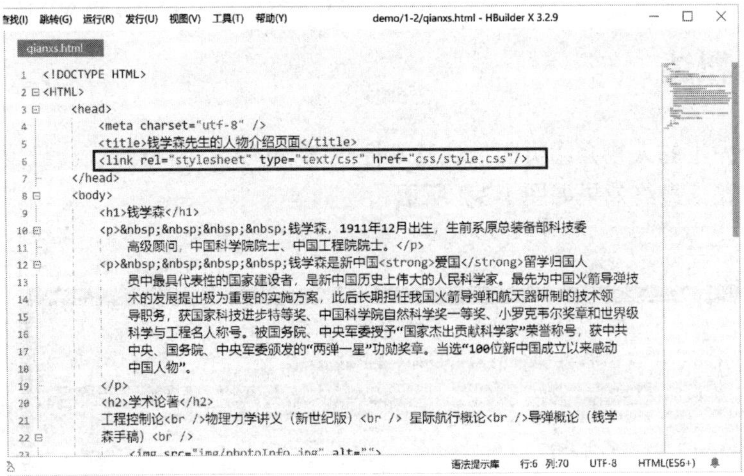

图 1-3-3　在 qianxs.html 文件的头部链接外部样式表文件

3.3.2　设计样式

在 body 中添加一个<div>标签，将所有内容放置到<div>标签中，在 style.css 文件中编写如下样式。

（1）为 body 设置字体为微软雅黑，大小为 14 像素，背景色为#1a2857。

```
body {
    font-family: "microsoft yahei";
    font-size: 14px;
    background-color: #1a2857;
}
```

（2）为<div>添加类名 container，设置宽度为 1000 像素，背景颜色为白色#ffffff，居中（margin:auto;）。

```
.container {
        width: 1000px;
        background-color: #ffffff;
        margin: auto;
}
```

（3）设置<h1>字体大小为 36 像素，颜色为#1a2857，居中对齐。

```
h1 {
    font-size: 36px;
    color: #1a2857;
    text-align: center;
}
```

（4）设置<h2>字体大小为 18 像素。

```
h2 {
    font-size: 18px;
}
```

（5）取消段落的空格标记，添加类名 indent，设置字符缩进为 2 个字符（em）。

```
.indent {
```

```
        text-indent: 2em;
    }
```

（6）为底部文字添加<p>标签，添加类名 copyright，设置为居中对齐。

```
.copyright {
        text-align: center;
    }
```

（7）为文本"两弹一星"添加<strong>标签，并设置为红色，此时"爱国"也变成红色。

```
.indent strong {
        color: #ff0000;
    }
```

最终效果如图 1-3-2 所示。

3.4　相关知识

微课：CSS 简介

3.4.1　CSS简介

为了使用 CSS 样式对页面进行排版和布局，首先要来认识 CSS，掌握它的用法。CSS 是 Cascading Style Sheet 的缩写，中文翻译为层叠样式表，它是一系列格式设置规则，用来控制页面内容的外观。使用 CSS 设置页面格式时，内容与表现形式是分开的。页面内容（HTML 代码）位于 HTML 文件中，而定义代码表现形式的 CSS 规则位于另一个文件（外部样式表）或 HTML 文档的代码区域中。

CSS 格式设置规则由两部分组成：选择器和声明。选择器是标识已设置格式元素（如 p、img、类名称或 id）的术语，而声明则用于定义样式元素。在下面的例子中，a 是选择器，介于大括号之间的所有内容都是声明。

```
a {
        font-family: "宋体";
        font-size: 12px;
        font-weight: bold;
    }
```

声明由属性（如 font-family）和值（如宋体）两部分组成。在上面的例子中，为<a>标签创建了新样式，网页中所有<a>标签的文本都将是 12 像素大小，字体为宋体字体并加粗显示。

根据运用样式表的范围是局限在当前网页文件内部还是其他网页文件，可以将样式表分为内联样式、内部样式表和外部样式表。

（1）内联样式。内联样式是写在标签中的，它只针对自己所在的标签起作用。例如，<p style="font-size:12px;color:red;">这个 style 定义段落中的文本是 12 像素的红色文字</p>。

（2）内部样式表。内部样式表是写在<head>和</head>之间的，它只针对所在的 HTML 页面有效。

【示例代码】1-3-1.html

```
<!DOCTYPE HTML>
<html>
    <head>
        <title>钱学森先生的人物介绍页面</title>
```

```
            <style type="text/css">
            <!--
                    p{ font-family: "宋体";font-size: 12px;color: red;}
            -->
            </style>
            </head>
        <body>
            <p>钱学森，1911 年 12 月出生，生前系原总装备部科技委高级顾问，中国科学院院士、中
国工程院院士。</p>
        </body>
    </html>
```

<style></style>中的内容就是内部样式表的格式。

```
<style type="text/css">
<!--
    ……
-->
 </style>
```

（3）外部样式表。一般情况下，网站中的多个网页会使用相同的 CSS 规则来设置页面元素的格式，如果使用内联样式或内部样式表将 CSS 代码放在 HTML 中就不是一个好办法。这时，可以把所有的样式存放在一个以.css 为扩展名的文件里，然后将这个 CSS 文件链接到各个网页中。

外部样式表是目前网页制作中最常用、最易用的方式，它的优点主要如下。

① CSS 样式规则可以重复使用。

② 多个网页可共用同一个 CSS 文件。

③ 修改、维护简单，只需要修改一个 CSS 文件就可以更改所有地方的样式，不需要修改页面 HTML 代码。

④ 减少页面代码，提高网页加载速度，CSS 驻留在缓存里，在打开同一个网站时由于已经提前加载，所以不需要再次加载。

⑤ 适合所有浏览器，兼容性好。

在代码视图中引入样式表，首先可以编辑样式，保存时将文档的扩展名设置为.css，然后通过链接的方式将编辑好的样式表附加到 HTML 文档中，只要在 head 部分中插入 link 元素即可实现。代码如下：

```
<link href="css/style.css" rel="stylesheet" type="text/css">
```

其中，type 用于指定所链接文档的 MIME 类型，css 的 MIME 是 type/css；rel 用于定义链接的文件和 HTML 文档之间的关系；href 是指外部样式表文件的位置。

3.4.2　CSS语法

CSS 的定义由 3 个部分构成：选择符（selector），属性（properties）和属性的值（value），基本格式如下：

```
selector {property: value}　（选择符 {属性：值}）
```

选择符可以有多种形式，一般是要定义样式的 HTML 标签，如 body、p、table 等，可以通过此方法定义它的属性和值。属性和值要用冒号隔开，如 body {color: black}，选择符

body 是指页面主体部分，color 是控制文字颜色的属性，black 是颜色的值，效果是使页面中的文字为黑色。

如果属性的值由多个单词组成，则必须在值上加引号，如字体的名称，经常是几个单词的组合：p {font-family: "sans serif"}（定义段落字体为 sans serif）。

如果需要对一个选择符指定多个属性，那么可以使用分号将所有的属性和值分开，如 p {text-align: center; color: red}（该样式规则含义：段落居中排列，且段落中的文字为红色）。

为了使定义的样式表方便阅读，我们可以采用分行的书写格式。

```
p {
        text-align: center;
        color: black;
        font-family: arial
}
```

以上代码表示段落排列居中，段落中文字为黑色，字体是 arial。

微课：CSS 选择器

3.4.3　CSS选择器

1．元素选择器

元素选择器是最常见的 CSS 选择器。换句话说，文档的元素就是最基本的选择器。如果设置 HTML 的样式，选择器通常将是某个 HTML 元素，如 p、h1、em、a，甚至可以是 html 本身，如要设置标题 h1 字号为 18 像素，颜色为红色，可以为 h1 元素写样式：h1{font-size:18px;color:red;}。如果有多个元素要设置成相同的样式，可以将选择器以逗号分开，如 h1,p{ font-size:18px;color:red;}。

2．类选择器

用类选择器能够为相同的元素分类定义不同的样式，定义类选择器时，在自定义类的名称前面加一个点号（.）。假如想要两个不同的段落，一个段落右对齐，一个段落居中对齐，可以先定义两个类：p.right {text-align: right}和 p.center {text-align: center}，然后用在不同的段落里，只要在 HTML 标签里加入定义的 class 参数"<p class="right"> 这个段落向右对齐的</p>，<p class="center">这个段落是居中排列的</p>"。

提示：类的名称可以是任意英文单词或以英文开头与数字的组合，一般以其功能和效果简要命名。

类选择器还有一种用法，在选择器中省略 HTML 标签名，这样可以把几个不同的元素定义成相同的样式，如".center {text-align: center}"定义".center"的类选择符为文字居中排列。这样的类可以被应用到任何元素上。下面我们使 h1 元素（标题 1）和 p 元素（段落）都归为 center 类，这使两个元素的样式都跟随".center"这个类选择器："<h1 class="center">这个标题是居中排列的</h1>""<p class="center">这个段落也是居中排列的</p>"。

提示：这种省略 HTML 标签的类选择器是我们今后最常用的 CSS 方法，使用这种方法，可以很方便地在任意元素上套用预先定义好的类样式。

3．id 选择器

在 HTML 文件中 id 参数指定了某个单一元素，id 选择器用于为这个单一元素定义单独的样式。id 选择器的应用和类选择器类似，只要把 class 换成 id 即可。将上例中的类用 id 替代"<p id="intro">这个段落向右对齐</p>"。定义 id 选择器要在 id 名称前加上一个#号。和类选择符相同，定义 id 选择器的属性也有两种方法。在下面这个例子中，id 属性将匹配所有 id="intro"的元素。

```
#intro {
    font-size:110%;
    font-weight:bold;
    color:#0000ff;
    background-color:transparent
}
```

以上代码表示：字体尺寸为默认尺寸的 110%，粗体，蓝色，背景颜色透明。

在下面这个例子中，id 属性将只匹配 id="intro"的段落元素。

```
p#intro {
    font-size:110%;
    font-weight:bold;
    color:#0000ff;
    background-color:transparent
}
```

提示：id 选择符局限性很大，只能单独定义某个元素的样式，一般只在特殊情况下使用。

4．后代选择器

可以单独对某种元素包含关系定义样式表，如元素 1 里包含元素 2，这种方式只对在元素 1 里的元素 2 定义样式表，对单独的元素 1 或元素 2 无定义，例如，table a{font-size: 12px}在表格内的链接改变了样式，文字大小为 12 像素，而表格外的链接的文字仍为默认大小。

5．伪类选择器

最常用的伪类选择器是 4 种 a（锚）元素的伪类，它表示动态链接的 4 种状态：link、visited、hover 和 active（未访问的链接、已访问的链接、鼠标停留在链接上和激活链接）。我们把它们分别定义为不同的效果。

```
a:link {color: #ff0000; text-decoration: none} /* 未访问的链接 */
a:visited {color: #00ff00; text-decoration: none} /* 已访问的链接 */
a:hover {color: #ff00ff; text-decoration: underline} /* 鼠标停留在链接上 */
a:active {color: #0000ff; text-decoration: underline} /* 激活链接 */
```

在上面这个例子中，这个链接未访问时的颜色是红色并无下画线，访问后是绿色并无下画线，激活链接时为蓝色并有下画线，鼠标停留在链接上时为紫色并有下画线。

提示：有时在链接访问前鼠标指针指向链接时有效果，而链接访问后鼠标指针再次指向链接时却无效果了。这是因为把 a:hover 放在了 a:visited 的前面，由于后面的优先级高，当访问链接后就忽略了 a:hover 的效果。所以根据叠层顺序，我们在定义这些链接样式时，一定要按照 a:link、a:visited、a:hover、a:actived 的顺序书写。

6．样式表的层叠性

层叠性就是继承性，样式表的继承规则是指外层元素的样式会保留下来被这个元素所包含的其他元素继承。事实上，所有在元素中嵌套的元素都会继承外层元素指定的属性值，有时会把很多层嵌套的样式叠加在一起，除非另外更改。例如，在<div>标签中嵌套<p>标签。

```
div { color: red; font-size:9pt}
……
<div>
```

```
<p>
     这个段落的文字为红色 9 号字
</p>
</div>
```

以上代码 p 元素里的内容会继承 div 定义的属性。当样式表继承遇到冲突时，总是以最后定义的样式为准。如果上例中定义了 p 的颜色：

```
div { color: red; font-size:9pt}
p {color: blue}
……
<div>
<p>
     这个段落的文字为蓝色 9 号字
</p>
</div>
```

可以看到段落里的文字大小为 9 号字，因为这一项继承了 div 属性，而 color 属性则依照最后定义的。

不同的选择器定义相同的元素时，要考虑到不同的选择器之间的优先级，从高到低依次为 id 选择器、类选择器和元素选择器。因为 id 选择器是最后加到元素上的，所以优先级最高，其次是类选择器。如果想超越这三者之间的关系，可以用"!important"提升样式表的优先权，例如，我们同时对页面中的一个段落加上"p { color: #FF0000!important }""blue { color: #0000FF }""#id1 { color: #FFFF00 }"3 种样式，它最后会依照被"!important"申明的元素选择器样式显示为红色文字。如果去掉"!important"，则依照优先权最高的 id 选择器显示为黄色文字。

7. 注释

可以在 CSS 中插入注释来说明代码的意思，注释有利于其他人在今后编辑和更改代码时理解代码的含义。在浏览器中，注释是不显示的。CSS 注释以"/*"开头，以"*/"结尾，例如：

```
/* 定义段落样式表 */
p {
     text-align: center; /* 文本居中排列 */
     color: black; /* 文字为黑色 */
     font-family: arial /* 字体为 arial */
     }
```

3.4.4 CSS字体属性

微课：CSS 样式属性

CSS 样式包含字体、文本、背景、列表、表格、边框、定位等。常用的字体属性包含 font-family、font-size、font-style、font-weight 及 font-variant 等，如表 1-3-1 所示。

表 1-3-1 CSS 常用的字体属性

属 性	描 述
font	简写属性，作用是把所有针对字体的属性设置在一个声明中
font-family	设置字体系列

续表

属　　性	描　　述
font-size	设置字体的尺寸
font-style	设置字体风格
font-variant	以小型大写字体或正常字体显示文本
font-weight	设置字体的粗细

1．font-family

关于字体的问题是网站前端开发中最重要的问题之一，因为目前的网页还是以文字信息为主的，而字体作为文字表现形式的最重要的参数之一，自然有着相当重要的地位。

内容通常应用的字体：宋体、微软雅黑、Arial、Verdana、arial、serif。

标题通常应用的字体：宋体、微软雅黑、Arial，只是字号的大小不一样。

为什么要使用这么多字体？先来看看浏览器是如何呈现这些字体的，如图 1-3-4 所示。

图 1-3-4　浏览器如何呈现字体

用 font-family 属性可以创建自己喜欢的字体列表。大多数浏览器都有我们首选的字体，如果没有，浏览器至少可以保证能从同一系列字体中提供一种普通的字体。

2．font-size

font-size 属性用来设置字号，字号有很多单位，我们可以根据实际情况来选择字号单位。

（1）px。可以用像素（px）定义字体大小，就像用于图像的像素值一样，告诉浏览器字母的高是多少像素。

```
font-size:14px;
```

提示：（1）像素数字后必须紧跟 px，中间不能有空格。

（2）设置字体为 14px 意味着从字母的顶端到底部有 14 个像素。

（2）%。与用像素精确地规定字体大小不同，百分数（%）是通过与其他字体比较大小后的相对值来定义字体大小的。

```
font-size:150%
```

说明：该字体大小应该是另一个字体大小的 150%。然而，另一个字体是指哪个元素呢？因为 font-size 是一个从父元素继承来的属性，定义字体大小为 150%，是相对于其父元素的。

```
body{font-size:14px;}
h1{font-size:150%}
```

说明：用像素定义了 body 字体的大小为 14px，用百分数 150%定义一号标题字，即 14×150%=21px。

（3）em。跟百分数一样，em 是另一种相对测量单位，不过 em 指定的是比例因数。

```
font-size: 1.2em
body{font-size:14px;}
h1{font-size:150%}
h2{font-size:1.2em}
```

说明： 字体大小应该按比例放大 1.2 倍。<h2>标题会是其父元素字体大小的 1.2 倍，大约为 17px。

（4）keywords。keywords 可以把字体大小定义为 xx-small、x-small、small、medium、large 或 xx-large。浏览器会将这些关键字转换成默认的像素值。

```
body{font-size:small;}
```

提示： 在大多数浏览器中，small 表示会将 body 文本显示为 12px。

现在大多数中文网站的标准为中文网页一般正文文字采用 12px 宋体，因为这个字体是系统对于浏览器特别优化过的。虽然 12px～20px 的宋体字都可以看，但是 12px 宋体是最漂亮的，也是应用最普遍的。14px 黑体是优化过的字体，但很少用黑体做正文，主要都是标题或关键字。英文网页一般用 11px Verdana，是最经典、最好用的字体。

3. font-weight

font-weight 属性用于设置文本的粗细。文本的粗细设置属于比较复杂的字体样式定义，之所以说它复杂，是因为字体本身的粗细千变万化，没有统一的标准，对于字体粗细的具体定义也各不相同。

属性值：normal（默认值）| bold | bolder | lighter | 100 | 200 | 300 | 400 | 500 | 600 | 700 | 800 | 900 | 继承值。

font-weight 属性值的设置有 3 种方法。

第一种：关键字法。

有 2 个关键字，normal（默认值，定义标准的字符）和 bold（定义粗体字符）。

```
p{font-weight:bold;}
```

第二种：相对粗细值法。

相对粗细也是由关键字定义的，有 2 个关键字，bolder（定义更粗的字符）和 lighter（定义更细的字符），但是它的粗细是相对于父元素的继承值而言的。bolder 就是匹配字体集中可用的下一级较粗字体，lighter 则是匹配下一级可用的较细字体。它们的参照系都是继承值，因此粗细程度都是相对于继承值而言的。

```
p{font-weight:lighter;}
```

第三种：从"100"到"900"的 9 个数字序列。

这些数字代表从最细（100）到最粗（900）的字体粗细程度。数值 400 相当于 normal，数值 700 相当于 bold。

```
p{font-weight:800;}
```

4. font-style

font-style 属性用于定义字体的风格，使文本显示为斜体、倾斜，表示强调。

语法：{font-style: normal | italic| oblique | inherit}

normal：默认值，浏览器显示一个标准的字体样式。

italic：浏览器会显示一个斜体的字体样式。

oblique：浏览器会显示一个倾斜的字体样式。

inherit：规定应该从父元素继承字体样式。

p{font-style:italic;}

3.4.5　CSS文本属性

在 CSS 样式中，常见的文本属性包含 color、line-height、text-align、text-decoration 及 text-indent 等，如表 1-3-2 所示。

表 1-3-2　CSS 常见文本属性

属　　性	描　　述
color	设置文本颜色
line-height	设置行高
text-align	对齐元素中的文本
text-decoration	在文本中添加修饰
text-indent	缩进元素中文本的首行
text-shadow	设置文本阴影

1. color

color 属性用于设置网页中文本的颜色，文本颜色是根据红色、绿色和蓝色三原色以一定比例组成来指定的，可以把每种颜色指定为 0～100% 的一个数，然后混合起来组成一种颜色。例如，如果把红色 100%、绿色 100% 和蓝色 100% 混合起来，就得到白色；如果每种颜色成分只有 60%，得到灰色；红色 80%、绿色 40% 得到橘红色；每种颜色都是 0%，得到黑色。

指定颜色的方法主要有用颜色的英文名称定义颜色，用红色、绿色、蓝色值定义颜色，以及用十六进制代码定义颜色。

（1）用颜色的英文名称定义颜色。这种方法是 CSS 描述颜色最直接的方法，不过只能定义 17 种颜色，如图 1-3-5 所示。

p{color:silver;}

在 HTML 4.01 版本中，确定了 16 种颜色的英文名称：

颜色	实名	十六进制	颜色	实名	十六进制	颜色	实名	十六进制	颜色	实名	十六进制
黑色	black	#000000	银灰色	silver	#c0c0c0	栗色	maroon	#800000	红色	red	#ff0000
深蓝色	navy	#000080	蓝色	blue	#0000ff	紫色	purple	#800080	品红色	fuchsia	#ff00ff
绿色	green	#008000	浅绿色	lime	#00ff00	橄榄色	olive	#808000	黄色	yellow	#ffff00
墨绿色	teal	#008080	青色	aqua	#00ffff	灰色	gray	#808080	白色	white	#ffffff

在 CSS 2.1 版本中，增加了 1 种颜色英文名称：

颜色	实名	十六进制
橙色	orange	#ffa500

图 1-3-5　颜色的英文名称

提示：不建议在网页中使用颜色名称，特别是大规模的使用，避免有些颜色名称不被浏览器解析，或者不同浏览器对颜色的解释有差异。

（2）用红色、绿色、蓝色值定义颜色。

p{color: rgb(80%,40%,0%);}

p{color: rgb(204,102,0);}

还可以用 RGBA 表示颜色值，它是 RGB 颜色值的扩展，带有一个 Alpha 通道，规定了对象的不透明度，取值为 0～1。

```
p{color: rgba(80%,40%,0%，0.2);}
p{color: rgba(204,102,0,0.8);}
```

提示：RGBA 颜色值得到以下浏览器的支持：IE9+、Firefox 3+、Chrome、Safari 及 Opera 10+。

（3）用十六进制代码定义颜色。

```
p{color: #cc6600;}
```

十六进制的颜色值，如果每两位的值相同，可以缩写一半，例如，#000000 可以缩写为 #000；#336699 可以缩写为#369。

2．line-height

line-height 属性用于设置行间的距离（行高），指文本行基线间的垂直距离，不允许使用负值。line-height 的取值有 5 种类型：normal、<number>、<length>、<percentage>、inherit。

normal 取决于 user-agent，与 font-family 有关系。一般情况下都会在 reset.css 里面重置 line-height。<number>无单位数字，实际计算值=number×字体大小，是该属性的首选方法。<length>用于计算 line box（行框）的高度。<percentage>与元素自身的字体大小有关，实际计算值=percentage×元素计算出的字体大小。inherit 表示行高继承，当 input 等元素的默认行高值为 normal 时，通过使用 inherit 可以让文本框样式的可控性更强。

```
p{line-height:1.5em;}
p{line-height:150%;}
```

提示：line-height 相关的 4 种 box 模型分别是 inline box、line box、content area、containing box。

3．text-align

text-align 属性用于指定元素文本的水平对齐方式，可以设置文本左、右、居中对齐、两端对齐或继承父元素。它的属性值有 left、right、center、justify、inherit。

left 把文本排列到左边，right 把文本排列到右边，center 把文本排列到中间，justify 实现两端对齐文本效果，inherit 规定应该从父元素继承 text-align 属性的值。

```
h1{text-align:center}
h2{text-align:left}
h3{text-align:right}
```

4．text-decoration

text-decoration 是 CSS 中为文本添加修饰的一个属性，可以通过这个属性来设置文字的下画线、上画线、删除线和控制闪烁文字。它的属性值有 none、underline、overline、line-through、blink、inherit。

none 定义标准的文本，是默认值；underline 定义文本下的一条线；overline 定义文本上的一条线；line-through 定义穿过文本下的一条线；blink 定义闪烁的文本；inherit 规定应该从父元素继承 text-decoration 属性的值。

```
h1{text-decoration:overline}
h2{text-decoration:line-through}
h3{text-decoration:underline}
h4{text-decoration:blink}
```

5．text-indent

text-indent 属性用于规定文本块中首行文本的缩进。该属性允许负值，如果值是负数，将第一行左缩进。其值有以下设定方法。

　　length：长度，可以用绝对单位（cm、mm、in、pt、pc）或相对单位（em、ex、px）。

　　percentage：百分比，相当于父元素宽度的百分比。

```
p{text-indent:2em；}/*这条规则使任何段落的首行缩进 2 字符*/
```

3.4.6　CSS背景属性

　　CSS 允许应用纯色作为背景，也允许使用背景图像创建更加复杂的效果。CSS 在这方面的能力远远超过 HTML。

1．设置背景色

　　可以使用 background-color 属性为元素设置背景色，这个属性接受任何合法的颜色值。下面这条规则把元素的背景设置为灰色。

```
p {background-color: gray;}
```

　　可以为所有元素设置背景色，包括 body、div 等块级元素，以及 em、a 等行内元素。

　　background-color 属性不能继承，其默认值是 transparent，transparent 有"透明"之意，也就是说，如果一个元素没有指定背景色，那么背景就是透明的，这样其祖先元素的背景才可见。

2．设置背景图像

　　（1）背景图像。要把图像放入背景，需要使用 background-image 属性。该属性的默认值是 none，表示背景上没有放置任何图像。

　　如果需要设置一个背景图像，则必须为这个属性设置一个 URL 值。

```
body {background-image: url(/img/bg.gif);}
```

　　大多数背景都应用到 body 元素，不过并不仅限于此。下面的例子为一个段落设置了一个背景图像，而不会对文档的其他部分应用背景图像。

```
p.flower {background-image: url(/img/flower_bg.gif);}
```

　　也可以为行内元素设置背景图像，下面的例子为一个链接设置了背景图像。

```
a.radio {background-image: url(/img/radio_bg.gif);}
```

　　理论上讲，甚至可以为 textarea 和 select 等替换元素的背景设置图像，不过并非所有用户代理都能很好地处理这种情况。另外还要补充一点，background-image 属性也不能继承，事实上，所有背景属性都不能继承。

　　（2）背景重复。如果需要在页面上平铺背景图像，那么可以使用 background-repeat 属性。属性值 repeat 导致图像在水平和垂直方向上都平铺，repeat-x 和 repeat-y 分别导致图像只在水平或垂直方向上重复，no-repeat 则不允许图像在任何方向上平铺。默认地，背景图像将从一个元素的左上角开始。请看下面的例子。

```
body {
    background-image: url('/img/bg.gif');
    background-repeat: repeat-y;
}
```

　　（3）背景定位。可以利用 background-position 属性改变图像在背景中的位置。下面的例子在 body 元素中将一个背景图像居中放置。

```
body {
    background-image:url('/img/bg.gif');
```

```
        background-repeat:no-repeat;
        background-position:center;
    }
```

为 background-position 属性提供值有很多方法。首先，可以使用一些关键字，如 top、bottom、left、right 和 center。通常，这些关键字会成对出现，不过也不总是这样的。还可以使用长度值，如 100px 或 5cm，也可以使用百分数值。不同类型的值对于背景图像的放置稍有差异。

① 关键字。图像位置关键字最容易理解，其作用如其名称所表明的，如 top right 使图像放置在元素内边距区的右上角。根据规范，位置关键字可以按任何顺序出现，只要保证不超过两个关键字——一个对应水平方向，另一个对应垂直方向。如果只出现一个关键字，则认为另一个关键字是 center。所以，如果希望每个段落的中部上方出现一个图像，只需声明如下。

```
p {
        background-image:url('bgimg.gif');
        background-repeat:no-repeat;
        background-position:top;
    }
```

② 百分数值。百分数值的表现方式更为复杂。如果希望用百分数值将图像在其元素中居中，这很容易，代码如下。

```
body {
        background-image:url('/img/bg.gif');
        background-repeat:no-repeat;
        background-position:50% 50%;
    }
```

这会导致图像适当放置，其中心与元素的中心对齐。换句话说，百分数值同时应用于元素和图像，图像中描述为 50% 50%的点（中心点）与元素中描述为 50% 50%的点（中心点）对齐。

如果图像位置是 0% 0%，会使图像的左上角放在元素内边距区的左上角；如果图像位置是 100% 100%，会使图像的右下角放在元素右边距的右下角。

因此，如果想把一个图像放在水平方向 2/3、垂直方向 1/3 处，可以这样声明。

```
body {
        background-image:url('/img/bg.gif');
        background-repeat:no-repeat;
        background-position:66% 33%;
    }
```

如果只提供一个百分数值，所提供的这个值将用作水平值，垂直值将设为 50%。这一点与关键字类似。

background-position 的默认值是 0% 0%，在功能上相当于 top left。这就解释了背景图像为什么总是从元素内边距区的左上角开始平铺，除非设置了不同的位置值。

③ 长度值。长度值解释的是图像距元素内边距区左上角的偏移量。例如，设置长度值为 50px 100px，图像的左上角将在元素内边距区左上角向右 50 像素、向下 100 像素的位置上。

```
body {
        background-image:url('/img/bg.gif');
```

```
            background-repeat:no-repeat;
            background-position:50px 100px;
    }
```

提示：这一点与百分数值不同，因为偏移只是从一个元素内边距区左上角到另一个左上角。也就是说，图像的左上角与 background-position 属性声明中指定的点对齐。

（4）background 属性。我们可以将以上背景属性用 background 简写，如下所示。

```
body {
    background: #00ff00 url(bgimage.gif) no-repeat fixed top;
    }
```

如果不设置其中的某个值也不会出问题，如"background:#ff0000 url(bgimage.gif);"也是允许的。

通常建议使用 background 属性，而不是分别使用单个背景属性，因为这个属性在较老的浏览器中能够得到更好的支持，而且需要输入的字母也更少。

微课：background-size

（5）background-size 属性。background-size 属性用于指定背景图片大小，其属性值如表 1-3-3 所示。

```
background-size: length|percentage|cover|contain;
```

表 1-3-3　background-size 属性值

属　　性	描　　述
length	设置背景图片的高度和宽度。第一个值设置宽度，第二个值设置高度。如果只给出一个值，则第二个值设置为 auto（自动）
percentage	计算相对于背景定位区域的百分比。第一个值设置宽度，第二个值设置高度。如果只给出一个值，第二个值设置为 auto（自动）
cover	保持图像的纵横比，并将图像缩放成将完全覆盖背景定位区域的最小大小
contain	保持图像的纵横比，并将图像缩放成将适合背景定位区域的最大大小

这里举例说明 background-size 取值为 100%、100% 100%、cover 和 contain 的区别。

【示例代码】1-3-2.html

```
<!DOCTYPE HTML>
<html>
    <head>
        <meta charset="utf-8">
        <title>background-size</title>
        <style type="text/css">
            .bgsize{
                width: 550px;
                height:300px;
                background-image: url(img/bannerBg.jpg);
                border: 2px solid #000000;
                background-repeat: no-repeat;
                /* 设置背景大小 */
                background-size: 100%;
```

```
            }
        </style>
    </head>
    <body>
        <div class="bgsize"></div>
    </body>
</HTML>
```

①"background-size:100%;" X 轴方向 100%铺满整个容器，Y 轴方向可能被裁剪，出现空白填不满部分，图片不变形，如图 1-3-6 所示。

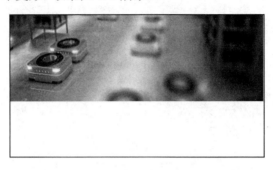

图 1-3-6　background-size 取值为 100%效果图

②"background-size:100% 100%;" 图片不保持比例放大或缩小，使 X 轴与 Y 轴方向都铺满整个容器，图片可能会变形，如图 1-3-7 所示。

图 1-3-7　background-size 取值为 100% 100%效果图

③"background-size:cover;" 图片保持比例放大或缩小，使 X 轴与 Y 轴方向都铺满整个容器，但图片超出容器部分会被裁剪掉，图片不变形，如图 1-3-8 所示。

图 1-3-8　background-size 取值为 cover 效果图

④ "background-size:contain;" 图片保持比例放大或缩小填充容器，若不能完整填充容器，X 轴或 Y 轴方向都有可能出现白边，图片不变形，如图 1-3-9 所示。

图 1-3-9　background-size 取值为 contain 效果图

 课后习题

在线测试 1-3-1

课后习题见在线测试 1-3-1。

能力拓展

运用本节学习的知识，利用 CSS 对产品介绍内容页面进行美化。

任务引导 1：在产品介绍项目中，新建一个样式表文件，将其链接到产品介绍网页中，请写出链接样式表的代码。
任务引导 2：对产品页面进行字体样式的设计，请写出 CSS 代码。
任务引导 3：对产品页面进行文本样式的设计，请写出 CSS 代码。

续表

任务引导 4：对产品页面进行背景样式的设计，请写出 CSS 代码。
任务引导 5：请使用两个以上主流浏览器预览页面最终效果。
页面显示正常 □　　页面无法正常显示 □（哪个浏览器不正常，如何修改？） ————————————————————————————

任务4 图文混排——人物介绍页面布局

网页设计中最常使用的布局技术就是 CSS，这种布局技术需要读者掌握浮动、定位、CSS 盒模型及布局模型。掌握了布局的相关知识，学会控制元素在页面上的排列和显示方式，就可以很容易设计出所需的网页布局，完成页面的图文混排设计。任务 4 将完成人物介绍页面的图文混排页面布局，使读者掌握 CSS 盒模型及常用的布局模型。

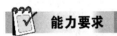 **能力要求**

（1）掌握元素的分类。
（2）掌握 CSS 盒模型。
（3）掌握常用的 CSS 布局模型。
（4）掌握清除浮动的方法。
（5）能对页面进行简单的布局设计。

 **学习导览**

本任务学习导览如图 1-4-1 所示。

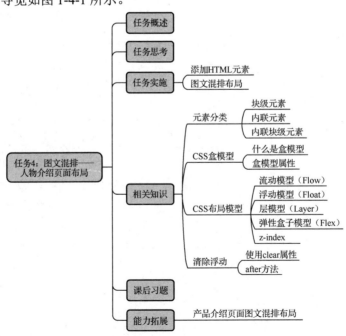

图 1-4-1　学习导览图

4.1 任务概述

对钱学森先生的人物介绍页面进行布局设计，包括添加 HTML 结构元素、运用 CSS 浮动布局和弹性布局完成页面布局。最终效果如图 1-4-2 所示。

微课：图文混排的钱学森先生的人物介绍页面

图 1-4-2　图文混排的钱学森先生的人物介绍页面效果图

4.2 任务思考

（1）块级元素与内联元素有什么区别，是否可以互相转换？

（2）如何理解 CSS 盒模型？

（3）为什么需要清除浮动？

4.3 任务实施

4.3.1 添加HTML元素

在 HBuilderX 中打开任务 3 中完成的钱学森先生人物介绍页面 qianxs.html，为页面添加内容，调整结构。

（1）将钱学森先生的图片复制到标题下方，添加 HTML 代码，为图片添加类名为 pic 的<div>标签，为文字添加类名为 introduce 的<div>标签。

```
<div class="container">
    <h1>钱学森</h1>
```

```
        <div class="pic"><img src="img/photoInfo.jpg" alt=""></div>
         <div class="introduce">
              <p class="indent">钱学森，1911 年 12 月出生，生前系原总装备部科技委高级顾问，中国科
学院院士、中国工程院院士。</p>
```

（2）在标题"学术论著"下方，添加类名为 papers 的<div>标签，为每部学术论著添加类名为 paper 的<div>标签，在所有学术论著名称下方添加学术论著图片。

```
<div class="papers">
        <div class="paper">工程控制论<br /><br /> <img src="img/paper1.jpg" alt="工程控制论"></div>
        <div class="paper">物理力学讲义（新世纪版）<br /><br /><img
             src="img/paper2.jpg" alt="物理力学讲义（新世纪版）"></div>
        <div class="paper">星际航行概论<br /><br /><img src="img/paper3.jpg" alt="
             星际航行概论"> </div>
        <div class="paper">导弹概论（钱学森手稿）<br /><br /><img src="img/paper4.jpg"
             alt="导弹概论（钱学森手稿）"></div>
    </div>
```

4.3.2 图文混排布局

1．浮动布局模式

（1）将图片和文字介绍分为两列显示，适当添加外边距。类名为 pic 的 div 宽度为 400px，高度为 280px，左浮动，左外边距为 10px，右外边距为 35px。类名为 introduce 的 div 宽度为 450px，高度为 280px，左浮动。

```
.pic{
        width: 400px;
        float:left;
        height: 280px;
        margin-right:35px;
        margin-left: 10px;
}
.introduce{
        width: 450px;
        float:left;
        height: 280px;
}
```

（2）将四部学术论著 paper 层并列显示，均为左浮动，宽度为 250px，高度为 280px，居中对齐。图片大小均设置为宽度为 156px，高度为 220px。

```
.papers .paper{
        float:left;
        height: 280px;
        width: 250px;
        text-align: center;
}
.papers img{
        width: 156px;
```

```
        height: 220px;
    }
```

（3）在 h2 中添加清除浮动样式代码。

```
h2{
    font-size: 18px;
    clear: both;
}
```

最终效果如图 1-4-2 所示。

2．弹性布局模式

将四部学术论著 paper 层采用弹性布局方式实现并列显示，内容居中。图片大小均设置为宽度为 156px，高度为 220px，文字居中显示。

```
.papers{
    display: flex;
    justify-content: space-around;
    text-align: center;
}
.papers img{
    width: 156px;
    height: 220px;
}
```

最终效果如图 1-4-2 所示。

4.4　相关知识

微课：元素分类

4.4.1　元素分类

在 CSS 中，HTML 中的标签元素大体被分为三种不同的类型：块级元素、内联元素（又叫行内元素）和内联块级元素。

常用的块级元素有：<header>、<nav>、<section>、<article>、<footer>、<div>、<p>、<h1>...<h6>、<ol>、<ul>、<dl>、<table>、<address>、<blockquote>、<form>。

常用的内联元素有：<a>、<span>、
、<i>、<em>、<strong>、<label>、<q>、<var>、<cite>、<code>。

常用的内联块级元素有：<img>、<input>。

1．块级元素

（1）每个块级元素都从新的一行开始，并且其后的元素也另起一行。

（2）元素的高度、宽度、行高及顶部和底部边距都可以设置。

（3）元素宽度在不设置的情况下，是它本身父容器的 100%（和父元素的宽度一致），除非设定一个宽度。

下例中的<div>、<p>在浏览器中的显示效果如图 1-4-3 所示。

```
<body>
    <div style="background-color: #ccc;">div1</div>
    <div style="background-color: #ccc;">div2</div>
```

```
    <p style="background-color: #ccc;">段落 1 段落 1 段落 1 段落 1</p>
</body>
```

图 1-4-3　块级元素

2．内联元素

（1）内联元素和其他元素都在一行上。

（2）元素的高度、宽度及顶部和底部边距都不可设置。

（3）元素的宽度就是它包含的文字或图片的宽度，不可改变。

下例中的<div>、<p>在浏览器中的显示效果如图 1-4-4 所示。

```
<body>
    <a href="http://www.baidu.com">百度</a>
    <a href="http://www.imooc.com">慕课网</a>
    <span>Web 前端技术</span>
    <span>HTML</span><em>CSS</em>
</body>
```

图 1-4-4　内联元素

代码 display:block 将元素设置为块级元素，display:inline 将元素设置为内联元素。

3．内联块级元素

内联块级（inline-block）元素同时具备内联元素和块级元素的特点，代码 display:inline-block 就是将元素设置为内联块级元素。<img>、<input>标签就是内联块级标签，其特点如下。

（1）内联块级元素和其他元素都在一行上。

（2）元素的高度、宽度、行高及顶部和底部边距都可以设置。

4.4.2　CSS盒模型

微课：盒模型

要灵活使用 CSS 布局技术，首先要理解盒模型的概念。

1．什么是盒模型

W3C 组织建议把所有网页上的对象都放在一个盒（box）中，通过创建定义来控制盒的属性。盒模型主要定义 4 个区域：内容（content）、内边距（padding）、边框（border）、外边距（margin），它们之间的层次相互影响。盒模型的示意图如图 1-4-5 所示。

这些属性我们可以把它转移到日常生活中的盒子上来理解，日常生活中所见的盒子也具有这些属性，所以叫它盒模型。内容（content）就是盒子里装的东西；而内边距（padding）是怕盒子里装的东西损坏而添加的泡沫或其他抗震辅料；边框（border）就是盒子本身；至于外边距（margin）则说明盒子摆放的时候不能全部堆在一起，要留一定空隙保持通风，同时也为了方便取出。在网页设计上，内容常指文字、图片等元素，但也可以是小盒

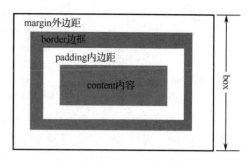

图 1-4-5　盒模型示意图

子。与现实生活中的盒子不同的是，现实生活中的东西一般不能大于盒子，否则盒子会被撑坏，而 CSS 盒子具有弹性，里面的内容大过盒子最多会把它撑大，但不会损坏盒子。内边距只有宽度属性，可以理解为生活中盒子里的抗震辅料的厚度。而边框有大小和颜色之分，又可以理解为生活中所见盒子的厚度，以及这个盒子是用什么颜色的材料做成的。外边距就是该盒子与其他东西要保留的距离。

2．盒模型属性

（1）边框（border）：该属性用于分隔不同元素，会占据空间，有 4 条边框。border 属性的值可以为 0，即无边框。

语法：

border : border-width || border-style || border-color

取值：该属性是复合属性，默认值为 medium none。border-color 的默认值将采用文本颜色。

边框属性可以简写，即同时设置边框的 3 个属性"border: 3px solid blue；"。

【示例代码】1-4-1.html：边框属性简写。

```
<!DOCTYPE HTML>
<html lang="en">
    <head>
        <meta charset="UTF-8">
        <title>边框属性简写</title>
        <style>
            div {
                width: 200px;
                height: 200px;
                border: 3px solid blue;
            }
        </style>
    </head>
    <body>
        <div>盒子</div>
    </body>
</HTML>
```

① border-width：设置对象边框的宽度。

语法：

border-width : medium | thin | thick | length

取值：

- medium：默认值，表示默认宽度。
- thin：小于默认宽度。
- thick：大于默认宽度。
- length：由浮点数和单位标识符组成的长度值，不可为负值。

说明： 如果提供全部 4 个参数值，将按上→右→下→左的顺序作用于 4 个边框（顺时针旋转）。如果只提供 1 个，将作用于全部的 4 条边；如果提供 2 个，第一个作用于上、下，第二个作用于左、右；如果提供 3 个，第一个作用于上，第二个作用于左、右，第三个作用于下。

设置 border-width、border-color 属性前要先设置 border-style 属性。

分别设置 4 条边框的粗细（修改示例代码 1-4-1.html 的<style>标签），如表 1-4-1 所示。

表 1-4-1　分别设置 4 条边框的粗细

属　　性	语 法 规 则	说　　明
border-top-width	border-top-width:5px;	上边框的粗细为 5px
border-right-width	border-right-width:10px;	右边框的粗细为 10px
border-bottom-width	border-bottom-width:8px;	下边框的粗细为 8px
border-left-width	border-left-width:22px;	左边框的粗细为 22px

同时设置 4 条边框，如表 1-4-2 所示。

表 1-4-2　同时设置 4 条边框

属　　性	语 法 规 则	说　　明
border-width	border-width:5px;	4 条边框的粗细均为 5px
border-width	border-width:20px 2px;	上、下边框的粗细为 20px； 左、右边框的粗细为 2px
border-width	border-width:5px 1px 6px;	上边框的粗细为 5px； 左、右边框的粗细为 1px； 下边框的粗细为 6px
border-width	border-width:1px 3px 5px 2px;	上边框的粗细为 1px； 右边框的粗细为 3px； 下边框的粗细为 5px； 左边框的粗细为 2px

② border-style：设置对象边框的样式。

语法：

border-style : none | hidden | dotted | dashed | solid | double | groove | ridge | inset | outset

取值：

- none：默认值，无边框，不受任何指定的 border-width 属性值影响。
- hidden：隐藏边框，IE 浏览器不支持。
- dotted：定义点状边框。在大多数浏览器中呈现为实线。
- dashed：定义虚线。在大多数浏览器中呈现为实线。

- solid：实线边框。
- double：双线边框，两条单线与其间隔的和等于指定的 border-width 属性值。
- groove：根据 border-color 属性的值画 3D 凹槽。
- ridge：根据 border-color 属性的值画 3D 凸槽。
- inset：根据 border-color 属性的值画 3D 凹边。
- outset：根据 border-color 属性的值画 3D 凸边。

border-style 属性分别设置 4 条边框和同时设置 4 条边框的语法同 border-width 属性。

例如，同时设置 4 条边框样式（修改示例代码 1-4-1.html 的<style>标签）。

```
<style type="text/css">
  div{
      border-style: dotted;
      border-color: gold pink blue red;
      border-width:5px 10px 20px;
      width:200px;
      height:200px;
  }
</style>
```

③ border-color：设置对象边框的颜色。

语法：

```
border-color : color
```

取值：color 表示指定颜色。

说明：

a．以十六进制来表示颜色时，从#后第 1 位开始每 2 位为一组，表示一个颜色的值：第 1 组为红色，第 2 组为绿色，第 3 组为蓝色。根据三基色的原理，红色与绿色混合为黄色，红色与蓝色混合为紫色，绿色与蓝色混合为青色。

b．十六进制值是成对重复的，可以简写，如#FF0000 可以简写成#F00。但如果不重复就不可以简写，如#FC1A1B 必须写满 6 位。

border-color 属性分别设置 4 条边框和同时设置 4 条边框的语法同 border-width 属性。

例如，同时设置 4 条边框的颜色（修改示例代码 1-4-1.html 的<style>标签）。

```
<style type="text/css">
  div{
      border-color: gold pink blue red;
      border-width:5px 10px 20px;
      width:200px;
      height:200px;
      border-style: solid;
  }
</style>
```

④ border-radius：设置元素的外边框圆角。当使用一个半径时确定一个圆形，当使用两个半径时确定一个椭圆形。这个（椭）圆形与边框的交集形成圆角效果。

语法：

```
border-radius：1-4 length|% / 1-4 length|%
```

- length：由浮点数和单位标识符组成的长度值，不可为负值。

border-radius 语句是一种缩写方法，如果"/"前后的值都存在，那么"/"前面的值用于设置水平半径，"/"后面的值用于设置垂直半径；如果没有"/"，则水平和垂直半径相等。另外，其 4 个值是按照 top-left、top-right、bottom-right、bottom-left 的顺序来设置的，主要会有下面几种情形出现，效果图如图 1-4-6 所示。

图 1-4-6　圆角边框属性

- 只有 1 个值，那么 top-left、top-right、bottom-right、bottom-left 4 个值相等。

border-radius:40px;

- 有 2 个值，那么 top-left 等于 bottom-right，并且取第 1 个值；top-right 等于 bottom-left，并且取第 2 个值。

border-radius: 10px 50px;

- 有 3 个值，其中 top-left 取第 1 个值；top-right 等于 bottom-left，并且取第 2 个值；bottom-right 取第 3 个值。

border-radius: 10px 50px 40px;

- 有 4 个值，则 4 个值分别对应 top-left、top-right、bottom-right、bottom-left。

border-radius: 10px 20px 30px 40px;

也可以单独设置一个角，例如：

border-top-left-radius: 20px; //设置左上角
border-top-right-radius: 20px; //设置右上角
border-bottom-left-radius: 20px; //设置左下角
border-bottom-right-radius: 20px; //设置左下角

【示例代码】1-4-2.html：圆角设置。

```html
<!DOCTYPE HTML>
<html>
    <head>
        <meta charset="utf-8">
        <title>圆角边框</title>
        <style type="text/css">
            div{
                width: 100px;
                height:100px;
                float: left;
                background-color: #333333;
                margin-left: 20px;
            }
            .box1{
```

```
                    border-radius:40px;
                }
                .box2{
                    border-radius: 10px 50px;
                }
                .box3{
                    border-radius: 10px 50px 40px;
                }
                .box4{
                    border-radius: 10px 20px 30px 40px;
                }
        </style>
    </head>
    <body>
        <div class="box1"></div>
        <div class="box2"></div>
        <div class="box3"></div>
        <div class="box4"></div>
    </body>
</HTML>
```

提示：当有多条规则作用于同一个边框时，会产生冲突，后面的设置会覆盖前面的设置。

（2）内边距（padding）：该属性用于控制内容与边框之间的距离，会占据空间，可设置盒模型上、右、下、左 4 个方向的内边距值。padding 属性的值可以为 0，即无内边距。

分别设置 4 个方向的内边距，如表 1-4-3 所示。

表 1-4-3　分别设置 4 个方向的内边距

属　　性	语 法 规 则	说　　明
padding-left	padding-left:10px;	左内边距为 10px
padding-right	padding-right:5px;	右内边距为 5px
padding-top	padding-top:20px;	上内边距为 20px
padding-bottom	padding-bottom:8px;	下内边距为 8px

同时设置 4 个方向的内边距，如表 1-4-4 所示。

表 1-4-4　同时设置 4 个方向的内边距

属　　性	语 法 规 则	说　　明
padding	padding:10px;	设置 4 个方向的内边距均为 10px
padding	padding:10px 5px;	上、下内边距为 10px； 左、右内边距为 5px
padding	padding:30px 8px 10px ;	上内边距为 30px； 左、右内边距为 8px； 下内边距为 10px

续表

属　　性	语　法　规　则	说　　明
padding	padding:20px 5px 8px 10px ;	上内边距为20px； 右内边距为5px； 下内边距为8px； 左内边距为10px

【示例代码】1-4-3.html：同时设置 4 个方向的内边距。

```
<!DOCTYPE HTML>
<html lang="en">
    <head>
        <meta charset="UTF-8">
        <title>内边距(padding)</title>
        <style type="text/css">
            #box1 {
                width: 400px;
                height: 300px;
                background: pink;
            }
            #box2 {
                padding: 30px 8px 10px;
                width: 300px;
                height: 200px;
                background: green;
            }
        </style>
    </head>
    <body>
        <div id="box1">
            <div id="box2">同时设置 4 个方向的内边距</div>
        </div>
    </body>
</HTML>
```

（3）外边距（margin）：该属性用于控制元素与元素之间的距离，会占据空间，可设置盒模型上、右、下、左 4 个方向的外边距值。margin 属性的值可以为 0，即无外边距。

分别设置 4 个方向的外边距和同时设置 4 个方向的外边距的方法与 padding 属性中的相关设置方法类似。

同时设置 4 个方向的外边距代码如下（修改示例代码 1-4-3.html 的<style>标签）。

```
<style type="text/css">
#box2{
    margin: 10px 30px;
    padding: 30px 8px 10px;
    width: 300px;
    height: 200px;
    background: green;
```

```
        }
    </style>
```

注意： body 的外边距本身是一个盒子，默认情况下，有若干像素填充。

由于各个浏览器存在着默认的内、外边距值，且不相同，需要将所有浏览器的默认内、外边距都去除再进行设置。所以，我们用如下代码清除内、外边距。

```
body,div{        /*清除默认外边距和内边距*/
    margin: 0;
    padding: 0;
    }
```

出于性能考虑，建议将要去除默认内外边距的元素逐一写上，不建议使用通配符 *{margin:0;padding:0;}来去除所有元素的内外边距。

注意： 并不是所有标签都会有 padding 和 margin 属性，因此对常见的具有默认 padding 和 margin 属性的元素进行初始化即可，并不需使用通配符*来进行初始化。

【示例代码】 1-4-4.html：去除浏览器的默认内外边距。

```
<!DOCTYPE HTML>
<html lang="en">
    <head>
        <meta charset="UTF-8">
        <title>去除 body 外边距</title>
        <style>
            body,
            div {
                margin: 0px;
                padding: 0px;
            }
            div {
                border: 1px solid red;
                width: 400px;
                height: 300px;
                background: pink;
            }
        </style>
    </head>
    <body>
        <div id="box">此时是贴在 body 边框上</div>
    </body>
</HTML>
```

运行效果如图 1-4-7 所示。

（4）内容（content）。

内容本身的宽=width；

内容本身的高=height。

（5）盒模型总尺寸。

一般来说，盒模型总尺寸=border+width+padding+margin+内容尺寸（宽度/高度），如图 1-4-8 所示。

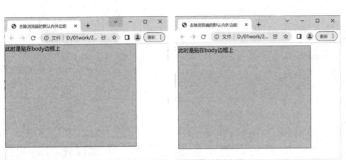

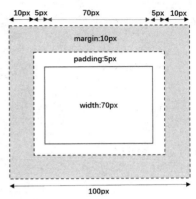

图 1-4-7　去除浏览器的默认内外边距　　　　　　图 1-4-8　计算盒模型总尺寸

4.4.3　CSS布局模型

在网页中，我们经常运用 CSS 来进行布局，那么，CSS 常用的布局模型有哪些呢？在网页中，元素有 4 种常用的布局模型：流动模型（Flow）（默认模型）、浮动模型（Float）、层模型（Layer）、弹性盒模型（Flex）。

微课：CSS 布局模型——流动与浮动布局

1．流动模型（Flow）

流动（Flow）模型是默认的网页布局模型，默认状态下 HTML 网页元素都是根据流动模型来分布网页内容的。

流动模型具有两个比较典型的特征。

（1）块级元素会在所包含的元素内，自上而下按顺序垂直延伸分布。因为在默认状态下，块级元素的宽度都为 100%，即块级元素会以行的形式占据位置（每个标签都显示为自己本来的宽高）。

（2）在流动模型下，行内元素会在所包含的元素内从左到右水平分布显示（内联元素不像块级元素，并不会独占一行）。

2．浮动模型（Float）

在正常情况下，浏览器从 HTML 文件的开头开始，从头到尾依次呈现各个元素，块级元素从上到下依次排列，行内元素在块级元素内从左到右依次排列。而 CSS 的某些属性却能够改变这种呈现方式，这里主要介绍 float 属性，该属性能使 CSS 任意元素浮动。

float 属性值可以为 left、right、none。none 为默认值，表示不浮动该元素，浏览器以正常方式显示；若设置为 left 或 right，则表示将该元素浮动到左方或右方。

那什么叫浮动？简单地说，浮动是指将某元素从正常流中抽出，并将其显示在其父元素的左方或右方的一个过程。下面来举例说明。

假设有以下 HTML 代码，内有两个 div，分别用色块表示。

HTML 代码：

```
<html>
<body>
    <div id="sidebar">左侧菜单</div>
    <div id="content">帮助信息</div>
</body>
```

CSS 代码：

```
#sidebar {
    width:200px;
    height:300px;
    background:#6cf;
}
#content {
    width:700px;
    height:400px;
    background:#cff;
}
```

这段 HTML 代码在浏览器中的显示效果如图 1-4-9 所示。

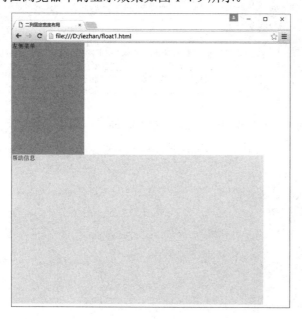

图 1-4-9　原始页面效果

如果将其中的 sidebar 设置为"float:left;"，那么显示效果将如图 1-4-10 所示。

以上就是 float 的原理。不过，在实践中，我们通常需要 sidebar 与 content 各自成一列，同时不希望 content 的内容还流入 sidebar 的下面，因此将 content 设置为"margin-left:200px"，显示效果如图 1-4-11 所示。

微课：CSS 布局模型——层模型

3. 层模型（Layer）

层模型主要有以下 3 种形式。

1）相对定位（position: relative）

如果想为元素设置层模型中的相对定位，需要设置 position:relative（表示相对定位），它通过 left、right、top、bottom 属性确定元素在正常文档流中的偏移位置。

相对于以前的位置移动，偏移前的位置保留不动。在使用相对定位时，就算元素偏移了，但是它仍然占据着它没偏移前的空间。

2）绝对定位（position: absolute）

如果想为元素设置层模型中的绝对定位，需要设置 position:absolute（表示绝对定位），将元素从文档流中拖出来，然后使用 left、right、top、bottom 属性相对于其最接近的一个具有定位属性的父包含块进行绝对定位。如果不存在这样的包含块（即块前面的 div 并没有设置定位的属性），则相对于 body 元素定位，即相对于浏览器窗口定位。

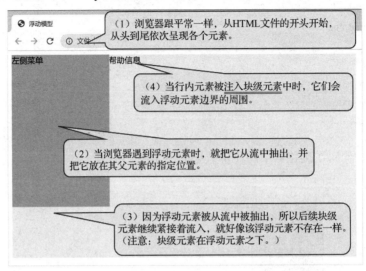

图 1-4-10　设置 sidebar 为"float:left"后的显示效果

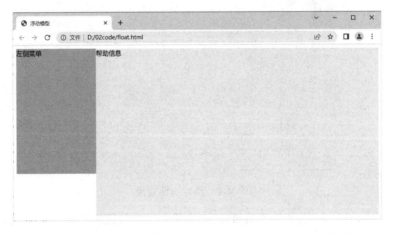

图 1-4-11　设置 content 为"margin-left:200px"后的显示效果

被设置了绝对定位的元素，在文档流中是不占据空间的，如果某元素设置了绝对定位，那么它在文档流中的位置会被删除。

绝对定位使元素脱离文档流，因此不占据空间，普通文档流中元素的布局就当绝对定位的元素不存在时一样，仍然在文档流中的其他元素将忽略该元素并填补它原先的空间。因为绝对定位的框与文档流无关，所以它们可以覆盖页面上的其他元素。

浮动元素的定位还是基于正常的文档流的，然后从文档流中抽出并尽可能远得移动至左侧或右侧，文字内容会围绕在浮动元素周围。它只是改变了文档流的显示，而没有脱离文档流，理解了这一点，就很容易弄明白什么时候用定位，什么时候用浮动了。

3）固定定位（position: fixed）

fixed 表示固定定位，与 absolute 定位类型类似，但其相对移动的坐标是视图（屏幕内的网页窗口）本身。由于视图本身是固定的，它不会随浏览器窗口的滚动条滚动而变化，除非用户在屏幕中移动浏览器窗口的屏幕位置，或改变浏览器窗口的显示大小，否则固定定位的元素会始终位于浏览器窗口内视图的某个位置，不会受文档流动影响。

```
#div1{
    position:fixed;
    bottom:0;
    right:0
}/*始终在屏幕右下端有一个 div 框，会一直跟着滚动条走*/
```

相对定位可以和绝对定位混合使用的原则是：只要父 div 定义了定位属性，子 div 就会跟着父 div 的位置去再定位。

4．弹性盒模型（Flex）

微课：CSS 布局模型
——CSS3 弹性布局

Flex 是 Flexible Box 的缩写，意为"弹性布局"，是一种响应式布局，能自动伸缩盒模型以达到自适应的效果。

采用 Flex 布局的元素，被称为 Flex 容器（flex container），简称"容器"。它的所有子元素自动成为容器成员，被称为 Flex 项目（flex item），简称"项目"。如图 1-4-12 所示，容器默认存在两根轴：水平的主轴（main axis）和垂直的交叉轴（cross axis）。主轴的开始位置（与边框的交叉点）被称为 main start，结束位置被称为 main end。交叉轴的开始位置被称为 cross start，结束位置被称为 cross end。项目默认沿主轴排列，单个项目占据的主轴空间被称为 main size，占据的交叉轴空间被称为 cross size。

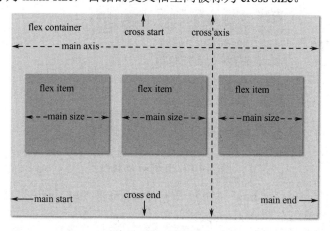

图 1-4-12　Flex 布局模型

1）Flex 容器

通过 display:flex 属性，可将元素声明为块级弹性容器；通过 display:inline-fex 属性，可将元素声明为行内弹性容器。Flex 容器包含 6 个属性，分别为 flex-direction、flex-wrap、flex-flow、justify-content、align-items 及 align-content。

（1）flex-direction 属性。flex-direction 属性指定主轴（main cross）的方向，即元素排列的方向，如图 1-4-13 所示。

```
flex-direction: row | row-reverse | column | column-reverse
```

- row：水平方向，从左往右。
- row-reverse：水平方向，从右往左。

- column：垂直方向，从上往下。
- column-reverse：垂直方向，从下往上。

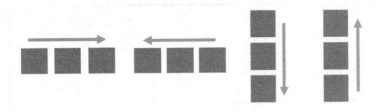

图 1-4-13　flex-direction 属性

（2）flex-wrap 属性。flex-wrap 属性指定弹性项目的换行方式，即弹性项目超过一行时如何换行，如图 1-4-14 所示。

flex-wrap: no-wrap | wrap | wrap-reverse

- no-wrap：不换行（默认）。
- wrap：正常换行。
- wrap-reverse：换行，第一行在下方，从下往上换行。

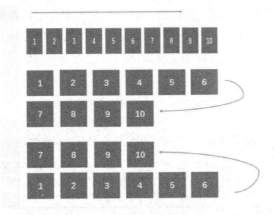

图 1-4-14　flex-wrap 属性

（3）flex-flow 属性。flex-flow 属性为 flex-direction 和 flex-wrap 的合并属性，其中第一个为 flex-direction，第二个为 flex-wrap。

flex-fow: <flex-direction> <flex-wrap>

（4）justify-content 属性。justify-content 属性指定弹性内容在主轴上的排列方式，如图 1-4-15 所示。

justify-content: flex-start | center | flex-end | space-between | space-around

- flex-start：从主轴起点（main start）到主轴终点（main end）。
- center：居中。
- flex-end：从主轴终点（main end）到主轴起点（main start）。
- space-between：均匀分布在行里，第一个元素边界与行起始位置的边界对齐，最后一个元素边界与行结束位置的边界对齐。
- space-around：均匀分布在行里，两端子元素与行边界有间距。

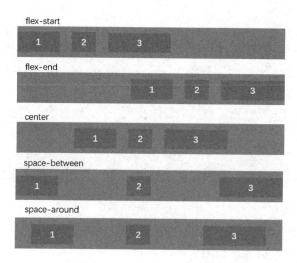

图 1-4-15　justify-content 属性

（5）align-items 属性。align-items 属性指定弹性项目在纵轴上的对齐方向，如图 1-4-16 所示。

align-items: flex-start | center | flex-end | base-line | stretch

- flex-start：项目对齐纵轴的起点（cross start）。
- center：居中。
- flex-end：项目对齐纵轴的终点（cross end）。
- baseline：基于基线对齐。
- stretch：拉伸（默认），从起点（cross start）到终点（cross end）。

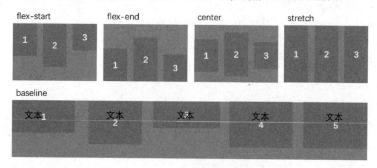

图 1-4-16　align-items 属性

（6）align-content 属性。

align-content 属性指定当主轴（main axis）随项目换行时，多条主轴线如何对齐。

align-content: flex-start | center | flex-end | space-between | space-around | stretch

- flex-start：从纵轴起点（cross start）到终点（cross end）。
- center：居中。
- flex-end：从纵轴终点（cross end）到纵轴起点（cross start）。
- space-between：元素均匀分布在列里，第一个元素边界与列起始位置的边界对齐，最后一个元素边界与列结束位置的边界对齐。
- space-around：元素均匀分布在列里，两端子元素与列边界有间距。
- stretch：拉伸（默认），拉伸项目以布满纵轴长度。

2）Flex 项目

尽管弹性容器已经有设置弹性项目的各种布局行为，但总有个别弹性项目需要自定义布局方式。Flex 项目包含 6 个属性，分别为 order、flex-grow、flex-shrink、flex-basis、flex 及 align-self 属性。

（1）order 属性。order 属性指定弹性项目的排列序号，数值越小越靠前，如图 1-4-17 所示。

order: <integer>

图 1-4-17　order 属性

（2）flex-grow 属性。flex-grow 属性指定弹性项目在有空余空间时的放大比例，默认为 0，表示即使有剩余空间也不放大，如图 1-4-18 所示。

flex-grow: <number>

图 1-4-18　flex-grow 属性

（3）flex-shrink 属性。flex-shrink 属性指定弹性项目在空间不够时的缩小比例，默认为 1，表示空间不够时项目将缩小。

flex-shrink: <number>

（4）flex-basis 属性。flex-basis 属性指定弹性项目的基本长度。

flex-basis: <length>

（5）flex 属性。flex 属性为 flex-grow、flex-shrink 和 flex-basis 的合并属性。

flex: flex-grow,flex-shrink,flex-basis

- 默认：0,1,auto。
- auto：1,1,auto。
- none：0,0,auto。

（6）align-self 属性。align-self 属性指定弹性项目在纵轴上的对齐方式，将覆盖掉弹性容器的 align-items 属性，如图 1-4-19 所示。

align-self: auto flex-start | center | flex-end | base-line | stretch

- auto：自动。
- flex-start：项目对齐纵轴的起点（cross start）。
- center：居中。
- flex-end：项目对齐纵轴的终点（cross end）。
- baseline：基于基线对齐。
- stretch：拉伸（默认），从起点（cross start）到终点（cross end）。

5．z-index

1）简单演示

z-index 是针对网页显示中的一个特殊属性，利用 z-index 可以改变元素相互覆盖的顺序。因为显示器显示的图案是一个二维平面，用 x 轴和 y 轴来表示位置属性。为了表示三维立体的概念，如为了显示元素的上下层的叠加顺序，引入了 z-index 属性来表示 z 轴的区别。

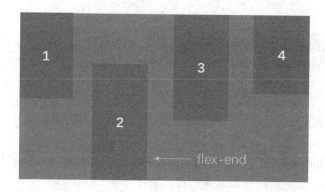

图 1-4-19　align-self 属性

z-index 值较大的元素将叠加在 z-index 值较小的元素之上。对于未指定此属性的定位对象，z-index 值为正数的对象会在其之上，而 z-index 值为负数的对象在其之下。

```
<div style="width:200px;height:200px;background-color:#0e0;"></div>
<div style="position:relative;top:-50px;width:100px;height:100px;background-color:#00e;"><div>
```

两个 div，第二个蓝色 div 设为相对定位，向上移动 50px，正常情况应该是图 1-4-20 最左边显示的这样。

第二个 div 遮住了第一个 div，对第二个 div 添加 z-index 属性。

```
<div style="width:200px;height:200px;background-color:#0e0;"></div>
<div style="position:relative;top:-50px;width:100px;height:100px;background-color:#00e; z-index:-5;"><div>
```

结果如图 1-4-20 中间图所示，层的叠加顺序发生了改变。这是 z-index 最简单的应用。

图 1-4-20　设置 content 外边距后的效果

2）只对定位元素有效

z-index 属性适用于定位元素（position 属性值为 relative、absolute 或 fixed 的对象），用来确定定位元素在垂直于显示屏方向（称为 z 轴）上的层叠顺序，也就是说，如果元素是没有定位的，则对其设置的 z-index 属性是无效的。

```
<div style="width:200px;height:200px;background-color:#0e0; z-index:30;"></div>
<div style="position:relative;top:-50px;width:100px;height:100px;background-color:#00e; z-index:10;"><div>
```

虽然第一个 div 的 z-index 比第二个 div 大，但是由于第一个 div 未定位，其 z-index 属性未起作用，所以仍然会被第二个 div 覆盖。

3）父子关系处理

如果父元素的 z-index 有效，那么子元素无论是否设置 z-index 属性，都和父元素一致，会在父元素上方。

```
<div style="position:relative;width:200px;height:200px;background-color:#0e0; z-index:10;">
    <div style="position:relative;top:-50px;width:100px;height:100px;background-color:#00e; z-index:-5;">
<div>
</div>
```

虽然子元素设置的 z-index 比父元素小，但是子元素仍然出现在父元素上方，如图 1-4-21 所示。

如果父元素 z-index 失效（未定位或使用了默认值），那么定位子元素的 z-index 设置生效，子元素 z-index=-5 生效，被父元素覆盖，如图 1-4-22 所示。

```
<div style="position:relative;width:200px;height:200px;background-color:#0e0;">
    <div style="position:relative;top:-50px;width:100px;height:100px;background-color:#00e; z-index:-5;">
<div>
</div>
```

图 1-4-21　子元素设置的 z-index 比父元素小　　　图 1-4-22　父元素 z-index 失效

4）相同 z-index 谁上谁下

（1）如果两个元素都没有设置 z-index，而是使用默认值，一个定位一个没有定位，那么定位元素覆盖未定位元素，如图 1-4-23 所示。

```
<div style="position:relative;top:50px;width:200px;height:200px;background-color:#0e0;"> </div>
<div style="width:100px;height:100px;background-color:#00e; "><div>
```

（2）如果两个元素都没有定位，发生位置重合现象；或者两个都已定位元素且 z-index 相同，发生位置重合现象，那么按文档流顺序，后面的覆盖前面的，如图 1-4-24 所示。

```
<div style="position:relative;width:200px;height:200px; background-color:#0e0;"></div>
<div style="position:relative; top:-50px; width:100px;height:100px;background-color:#00e;"></div>
```

图 1-4-23　定位元素覆盖未定位元素　　　图 1-4-24　未定位或 z-index 相同

4.4.4　清除浮动

微课：清除浮动

1．使用 clear 属性

使用 clear 属性可以清除浮动属性，用来防止内容跟随一个浮动的元素，迫使它移动到浮动的下一行。clear 属性值的取值范围是：

- left 清除左侧浮动，把元素推到前面生成的向左浮动的元素下面；
- right 清除右侧浮动，把元素推到前面生成的向右浮动的元素下面；
- both 清除两侧浮动，把元素推到前面生成的所有元素下面；
- none 不清除浮动，取消前面的定位。可以添加新的元素，应用 clear 属性或在下一标签的属性中直接应用清除 clear 属性。

```
.clear{clear:left;}
.clear{clear:right;}
.clear{clear:both;}
```

2．after 方法

这种方法清除浮动是作用于浮动元素的父元素的一种清除浮动，它利用":after"和":before"在元素内部插入两个元素块，从而达到清除浮动的效果。其实现原理类似于"clear:both"方法，只是区别在于":clear"在 HTML 中插入一个"div.clear"标签，而"clearfix"利用其伪类"clear:after"在元素内部增加一个类似于 div.clear 的效果。下面来看看其具体的使用方法。

```
.clearfix {zoom:1;}        /*==for IE6/7 Maxthon2==*/
.clearfix:after {clear:both;content:'.';display:block;width: 0;height: 0;visibility: hidden;}
                      /*==for FF/chrome/opera/IE8==*/
```

其中"clear:both;"指清除所有浮动；"content: '.'; display:block;"对于 FF/Chrome/Opera/IE 8 不能缺少，其中 content() 可以取值，也可以为空。"visibility:hidden;"的作用是允许浏览器渲染它，但是不显示出来，这样才能清除浮动。

 课后习题

在线测试 1-4-1

课后习题见在线测试 1-4-1。

 能力拓展

运用本节学习的知识，利用 CSS 对产品介绍页面进行图文混排布局。

任务引导 1：在产品介绍项目中，打开产品介绍页面，为其添加结构元素，写出 HTML 代码。
任务引导 2：运用浮动模型对产品页面进行浮动布局，请写出 CSS 代码。

任务引导 3：运用弹性布局模型对产品页面进行布局，请写出 CSS 代码。
任务引导 4：比较浮动布局和弹性布局，写出两者的优点与不足。
任务引导 5：对产品页面进行其他样式的设计，请写出 CSS 代码。
任务引导 6：请使用两个以上主流浏览器预览页面最终效果。
页面显示正常 □　　页面无法正常显示 □（哪个浏览器不正常，如何修改？）

本篇小结

　　本篇介绍了网页制作的基础知识，包括网页制作技术、常用开发工具、网站建设的流程。通过城市电子名片页面的制作，体验了网页的结构（HTML）、样式（CSS）和行为（JavaScript）三者的关系。通过钱学森先生人物介绍页面的内容呈现，介绍了 HTML 的基本结构、HTML 标题元素、段落元素、格式化元素、图片元素等。在对页面进行美化时，介绍了 CSS 的基本语法、CSS 选择器的类型及用法，以及常用的字体属性、文本属性和背景属性。在页面布局中，介绍了元素的分类、CSS 盒模型、CSS 常用的 4 种布局模型，以及在浮动布局中清除浮动的方法。在每个任务之后，都有能力拓展，读者可以更换主题，巩固所学内容并做一些相关的拓展。通过本篇的学习，读者能够掌握网页制作的基础知识，可以制作出图文混排的静态网页。

第二篇
项目实战篇

在基础篇中我们已经了解了网站建设的流程、常用的开发工具和技术，并通过一个人物介绍页面的制作过程学习了 HTML 的基本结构、常用的标签元素、样式的语法规则和基本的样式属性、盒模型和 CSS 的布局模型。本篇将按照真实的网站开发流程，完成一个智能制造公司的企业网站开发项目。项目分解为七个任务，包括网站前期策划、网站开发准备、首页页面制作、二三级页面制作、网站测试与发布、宣传推广与维护及项目总结。在开发项目的过程中学习 HTML5 的常用标签元素及样式，灵活运用 CSS 的布局模型排版页面，学习 CSS3 的新特性、多媒体应用及 JavaScript 特效应用等技能。使读者在项目实战中系统地掌握网站开发的流程和技术，并通过能力拓展强化和训练网页制作技能。

任务1 ◇ "英博特智能科技"企业网站前期策划

任务1主要介绍"英博特智能科技"网站开发项目的前期策划，重点介绍网站建设前期网站逻辑结构的确定、网站界面原型设计等内容，同时介绍撰写项目策划书的方法和内容。此外，任何一个网站项目的开发，立项都是必需的，而项目的确立是建立在各种需求的基础上的，因此，配合客户撰写一份需求说明书至关重要。

1.1 项目立项

任何一个项目或者系统开发之前都需要制定开发规则，这样有利于项目整体风格的统一、代码维护和扩展。网站建设也是如此。项目分析是一个项目的开端，也是项目建设的基石。项目建设失败的原因，往往是由于需求分析的不明确而造成的。因此一个项目成功的关键因素之一就是对需求分析的把握程度。

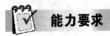
能力要求

（1）学会分析网站建设的需求说明书。
（2）了解组建项目团队的重要性。

学习导览

本任务学习导览如图 2-1-1 所示。

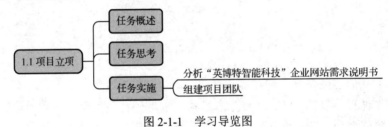

图 2-1-1　学习导览图

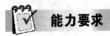
任务概述

任何一个网站项目的开发都需要先立项，并进行详细的需求分析，深入了解客户的各种需求，明确待解决的问题，因此配合客户写一份详细、完整的需求说明书非常重要。"英博特智能科技"企业网站需求说明书如图 2-1-2 所示。

文档："英博特智能科技"企业网站需求说明书完整版

图 2-1-2　"英博特智能科技"企业网站需求说明书

任务思考

（1）在开发网站项目时，主要从哪些方面对客户的需求做调查？

_____

（2）需求说明书要达到怎样的标准？

_____

（3）一个专业的项目小组，其成员应该包括哪些必需人员？

_____

任务实施

1.1.1 分析"英博特智能科技"企业网站需求说明书

一个网站项目的确立是建立在各种各样的需求的基础上的，这些需求往往来自于客户的实际需求或者是出于其自身发展的需要，其中客户的实际需求占了绝大部分。因此如何更好地了解、分析、明确用户需求，并且能够准确、清晰地以文档的形式表达给参与项目开发的每名成员，以保证开发过程按照满足用户需求的正确方向进行，是每个网站开发项目管理者需要面对的问题。"英博特智能科技"企业网站需求说明书见本书提供的素材文档。

第一步，需要客户提供一份完整的需求信息。

在开发"英博特智能科技"企业网站时，主要从以下方面着手对客户的需求做调查。

（1）网站的名称、目的、宗旨和指导思想。

（2）网站当前及日后可能出现的功能拓展。

（3）客户对网站的性能（如访问速度）的要求和对可靠性的要求。

（4）对网站维护的要求。

（5）网站的实际运行环境。

（6）网站页面总体风格及美工效果。

（7）各种页面特殊效果。

（8）项目完成时间及进度。

（9）项目完成后的维护责任。

很多客户对自己的需求并不是很清楚，需要设计人员不断引导和帮助分析，挖掘出潜在的、真正的需求。

第二步，设计人员要在客户的配合下写一份详细的需求分析，最后根据需求分析确定建站理念。

配合客户写一份详细的、完整的需求说明会花很多时间，但这样做是值得的，而且一定要让客户满意，签字认可。把好这一关，可以很大程度上杜绝因为需求不明或理解偏差造成的失误或项目失败。用糟糕的需求说明书不可能开发出高质量的网站。那么需求说明书要达到怎样的标准呢？简单说，包含以下几点。

（1）正确性。必须清楚描写交付的每个功能。

（2）可行性。确保在当前的开发能力和系统环境下可以实现每个需求。

（3）必要性。功能是否必须交付，是否可以推迟实现，是否可以在削减开支的情况发生时减少功能。

（4）简明性。不要使用专业的技术术语。

（5）检测性。如果开发完毕，客户可以根据需求进行检测。

1.1.2　组建项目团队

网站制作者接到客户的业务咨询，经过双方不断地接洽和了解，并通过基本的可行性讨论后，初步达成制作协议，这时就需要将"英博特智能科技"企业网站开发项目立项。较好的做法是成立一个专门的项目小组，小组成员包括项目经理、网页设计员、程序员、测试员、编辑/文档等必需人员。

由于"英博特智能科技"企业网站开发项目的分散性、独立性、整合的交互性等特点，所以制定一套完整的约定和规则显得尤为重要。每个开发团队都应有自己的一套规范，一个优良可行的规范可以使工作得心应手、事半功倍，这些规范并没有唯一的判别标准，不存在对与错。

一般 Web 项目开发中有前、后台开发之分，"英博特智能科技"企业网站项目也不例外。前台开发主要指非编程部分，主要职责是网站 AI 设计、界面设计、动画设计等；而后台开发主要指编程和网站运行平台搭建，主要职责是设计网站数据库和网站功能模板。

1.2　撰写网站策划书

一个网站的成功与否与建站前的网站规划有着极为重要的关系。在建立网站前应明确建设网站的目的，确定网站的功能，确定网站规模和投入费用，进行必要的市场分析等。网站规划对网站建设起到计划和指导的作用，对网站的内容和维护起到定位作用。

拿到客户的需求说明后，并不是直接开始制作，而是需要对项目进行总体设计，制订出一份项目建设方案给客户。总体设计是非常关键的一步，它主要确定以下内容。

（1）网站需要实现哪些功能。

（2）网站开发使用什么软件，在什么样的硬件环境下进行开发。

（3）需要多少人、多少时间。

（4）需要遵循的规则和标准有哪些。

同时还需要撰写一份总体规划说明书，包括以下内容。

（1）网站的栏目和版块。

（2）网站的功能和相应的程序。

（3）网站的链接结构。

（4）如果有数据库，则进行数据库的概念设计。

（5）网站的交互性和用户友好设计。

能力要求

（1）学会分析并确定网站逻辑结构和网站界面原型。

（2）了解网站策划书的重要性。

（3）学会撰写网站策划书。

**学习导览**

本任务学习导览如图 2-1-3 所示。

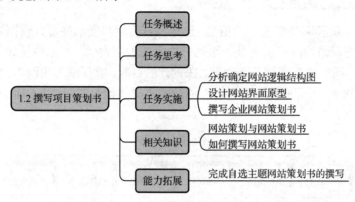

图 2-1-3 学习导览图

**任务概述**

一个网站建设的成功与否与建站前的网站策划有着极为重要的关系。只有在前期经过详细的策划，才能避免后期在网站建设中出现很多问题，使网站建设能顺利进行。"英博特智能科技"网站策划书如图 2-1-4 所示。

图 2-1-4 "英博特智能科技"网站策划书

**任务思考**

（1）网站策划书的重要性是什么？

_____

（2）网站策划与网站策划书两者的概念分别是什么？

_____

（3）网站策划书包含哪些内容？

_____

任务实施

1.2.1 分析确定网站逻辑结构图

根据网站的功能和网站要展示的信息，设计出符合用户要求并能体现网站特色的网站逻辑结构图。网站逻辑结构图实质上是一个网站内容的大纲索引，网站中设计的栏目要突出网站的主题和特色，同时要方便浏览者浏览，在设计栏目时，要仔细考虑网站内容的轻重缓急，合理安排，突出重点。"英博特智能科技"网站的逻辑结构图如图 2-1-5 所示。

图 2-1-5 "英博特智能科技"网站逻辑结构图

1.2.2 设计网站界面原型

1. 设计网站形象

（1）网站的标志。网站标志即 logo。就一个网站来说，logo 即网站的名片。而对于一个追求精美的网站，logo 更是它的灵魂所在，即所谓的"点睛"之处。一个好的 logo 往往会反映网站及制作者的某些信息，特别是对一个商业网站来说，可以从中基本了解到这个网站的类型或内容。此外，一个好的 logo 可以让人记忆深刻。

为了能体现出本网站的特色和内涵，logo 中可以只有图形，也可以有特殊的文字等。"英博特智能科技"网站的 logo 设计如图 2-1-6 所示。

图 2-1-6 "英博特智能科技"网站的 logo 设计

（2）网站的色彩搭配。色彩是人的视觉中最敏感的东西，在网站设计工作中很难把握，它是确立网站风格的前提，决定着网站给浏览者的第一印象。页面的整体色调有活泼或庄重、雅致或热烈等不同的风格，在用色方面也有繁简之分。不同内容的网站或网站的不同部分，在色彩方面都会有所不同。网页的色彩处理得好，可以锦上添花，起到事半功倍的效果。

设计"英博特智能科技"企业网站的色彩搭配时，在考虑有关具体工作之前，应先考虑传统文化、流行趋势、浏览人群、个人偏好等一些因素，确定本网站的色彩搭配如下。

主色调：白色+灰色。

辅色调：橙色+蓝色+绿色。

"英博特智能科技"网站（分上、下两部分）的色彩搭配如图 2-1-7 所示。

图 2-1-7　"英博特智能科技"网站的色彩搭配

（3）网站的标准字体。标准字体是指用于正文、标志、标题、主菜单的特有字体。一般网站制作默认的字体是宋体。为了体现网站的"与众不同"和特有风格，可以根据需要选择一些特殊字体。例如，为了体现专业性可以使用粗仿宋体，体现设计的精美可以使用广告体，体现亲切自然可以使用手写体等。可以根据网站所要表达的内涵，选择更贴切的字体。目前常见的中文字体有二三十种，常见的英文字体有近百种，网络上还有许多专用英文艺术字体下载，要寻找一款满意的字体并不算困难。需要说明的是，使用非默认字体只能用图片的形式，因为浏览者的计算机里可能没有安装这类特殊字体，那么制作者的辛苦设计制作可能会付之东流。

"英博特智能科技"网站的字体设置如下。

正文：微软雅黑、14 像素、行高 24 像素、深灰色。

标题：微软雅黑、30 像素、深灰色。

2．设计网页布局

在制作网页前首先要设计网页的版面布局。就像传统的报纸杂志编辑一样，将网页看作一张报纸、一本杂志来进行排版布局。版面指浏览器看到的一个完整的页面（可以包含框架和层）。因为每个浏览者的显示器分辨率不同，所以同一个页面的大小可能出现不同的尺寸。布局，就是以最适合浏览的方式将图片和文字排放在页面中的不同位置。

"英博特智能科技"网站的页面布局设计如下。

首页——"三"字形（上、中、下），如图 2-1-8 所示。

子页——产品案例："匡"字形（上、中、下）；中：分两栏（左、右），如图 2-1-9 所示。

3．设计首页及二级页面效果

设计是一种审美活动，成功的设计作品一般都很艺术化。但艺术只是设计的手段，而并非设计的任务。设计的任务是要实现设计者的意图，而并非创造美。

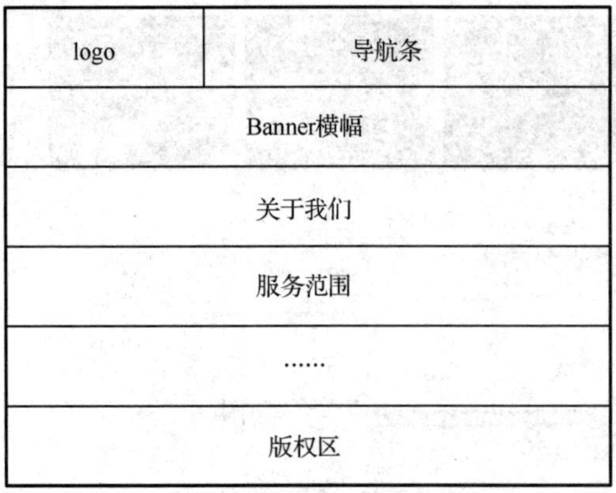

logo
导航条
Banner横幅
关于我们
服务范围
……
版权区

图 2-1-8 “英博特智能科技”网站首页布局图

logo
导航条
Banner横幅
二级导航
产品案例
（具体内容）
版权区

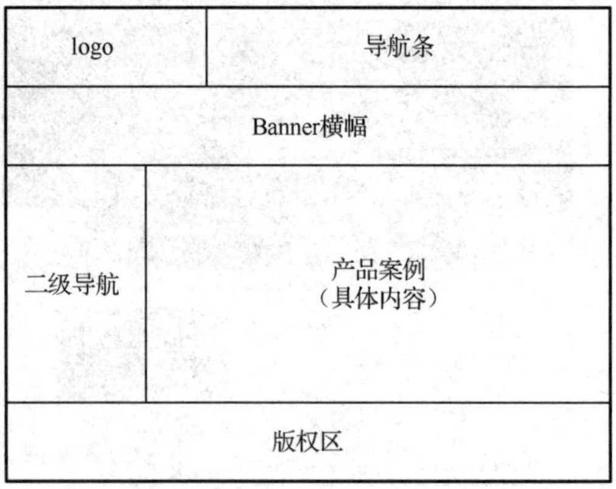

图 2-1-9 “英博特智能科技”网站子页布局图

网页设计的任务，是指设计者要表现的主题和要实现的功能。网站的性质不同，设计的任务也不同。

设计首页的第一步是设计版面布局，可以使用图片处理软件，如 Photoshop，将原先画在纸上的首页页面布局图设计制作成整体效果图。设计作品一定要有创意，这是最基本的要求，没有创意的设计是失败的。

“英博特智能科技”网站首页设计效果图如图 2-1-7 所示。

为了保持网站风格的统一，在设计好的首页效果图的基础上，使用 Photoshop 等将网站的其他页面效果图设计出来。一般网站的页面，除首页以外，其他子页面的布局风格基本相似，因此在设计子页效果时并不需要将所有页面都设计出来。

“英博特智能科技”企业网站“产品案例”子页效果图如图 2-1-10 所示。

智能制造
英博特智能科技
助力企业智能制作数字化转型
智慧物流
苏州英博特智能科技有限公司
CONTANT US 联系我们

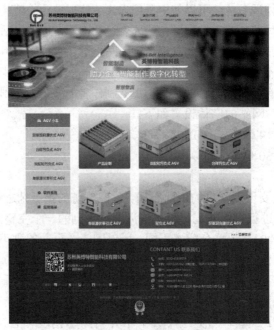

图 2-1-10 “英博特智能科技”网站“产品案例”子页效果图

4．裁切设计稿

网页的效果图设计好之后，最终在浏览器中的效果就以一整张图片显示出来。为了提高浏览

者浏览器的下载速度和访问速度，要利用 Photoshop 的裁剪功能把整张图裁切成小块图片。将裁切得到的小块图片分别命名并保存到指定的目录下，最终在 HBuilderX 中将小块图片整合起来。

"英博特智能科技"网站首页（分上、下两部分）、子页裁切图如图 2-1-11 和图 2-1-12 所示。

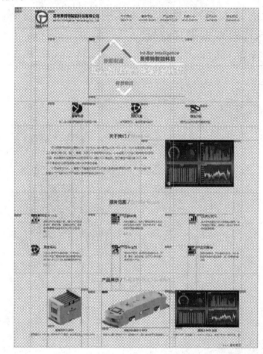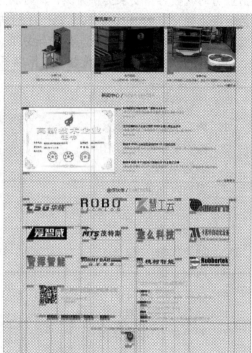

图 2-1-11 "英博特智能科技"网站首页裁切图

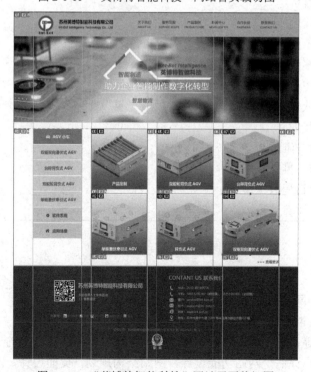

图 2-1-12 "英博特智能科技"网站子页裁切图

1.2.3 撰写企业网站策划书

在前期了解了客户需求的基础上，一般需要给客户一个网站策划书。很多网页制作者在接洽业务时就被客户要求提供方案。那时的方案一般比较笼统，而且在客户需求不是十分明确的情况下提交方案，往往和实际制作后的结果有很大差异。所以应该尽量取得客户的理解，在明确需求并进行总体设计后再提交策划书，这样对双方都有益处。

"英博特智能科技"网站策划书包括以下几个部分。

文档："英博特智能科技"网站策划书完整版

> 一、需求分析
> 二、网站目的及功能定位
> 1．树立全新企业形象
> 2．提供企业最新信息
> 3．增强销售力
> 4．提高附加值
> 三、网站技术解决方案
> 1．界面结构
> 2．功能模块
> 3．内容主题
> 4．设计环境与工具
> 四、网站整体结构
> 1．网站栏目结构图
> 2．栏目说明
> （1）网站首页
> （2）关于我们
> （3）服务范围
> （4）产品案例
> （5）新闻中心
> （6）合作伙伴
> （7）联系我们
> 五、网站测试与维护
> 六、网站发布与推广
> 七、网站建设日程表
> 八、网站费用预算

 相关知识

1．网站策划与网站策划书

（1）网站策划。网站策划是指应用科学的思维方法，进行情报收集与分析，对网站设计、建设、推广和运营等各方面问题进行整体策划，并提供完善解决方案的过程。网站策划包括了解客户需求，客户评估，网站功能设计，网站结构规划，页面设计，内容编辑，撰写《网站功能需求分析报告》，提供网站系统硬件、软件配置方案，整理相关技术资料和文字资料。

（2）网站策划书。无论企业的网站是准备建、在建、扩建，还是改建，都应有一个网站策划书。网站策划书是网站平台建设成败的关键因素之一。中国高质量的网站竞争越发激烈，加剧了网站策划的专业化进程。可以看到，许多真正处于领军地位的网站平台都具有以下特点——网站策划思路清晰合理，界面友好，网站营销作用强，因此专业的网站策划书是未来网站成功的重要条件之一。网站策划书应该尽可能涵盖网站策划中的各个方面，网站策划书的写作要科学、认真、实事求是。

2．如何撰写网站策划书

根据每个网站的情况不同，网站策划书也是不同的，但是最终都离不开主框架。在网站建设前期，要进行市场分析，然后总结形成书面报告，对网站建设和运营进行有计划的指导和阶段性总结。

网站策划书一般可以按照下面的思路来进行整理，当然特殊情况要特殊对待。

（1）建设网站前的市场分析。相关行业的市场是怎样的？有什么样的特点？是否能够在互联网上开展公司业务？市场主要竞争者分析，竞争对手上网情况及其网站规划、功能和作用。公司自身条件和市场优势分析，可以利用网站提升哪些竞争力，建设网站的能力（费用、技术、人力等）。

（2）建设网站的目的及功能定位。为什么要建设网站？是为了宣传产品，进行电子商务活动，还是要建设行业性网站？是企业的需要还是市场开拓的延伸？根据公司的需要和计划，确定网站的功能，分为产品宣传型、网上营销型、客户服务型、电子商务型等。根据网站功能，确定网站应达到的目的、企业内部网（Intranet）的建设情况和网站的可扩展性。

（3）网站技术解决方案。采用自建服务器，还是租用虚拟主机？选择操作系统，用 UNIX、Linux 还是 Windows？分析投入成本、功能开发、稳定性和安全性等。是采用具有系统性的解决方案的公司（如 IBM、HP 等）提供的企业上网方案、电子商务解决方案，还是自己开发？提出网站安全性措施，防黑、防病毒方案。相关程序开发，如网页程序 ASP、JSP、CGI、数据库程序等。

（4）网站内容规划。根据网站的目的和功能规划网站内容，一般企业网站应包括公司简介、产品介绍、服务内容、价格信息、联系方式、网上订单等基本内容。电子商务类网站要提供会员注册、详细的商品服务信息、信息搜索查询、订单确认、付款、个人信息保密措施、相关帮助等。如果网站栏目比较多，则考虑采用专人负责相关内容。

注意：网站内容是网站吸引浏览者最重要的因素，无内容或不实用的信息必然不会吸引匆匆浏览的访客。可事先对人们希望阅读的信息进行调查，并在网站发布后调查人们对网站内容的满意度，以便及时调整网站内容。

（5）网页设计。网页美术设计一般要求与企业整体形象一致，要符合 CI 规范。要注意网页色彩、图片的应用及版面规划，保持网页的整体一致性。在新技术的采用上要考虑主要目标访问群体的分布地域、年龄阶层、网络速度、阅读习惯等。制订网页改版计划，如半年到一年时间进行较大规模改版等。

（6）网站维护。服务器及相关软、硬件的维护，对可能出现的问题进行评估，制订响应时间。有效地利用数据是网站维护的重要内容，因此数据库的维护要受到重视，包括内容的更新、调整等。制定相关网站维护的规定，将网站维护制度化、规范化。

（7）网站测试。网站发布前要进行细致周密的测试，以保证网站的正常浏览和使用。主要测试内容如下：服务器稳定性、安全性；程序及数据库测试；网页兼容性测试，如针对不同浏览器、显示器；根据需要进行的其他测试。

（8）网站发布与推广。网站测试后进行发布的公关、广告活动，搜索引擎登记等。

（9）网站建设日程表。各项规划任务的开始、完成时间，负责人等。

（10）网站费用明细。各项事宜所需费用清单。

以上为网站策划书中应该体现的主要内容，根据不同的需求和建站目的，内容也会相应增加或减少，在建设网站之初一定要进行细致的规划，才能达到预期建站目的。

 能力拓展

运用本任务学习的知识，完成自选主题网站项目策划书的撰写。

任务引导1：根据客户的实际需求，确定网站主题，并撰写一份详细的需求分析。
任务引导2：组建项目团队，确定小组成员及其分工。
任务引导3：根据网站的功能和要展示的信息，设计出网站逻辑结构图，并对栏目进行概述。
任务引导4：根据网站主题，设计出能体现网站特色和内涵的logo，并确定网站的色彩搭配和使用的标准字体。
任务引导5：设计网站的首页及二级页面布局，并绘制出首页、子页布局图。

任务2 "英博特智能科技"企业网站开发准备

前面我们已经完成了"英博特智能科技"企业网站前期策划，对网站的总体设计也已经非常了解，接下来要利用Photoshop来实现网站的logo设计、网站图片的加工处理、网站首页及子页的效果图设计与裁切，为网站的具体实现做好前期的素材准备工作。

2.1 设计网站logo

在制作网站的过程中除了需要对图片进行加工处理，还需要一些设计创作。比如，网站的logo，它将具体的事物、事件、场景和抽象的精神、理念、方向通过特殊的图形固定下来，使人们在看到 logo 的同时自然地产生联想，从而对企业产生认同。logo 是网站特色和内涵的集中体现，一个好的 logo 设计应该是网站文化的浓缩，logo 设计的好坏直接关系着一个网站乃至一个公司的形象。以下是一些公司的 logo 设计方案，如图 2-2-1 所示。

图 2-2-1 logo 设计方案

能力要求

（1）学会使用 Photoshop 设计制作网站 logo。
（2）学会对 logo 进行美化处理，如特殊文字效果等。
（3）能根据网站的主题自主设计 logo。
（4）会利用文字阐述 logo 设计的思想。

学习导览

本任务学习导览如图 2-2-2 所示。

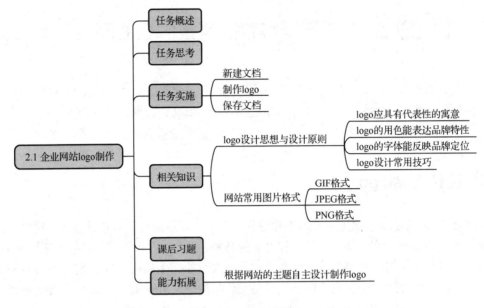

图 2-2-2　学习导览图

任务概述

制作"英博特智能科技"企业网站 logo，学会 Photoshop 软件的基本使用，掌握图层、选区的基本概念，最终完成的企业网站 logo 设计效果如图 2-2-3 所示。

图 2-2-3　企业网站 logo 效果图

任务思考

（1）使用 Photoshop 软件如何绘制同心圆？

（2）图层之间如何设置水平居中、垂直居中？

（3）透明背景的图片应该保存为何种格式？

任务实施

电子活页 2-2-1

具体实施步骤包括新建文档、制作 logo、保存文档，见电子活页 2-2-1。

微课：新建文档

微课：设置参考线

微课：绘制形状

微课：添加网站名称

微课：保存文档

相关知识

1. logo 设计思想与设计原则

logo 在品牌传播和传达企业对内、对外的精神和文化理念方面均起着举足轻重的作用。可以用来设计网站 logo 的工具主要有 Photoshop、CorelDRAW、Illustrator 等。

（1）logo 应具有代表性的寓意。苹果公司的 logo 是全球最有名的 logo 之一，但其实它的第一代标志非常复杂，是牛顿坐在苹果树下读书的图案，该图案隐藏的意思是，牛顿在苹果树下进行思考而发现了万有引力定律，苹果公司也要效仿牛顿致力于科技创新。

苹果公司的第二代标志是一个被咬掉一口的环绕彩虹的苹果图案。在英语中，"咬"（Bite）与计算机的基本运算单位字节（Byte）同音，因此这一"咬"同样也包含了科技创新的寓意。1998 年，苹果公司将原有的彩色苹果换成了一个半透明的、泛着金属光泽的银灰色标志。2013 年，苹果公司的 logo 设计从三维转向二维，去掉装饰，只剩一个平面 logo，这一变化标志着苹果 logo 设计的真正统一。具体演变过程如图 2-2-4 所示。

图 2-2-4　苹果公司 logo 的演变

（2）logo 的用色能表达品牌特性。搭配协调的多种颜色的组合能够给观者更加强烈的思维及视觉记忆。绝大部分企业偏爱选用蓝色，其中一些企业还因为自己的 logo 颜色而从消费者中得到了有趣的昵称，比如被称为"蓝色巨人"（Big Blue）的 IBM 就是一个典型的例子。蓝色给人安全和冷静的印象，许多银行业和保险业品牌大多采用了蓝色 logo，因为它们的品牌精髓就是要能够突出信任与可靠性。纵观国内和国外的企业，会发现主宰 logo 颜色的还是蓝色。

除了蓝色，红色是第二大用色。在中国人的观念里，红色代表吉祥，同时也代表着挑战。黄色仅次于红色，排在第三的主要用色，多被用在餐饮企业 logo 中。

（3）logo 的字体能反映品牌定位。字体的选择及设计在 logo 的设计制作中非常重要，不管是以字为主体造型的 logo，还是以字为辅助图形的 logo。

比如，微软的 logo 中粗壮浑厚的黑体给观者的感觉是成熟、稳重、严谨；可口可乐的 logo，飘逸、圆润、活跃、跳动，巧妙的穿插，这些字体设计让可口可乐的 logo 既醒目又体现出产品特点，如图 2-2-5 所示。

图 2-2-5　logo 的字体

（4）logo 设计常用技巧。网站 logo 设计过程中要注重比例设计、对比、复制等技巧。比例设计最重要的原则是遵循客观规律，文字比例要使得其易读，图形比例要使得它不会变形且特色突出。最著名的比例规则就是"黄金分割"，其比值约为 1:0.618。

比例常常针对尺寸大小，而对比则可以针对万事万物，如颜色、大小、形状、字体、纹理等。对比突出的并不是组件本身，而是组件彼此的关系与它们要传达的交互信息。

跟对比强调组件的联系一样，复制并不是旨在突出组件的鲜明，而是用以强调一种发展趋向、一种变化顺序。复制物件最好按照一种线性流程进行定位，或者是直线，或者是曲线，或者是一种较为复杂的交互线程。

2．网站常用图片格式

美观的图片会为网站添加新的活力，给用户带来更直观的感受。网站常用的图片格式有 GIF、JPEG、PNG 等。

（1）GIF 格式。GIF 是英文 Graphics Interchange Format（图形交换格式）的缩写。顾名思义，这种格式是用来交换图片的。GIF 格式的特点是压缩比高，磁盘空间占用较少，所以这种图像格式迅速得到了广泛的应用。

但 GIF 有个小小的缺点，即不能存储超过 256 色的图像。尽管如此，这种格式仍在网络上被广泛应用，这和 GIF 图像文件小、下载速度快、可用许多具有同样大小的图像文件组成动画等优势是分不开的。

（2）JPEG 格式。JPEG 也是常见的一种图像格式。JPEG 文件的扩展名为.jpg 或.jpeg，其压缩技术十分先进，它用有损压缩方式去除冗余的图像和彩色数据，获得极高的压缩率的同时能展现十分丰富生动的图像。换句话说，就是可以用最少的磁盘空间得到较好的图像质量。

同时 JPEG 还是一种很灵活的格式，具有调节图像质量的功能，允许用不同的压缩比例对文件进行压缩。

由于 JPEG 优异的品质和杰出的表现，它的应用也非常广泛，特别是在网络上。目前各类浏览器均支持 JPEG 图像格式，因为 JPEG 格式的文件尺寸较小，下载速度快，使得 Web 页有可能以较短的下载时间提供大量美观的图像，JPEG 同时也就顺理成章地成为网络上最受欢迎的图像格式。

（3）PNG 格式。PNG（Portable Network Graphics）是网页中的通用图像格式，最多可以支持 32 位的颜色，可以包含透明度或 Alpha 通道。

PNG 是目前保证最不失真的图像格式，它汲取了 GIF 和 JPEG 二者的优点，存储形式丰富，兼有 GIF 和 JPEG 的色彩模式。它的另一个特点是能把图像文件压缩到极限以利于网络传输，但又能保留所有与图像品质有关的信息，因为 PNG 是采用无损压缩方式来减少文件的大小的，这一点与牺牲图像品质以换取高压缩率的 JPEG 有所不同。它的第三个特点是显示速度很快，只需下载 1/64 的图像信息就可以显示出低分辨率的预览图像。PNG 同样支持透明图像的制作，透明图像在制作网页图像时很有用，可以把图像背景设为透明，用网页本身的颜色信息来代替设为透明的色彩，这样可让图像和网页背景和谐地融合在一起。

 课后习题

在线测试 2-2-1

课后习题见在线测试 2-2-1。

 **能力拓展**

运用本任务学习的知识，根据自选主题的网站策划书，设计网站 logo，并使用 Photoshop 软件完成 logo 的制作。

任务引导 1：根据网站的主题手绘 logo 草图（参考相关设计网站，如花瓣网）。
任务引导 2：安装 Photoshop 软件，熟悉其基本操作方法。
已完成安装 □　　安装存在问题 □
任务引导 3：根据设计草图，使用 Photoshop 软件完成 logo 的制作。
（插入制作完成的 logo 图片）
任务引导 4：阐述创作 logo 的设计思想，继续对 logo 进行修改完善。

2.2 加工图像素材

前面已经撰写好了网站策划书，也收集了很多相关素材，其中有很大一部分素材是图片。以文字为主的网页文档看起来枯燥而空洞，利用图片可以制作出更具有魅力的网页。但是通过各种渠道收集来的图片的大小、色彩各异，怎样将它们与网页和谐地融为一体，为网页增添魅力呢？这就需要对这些图片进行处理。

图形图像处理是进行网页设计必不可少的一个重要环节，主要包括图像的大小设置、去除水印、颜色调整、图像合成、图片装饰、数码照片处理等。

能力要求

（1）进一步理解 Web 图像格式（GIF、JPEG、PNG）。
（2）学会批量处理图像（如更改图像大小）。
（3）学会去除图片上的水印。
（4）学会调整图像属性（如亮度/对比度、色相/饱和度、色阶、曲线等）。
（5）学会美化加工图像。
（6）学会应用特殊文字。

学习导览

本任务学习导览如图 2-2-6 所示。

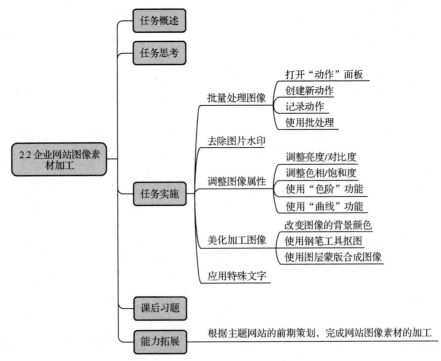

图 2-2-6　学习导览图

☑ 任务概述

为"英博特智能科技"企业网站加工图像素材，熟练掌握 Photoshop 软件的使用，学会批量更改图像大小、去除图片上的水印、调整图像属性、改变图像的背景颜色、使用图层蒙版合成图像、应用特殊文字等。网站部分图像素材的加工效果如图 2-2-7 所示。

图 2-2-7 网站部分图像素材的加工效果

🔍 任务思考

（1）Photoshop 中如何在不改变原图层的基础上调整图像属性？

_____

（2）Photoshop 中有哪些方法可以完成抠图？

_____

（3）Photoshop 中常用的图层样式有哪些？

_____

☆ 任务实施

电子活页 2-2-2

具体实施步骤包括批量处理图像、去除图片水印、调整图像属性、美化加工图像、应用特殊文字，见电子活页 2-2-2。

微课：创建新动作 微课：记录动作 微课：使用批处理 微课：去除图片水印

微课：调整亮度/对比度 微课：调整色相/饱和度 微课：使用"色阶"功能 微课：使用"曲线"功能

微课: 改变图像的背景
颜色

微课：使用钢笔工具
抠图

微课：使用图层蒙版
合成图像

微课：应用特殊文字

 课后习题

在线测试 2-2-2

课后习题见在线测试 2-2-2。

 能力拓展

运用本任务学习的知识，根据自选的网站主题完成网站图像素材的加工，并将加工前后对比效果粘贴在下表中。

任务引导 1：去除图片水印。
Before　　　　　　　　　　　　　　　After
任务引导 2：调整图像的亮度/对比度。
Before　　　　　　　　　　　　　　　After
任务引导 3：使用钢笔工具抠图后，改变图像的背景颜色。
Before　　　　　　　　　　　　　　　After

2.3 设计网站首页效果图

网页的界面是整个网站的门面，好的门面会吸引越来越多的浏览者，因此网页界面的设计也就显得非常重要。网页的界面设计主要包括首页和二三级页面的设计，其中首页的设计最为重要。

网页界面的设计包括色彩、布局等多方面的元素。在本篇任务1中我们已经在策划书中完成了网站界面原型的设计，接下来将使用 Photoshop 软件，根据策划书中设定的布局、内容、配色等完成网站首页效果图的设计制作。

 能力要求

（1）能合理布局使网页内容的分布主次分明，便于操作。
（2）能合理运用色彩搭配，满足客户的需求。
（3）能熟练使用 Photoshop 软件创作网页界面。
（4）培养艺术欣赏能力。
（5）培养权益意识。
（6）培养协作能力和沟通交流能力。

 学习导览

本任务学习导览如图 2-2-8 所示。

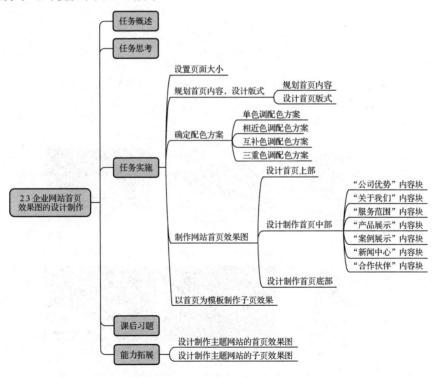

图 2-2-8　学习导览图

任务概述

"英博特智能科技"企业网站的首页包括 logo、导航、banner、公司优势、关于我们、服务范围、产品展示、案例展示、新闻中心、合作伙伴及版权几个部分，最终完成效果如图 2-2-9 和 2-2-10 所示。

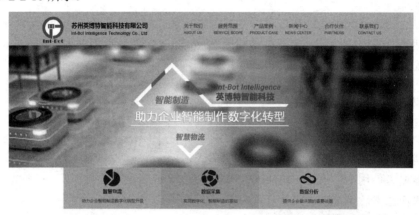

图 2-2-9　网站首页效果图 1

图 2-2-10 网站首页效果图 2

任务思考

（1）目前最常见的 PC 端屏幕分辨率是多少？

（2）Photoshop 中图像大小和画布大小的区别？

（3）Photoshop 中如何增加画布的高度？

任务实施

2.3.1　设置页面大小

页面大小的设置主要考虑宽度，在固定宽度布局中尽量不要在浏览器中出现横向的滚动条，根据要设计的页面所主要针对的屏幕分辨率，去除浏览器边栏的宽度和滚动条的宽度，可以计算出页面的最佳宽度。以显示器 1920 像素×1080 像素的分辨率为例，网页最佳宽度为 1366 像素以内，如果需要满屏显示，高度在 768 像素左右，这样就不会出现水平滚动条和垂直滚动条。

（1）打开 Photoshop 软件，在欢迎界面左侧单击"新建"按钮，在"新建文档"对话框中选择"Web"菜单中的"网页–最常见尺寸"。在"预设详细信息"中输入文件名"Int-Bot 首页效果"，取消勾选"画板"复选框。对于网页来说，一般只用于屏幕显示，所以设置分辨率为"72 像素/英寸"，背景内容为"白色"，单击"创建"按钮完成文档的新建，如图 2-2-11 所示。

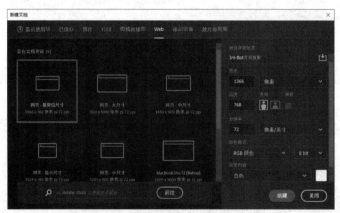

图 2-2-11 "新建文档"对话框

提示：在新建设计文档时，可适当加大宽度和高度，然后使用参考线确保内容在规定宽度内，这样显示整体页面效果时可兼顾宽屏的显示效果。

（2）在"属性"面板中调整"画布"的高度为"3655 像素"，双击工具箱中的"缩放工具" 🔍，使画布按 100% 的视图比例显示，新建垂直参考线"93 像素"和"1273 像素"，确保内容宽度在"1180 像素"以内，此时的效果如图 2-2-12 所示。

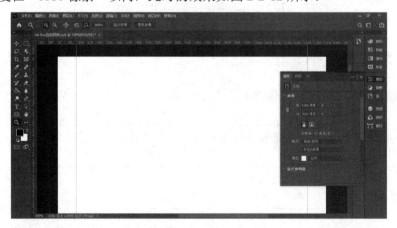

微课：设置页面大小

图 2-2-12 100% 视图显示效果

2.3.2 规划首页内容，设计版式

1. 规划首页内容

浏览网站的主要目的是获取有用信息，因此网站的内容至关重要，用户看到网页设计的效果会感到愉悦，而翔实的页面内容才会吸引用户。因此要根据网站的建站目的和主题，合理规划网页内容。

网页内容规划不可或缺的部分一般有 logo、导航、内容块、版权和留白，留白是最容易被遗忘的部分，初学者往往喜欢把页面排得满满当当的，却起不到很好的效果，这里需要强调的是设计中的一条重要原则：少即多（Less is more）。

在具体规划内容时，可以使用便笺纸将首页上想放置的内容写下来，然后根据主次关系把不需要的部分删掉。

根据本篇任务 1 中完成的策划书，可以得到首页规划的具体内容：logo、导航、banner、内容块（公司优势、关于我们、服务范围、产品展示、案例展示、新闻中心、合作伙伴），以及版权等几个部分。

2．设计首页版式

在设计页面草稿图时应该同时考虑每个模块打算放什么内容，占多大比例等，比例可以参考三分之一法则（简化的黄金比例）来分配每个模块，如图 2-2-13 和图 2-2-14 所示。

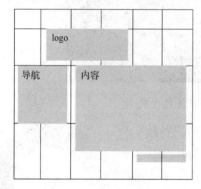

图 2-2-13　排版样式 1

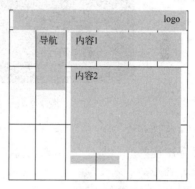

图 2-2-14　排版样式 2

使用参考线与标尺在 Photoshop 中确定页面各模块的比例。页面布局好以后还要确定整体风格及配色方案，然后确定各模块的具体内容，还需要考虑平衡要素、布局的对称、颜色的对比、内容的对齐等，当然还需要关注网页设计的发展趋势。

在 Photoshop 中使用参考线对首页进行划分，分成上部、中部、底部，中部又分成 7 个内容块，其中服务范围、产品展示、案例展示内容块均分为 3 列，可设置每列宽度为"382 像素"，列间距为"17 像素"，效果如图 2-2-15 所示。

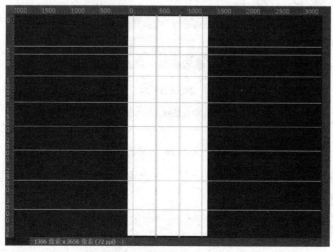

图 2-2-15　使用参考线划分首页

2.3.3 确定配色方案

配色方案是创建和谐而有效的颜色组合的基本公式，网页设计中一般有 4 种经典的配色方案：单色调、相近色调、互补色调和三重色调。

1. 单色调配色方案

单色调配色方案由单个基本颜色和这种颜色的浅色和阴影组成。在扁平化设计中，单色调配色正迅速成长为一种流行趋势，可以使用单一颜色搭配黑色或白色来创造一种鲜明且有视觉冲击的效果。如 Foundation 网站的配色效果如图 2-2-16 所示。

图 2-2-16 Foundation 网站的配色效果

大部分的单色调配色方案利用一个基本色搭配两三种颜色，最受欢迎的颜色是蓝色。单色调在移动设备和 App 设计中也格外受欢迎。

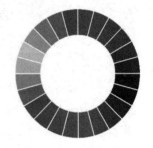

2. 相近色调配色方案

相近色调配色方案由色环上彼此邻近的颜色组成，色环如图 2-2-17 所示。如果从橙色开始，它的两种相近色应该选择红色和黄色。用相近色调的颜色主题可以实现色彩的融洽与融合，如商务网站 Zappos 的配色效果如图 2-2-18 所示。

图 2-2-17 色环

图 2-2-18 Zappos 网站的配色效果

提示：一般选用的颜色数量不能超过整个色环颜色数量的 1/3，否则配色效果不佳。

3. 互补色调配色方案

互补色调配色方案中选用的颜色位于色环中相对的位置上，如红与绿、蓝与橙、黄与紫二色的搭配组合，具有强烈的对比性，有互相衬托的效果，如图 2-2-19 所示网站的配色，使用了明显的互补色调。

图 2-2-19　网站互补色调配色效果

提示：很多网站会使用多种配色方案，可以增加内容的丰富程度，但一定要让网站的 logo、导航和整体布局一致，这样可以保证网站整体风格的统一，避免混淆。

4．三重色调配色方案

三重色调配色方案是指在色环中选择一个等边三角形的 3 个顶点上的颜色构成的配色方案。该配色方案中使用了 3 种彼此之间差别明显的颜色，是一种可以带来比较另类感觉的配色方案。

2.3.4　制作网站首页效果图

具体实施步骤包括设计制作首页上部、设计制作首页中部、设计制作首页底部、以首页为模板制作子页效果，见电子活页 2-2-3。

电子活页 2-2-3

微课：设计首页上部

微课：设计首页 banner

微课：设计首页中部

微课：设计首页底部

微课：设计子页

 课后习题

在线测试 2-2-3

课后习题见在线测试 2-2-3。

能力拓展

运用本任务学习的知识，根据网站策划书，完成主题网站首页及子页效果图的设计制作。

任务引导 1：规划网站首页内容，设计版式（可以使用 Axure 快速原型设计工具）。	
任务引导 2：根据网站首页及子页规划，使用 Photoshop 软件完成效果图的设计制作。	
（首页效果）	（子页效果）

2.4 裁切网站首页效果图

整体页面的效果图制作完成后，需要将效果图切片，然后在 HBuilderX 等开发工具中编写代码，完成网页页面的开发。在 Photoshop 中裁切网页效果图非常方便。

 能力要求

（1）熟练使用 Photoshop 软件裁切网页效果图。
（2）掌握创建和编辑切片的方法。

 **学习导览**

本任务学习导览如图 2-2-20 所示。

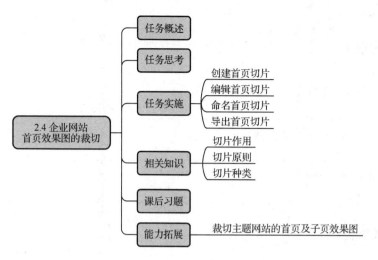

图 2-2-20　学习导览图

 任务概述

在 Photoshop 中裁切"英博特智能科技"企业网站首页效果图，获取网页制作的图片素材文件，如图 2-2-21 和图 2-2-22 所示。

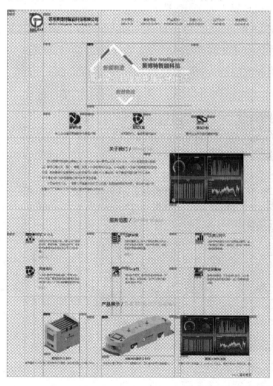

图 2-2-21　"英博特智能科技"网站首页裁切图 1　　图 2-2-22　"英博特智能科技"网站首页裁切图 2

任务思考

（1）Photoshop "切片工具"的作用？

_____

（2）纯色背景需要创建切片吗？

_____

（3）切片的原则有哪些？

_____

任务实施

2.4.1　创建首页切片

"英博特智能科技"企业网站首页效果图需要切割的部分主要有 logo、banner、图片、图标等。使用 Photoshop 工具箱中的"切片工具" 可以为已经制作好的效果图创建切片，具体操作步骤如下。

（1）使用 Photoshop 软件打开"Int-Bot 首页效果.psd"文件，选择"文件"|"存储为…"菜单命令，另存文件并命名为"Int-Bot 首页效果（带切片）.psd"。

（2）根据切片原则，先分析整体的网页背景。单击图层缩览图前的眼睛图标，将除页面背景外的其他图层及图层组隐藏，由于本设计稿无网页背景效果，故无须进行切片。

（3）将设计稿中所有纯色背景层隐藏，使用移动工具，在工具属性栏中选中"自动选择"按钮，在画布中选中 logo 后，可自动选择 logo 图像所在图层，如图 2-2-23 所示。

图 2-2-23　选中 logo 所在图层

（4）由于 logo 在单独一层，内容即为切片，可以在选中该图层的状态下，选择"图层"|"新建基于图层的切片"菜单命令完成切片的创建。

（5）banner 部分有背景图和前景图，将 banner 背景图隐藏后，单击工具箱中的"切片工具"，按住鼠标左键拖曳出符合切片大小的区域，生成用户切片，如图 2-2-24 所示。

图 2-2-24 生成用户切片

提示：用户切片、基于图层的切片和自动切片的外观不同。用户切片和基于图层的切片由实线定义，而自动切片由点线定义，每种类型的切片都显示不同的图标。

除了"切片工具"，还可以使用工具箱中的"矩形选框工具"选择区域，然后按<Ctrl+C>组合键进行复制。选择"文件"|"新建…"菜单命令，在"新建文档"对话框中输入"文件名"，如"bannerImg"后单击"创建"按钮。在新建的文件中，按<Ctrl+V>组合键进行粘贴，保存后得到切片图片。

（6）网页正文和未使用特殊文字的标题均不需要创建切片，只需要为图片、图标创建切片。有背景时需隐藏背景后再切片，切片对象上方有文字等内容时也需隐藏内容后再切片。使用"新建基于图层的切片"功能完成首页剩余部分的切片创建，完成后的部分效果如图 2-2-25 所示。

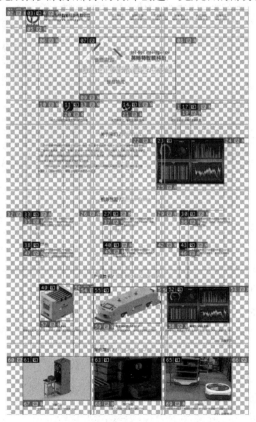

图 2-2-25 创建首页切片后部分效果

2.4.2 编辑首页切片

在 Photoshop 软件中使用工具箱中的"切片选择工具"  选择需要编辑的切片，右击，在弹出的快捷菜单中可以选择"编辑切片选项"命令，如图 2-2-26 所示。

由于 logo 切片是基于图层的切片，在该切片选项里无法改变尺寸大小，需要将其"提升到用户切片"后才可以更改。在"切片选项"对话框里可以更改"名称""URL""目标""信息文本""Alt 标记"等，如图 2-2-27 所示。

微课：编辑首页切片

图 2-2-26 "编辑切片选项"命令

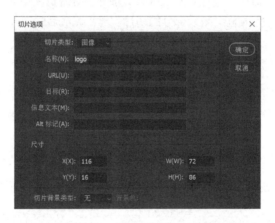

图 2-2-27 "切片选项"对话框

各选项详细信息如下。

（1）切片类型：选择"图像"选项时，当前切片在输出时生成一个图像，无图像则不生成。

（2）名称：为切片起名，当前切片生成图像时和切片名称一样。

（3）URL：给切片链接一个网址。

（4）目标：切片在哪个窗口中打开。

（5）信息文本：状态栏上显示的信息。

（6）Alt 标记：鼠标移至显示的提示信息。

（7）X，Y：切片左上角的坐标。

（8）W，H：切片的长度和宽度。

提示：为切片起名时使用西文字符，尽量做到见名知义。

2.4.3 命名首页切片

如没有在编辑切片状态下对切片命名,则切片导出时的名称会默认为 PSD 文件名后加上序号(1,2,3…),这样不利于后期图片素材的管理与 HTML 代码的书写。

要将切片后的图片运用到 HTML 页面中,应尽可能看其名称就知道其大概的位置。例如,页面中展示 3 个产品图片,3 个图片可分别命名为 productImg1、productImg2 和 productImg3。还可以根据图片的内容命名,如网站 logo,可命名为 logo 等。

2.4.4 导出首页切片

(1)隐藏所有纯色背景层后,选择"文件"|"导出"|"存储为 Web 所用格式…"菜单命令。

(2)在"存储为 Web 所用格式"对话框中使用"抓手工具"将视图移至合适位置,单击左侧"切片选择工具"选中各切片,在预设中设置合适的图片格式,权衡图片的质量与字节数,其中,背景透明图片务必设置为带"透明度"的"PNG-24"格式,如图 2-2-28 所示。

图 2-2-28 存储为 Web 所用格式

(3)选择"切片选择工具",按住<Shift>键选中所有需要存储的切片,单击"存储…"按钮,在弹出的"将优化结果存储为"对话框中选择"保存在"的位置,格式为"仅限图像",切片为"选中的切片",单击"保存"按钮,即可在指定位置(一般是站点文件夹)生成 images 图片文件夹,如图 2-2-29 所示。

图 2-2-29 生成 images 图片文件夹

相关知识

1．切片作用

当网页上的图片较大时，浏览器下载整个图片需要花很长的时间，切片的使用使得整个图片被分为多个不同的小图片分开下载，这样下载的时间就大大地缩短了，能够节约很多时间。

除了减少下载时间，切片还有其他优点，如优化图像。完整的图像只能使用一种文件格式，应用一种优化方式，而对于作为切片的各幅小图片就可以分别对其进行优化，并根据各幅切片的情况还可以存储为不同的文件格式。这样既能够保证图片质量，又能够使得图片变小。

2．切片原则

对页面效果图进行裁切前，先进行具体的分析是必不可少的步骤，以避免在制作时还需要对切片图进行反复修改。具体切片时一般要遵循以下几条原则。

（1）切片是使用 HTML+CSS 实现网页布局的依据，切片时要先总体后局部，即先把网页整体切分成几个大部分，再细切其中的小部分。

（2）没有使用特殊文字效果的网页正文不需要切，可以直接使用 HTML 代码来实现。

（3）裁切的时候要注意平衡，如右侧裁切了，那么左侧也要等高地裁切一下。

（4）纯色背景和线型边框线不需要切片，可以直接使用 CSS 代码实现。

（5）如果某个对象的范围正好是要裁切的大小，可以直接使用"新建基于图层的切片"功能。

（6）如果区域面积不大，可以不进行细致划分，只需将其整体裁切即可。

（7）如果图片上面不需要添加文字，也就没有必要将其作为背景图案，直接作为图片处理即可。

3．切片种类

常用的 Photoshop 切片种类主要有以下 3 种。

（1）用户切片：使用"切片工具"创建的切片。

（2）基于图层的切片：从图层创建的切片。

（3）自动切片：创建新的用户切片或基于图层的切片时，将生成占据图像其余区域的附加切片。

 课后习题

在线测试 2-2-4

课后习题见在线测试 2-2-4。

 能力拓展

运用本任务学习的知识，完成主题网站首页及子页效果图的裁切，生成对应图片文件夹。

任务引导 1：分析首页效果图后完成首页裁切，将带切片的效果图粘贴在表格中。
（插入带切片的首页效果图）
任务引导 2：分析首页效果图后完成子页裁切，将带切片的效果图粘贴在表格中。
（插入带切片的子页效果图）

任务3 "英博特智能科技"企业网站首页页面制作

第二篇任务2中已经用Photoshop设计出了网站首页及相关子页的效果图，并运用切片工具裁切设计稿，得到了首页的图像元素。本任务将完成企业网站首页页面的制作，按照先整体后局部的原则，将任务分解为12个子任务。首先进行首页整体布局，然后按照页面包含的11个模块进行页面的详细制作。页面制作过程中运用了第一篇中所有的知识和技能，同时新增HTML列表及样式、超链接及样式、CSS伪类、CSS3变形、过渡、动画、JavaScript特效应用等知识和技能。

3.1 首页整体布局

子任务1完成首页的整体布局，包括页面的结构分析、页面各部分大小的确定、新建项目、搭建页面主体结构，以及用颜色块表示各个模块。

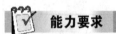 **能力要求**

（1）会根据效果图分析页面整体结构。
（2）熟练使用网页编辑软件创建项目。
（3）会使用 reset.css 初始化页面样式。
（4）掌握一列布局方法。
（5）掌握一列固定宽度居中布局方法。

 学习导览

本任务学习导览如图 2-3-1 所示。

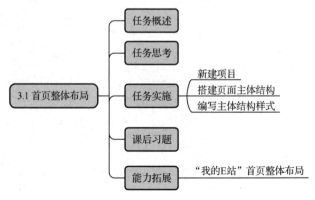

图 2-3-1 学习导览图

任务概述

制作"英博特智能科技"企业网站首页页面，网站地址 http://www.int-bot.cn，本次任务完成首页页面的整体布局，经过结构分析，该页面包含页头、横幅广告、公司优势、关于我们、服务范围、产品展示、案例展示、新闻中心、合作伙伴、页尾联系我们模块，如图 2-3-2 所示，整体采用一列多行居中布局。因页面比较长，完成后截取前三部分效果图如图 2-3-3 所示，完整稿请见本书素材。

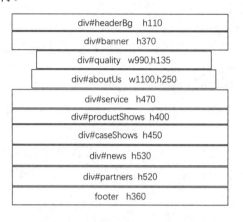

微课：首页整体布局

图 2-3-2 企业网站首页结构分析图

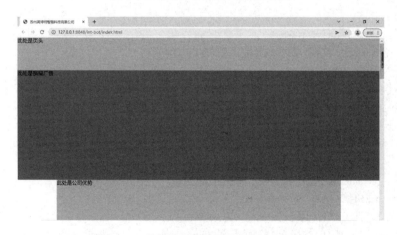

图 2-3-3 首页整体布局的前三部分效果图

 **任务思考**

（1）如何测量页面中每部分的高度？

_____

（2）如何让宽度固定的模块在页面中居中？

_____

（3）在 HTML 文件和 CSS 样式中，注释的作用有哪些？

_____

任务实施

3.1.1 新建项目

（1）在 HBuilderX 软件中，新建基本 HTML 项目"int-bot"，此时项目中包含 css、img 及 js 文件夹，以及首页 index.html。

（2）将切片所得的图片复制到 img 文件夹中。

（3）将公共样式表文件 reset.css 复制到 css 文件夹中，在 css 文件夹中新建样式表文件 index.css。其中公共样式 reset.css 是为了让页面获得跨浏览器的兼容性，需要用重置文件的 CSS 代码覆盖浏览器默认的样式来进行统一，详见本书素材。index.css 用于编写自定义的样式。

3.1.2 搭建页面主体结构

（1）打 index.html 文件，在<head>中引入样式表文件 reset.css 和 index.css，注意 reset.css 要在 index.css 之前引入。

（2）在<title></title>标签之间输入标题"苏州英博特智能科技有限公司"，在<body></body>标签之间输入以下代码，完成页面主体结构，单击"文件"|"保存"按钮，或按快捷键<Ctrl+S>保存网页。

```html
<!DOCTYPE HTML>
<html>
    <head>
        <meta charset="utf-8" />
        <title>苏州英博特智能科技有限公司</title>
        <link rel="stylesheet" type="text/css" href="css/reset.css" />
        <link rel="stylesheet" type="text/css" href="css/index.css" />
    </head>
    <body>
        <!-- 此处是页头 -->
        <div id="headerBg">此处是页头</div>
        <!-- 此处是横幅广告 -->
        <div id="banner">此处是横幅广告</div>
        <!-- 此处是公司优势 -->
        <div id="quality">此处是公司优势</div>
        <!-- 此处是关于我们 -->
        <div id="aboutUs">此处是关于我们</div>
        <!-- 此处是服务范围 -->
        <div id="service">此处是服务范围</div>
        <!-- 此处是产品展示 -->
        <div id="productShows">此处是产品展示</div>
        <!-- 此处是案例展示 -->
        <div id="caseShows">此处是案例展示</div>
        <!-- 此处是新闻中心 -->
        <div id="news">此处是新闻中心</div>
        <!-- 此处是合作伙伴 -->
```

```
            <div id="partners">此处是合作伙伴</div>
            <!-- 此处是页尾联系我们 -->
            <footer>此处是页尾联系我们</footer>
        </body>
</HTML>
```

提示：通过写 HTML 注释，说明代码的作用，便于后期理解，也有利于团队协作开发项目。在代码有 bug 时，还可以用注释标签来排错。

（3）利用浏览器打开 index.html 文件，浏览网页效果，如图 2-3-4 所示。

图 2-3-4　首页整体布局 HTML 部分效果

3.1.3　编写主体结构样式

（1）打开 index.css 文件，首先编写页头模块样式，先用颜色块来表示，采用一列布局，设置页头部分 id 名为 headerBg 的 div 高度 110px，背景色为#fec502，宽度默认为 100%，效果如图 2-3-3 所示。

```
/* 页头 */
#headerBg {height: 110px; background-color: #fec502;}
```

（2）同样使用一列布局完成横幅广告 banner 的样式设计，设置高度为 370px，背景色为#c55a11。

（3）公司优势模块采用一列固定宽度居中布局，和一列布局相比，我们要解决的问题就是居中。这里需要用到 CSS 的外边距属性（margin）。在 IE 6 及以上版本和标准的浏览器当中，当设置一个盒模型的左、右外边距为自动（margin-left: auto; margin-right: auto）时，可以让这个盒模型居中。设置 id 名为 quality 的 div 的宽度为 990px，高度为 135px，背景色为#fec502，居中对齐，效果如图 2-3-3 所示。

```
/* 横幅广告 */
#banner{height: 370px;background-color: #c55a11;}
/* 公司特色 */
#quality{width: 990px;height: 135px;background-color: #fec502;margin: 0 auto;}
```

（4）参照结构分析图，完成其他模块的样式设计，代码如下。

```
/* 关于我们 */
#aboutUs{width:1100px;height: 250px;background-color:#a9d18e;margin: 0 auto;}
/* 服务范围 */
#service{height: 470px;background-color:#f1f5f6;}
/* 产品展示 */
#productShows{height: 400px;background-color:#e7d783;}
```

```
/* 案例展示 */
#caseShows{height: 450px;background-color:#2a3b6a;}
/* 新闻中心 */
#news{height: 530px;background-color:#f1f5f6;}
/* 合作伙伴 */
#partners{height: 520px;background-color:#fafafa;}
/* 页尾联系我们 */
footer{height: 520px;background-color:#444444;}
```

（5）利用浏览器打开 index. html 文件，浏览网页最终效果，如图 2-3-3 所示。

 课后习题

在线测试 2-3-1

课后习题见在线测试 2-3-1。

 能力拓展

运用本任务学习的知识，根据效果图完成"我的 E 站"首页整体布局。

任务引导 1：请认真分析以下页面的主体结构，用颜色块画出页面的结构图。
页面效果图：　　　　　　　　　　　　　　　　　　　　　　结构图：
任务引导 2：在 HBuilderX 中新建一个基本 HTML 项目，新建网页，复制基础样式文件，新建样式表文件，请将目录结构截图。
任务引导 3：在页面中，用 html 标签搭建网页整体结构，请写出 HTML 代码。
任务引导 4：为网页主体结构设计样式，用颜色区分不同模块，请写出 CSS 样式。

续表

任务引导 5：请使用两个以上主流浏览器预览页面最终效果。
页面显示正常 □　　　页面无法正常显示 □（哪个浏览器不正常，如何修改？）

3.2　页头制作

子任务 2 完成首页的页头制作，包括页头的结构分析、页头的二列布局、logo 制作、横向导航菜单制作，以及下拉菜单制作。

 能力要求

（1）熟练使用浮动布局。
（2）学会清除浮动的方法。
（3）掌握 HTML 列表及样式。
（4）掌握 HTML 超链接及样式。
（5）掌握 CSS 常用伪类。

 **学习导览**

本任务学习导览如图 2-3-5 所示。

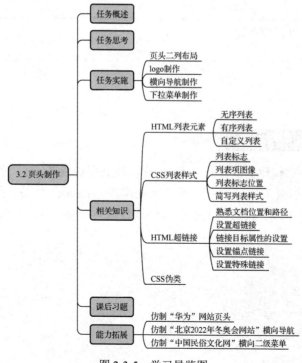

图 2-3-5　学习导览图

任务概述

本次任务完成首页页面中页头部分的制作。该模块经过结构分析，包含 logo 和导航部分，如图 2-3-6 所示，页头布局为二列居中布局，完成后效果图如图 2-3-7 所示。

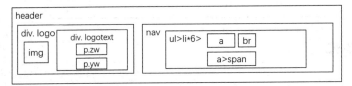

图 2-3-6　页头结构分析图

图 2-3-7　页头效果图

 任务思考

（1）实现两列布局的方法有哪些？

（2）什么情况下要清除浮动？

（3）列表可以应用在哪些地方？

 任务实施

 3.2.1　页头二列布局

（1）在 HBuilderX 软件中，打开 index.html，找到页头所在 div，删除文本，在 id 名为 headerBg 的 div 中添加页头 html 结构元素。首先添加< header >标签，用于设置页头居中布局，然后在< header >中添加类名为 logo 的 div 放置网站 logo，再添加<nav>标签，用于放置横向导航条。

```
<!-- 此处是页头 -->
<div id="headerBg">
    <header>
        <div class="logo"></div>
        <nav></nav>
    </header>
</div>
```

（2）打开 index.css 文件，编写样式实现页头的二列布局。页头采用二列固定宽度居中布局，设置 header 元素宽度为 1180px，并居中对齐（margin: 0 auto;）。

（3）设置类名为 logo 的 div 为左浮动，宽度为 380px，高度为 95px，左外边距为 40px，上内边距为 15px；设置 nav 层左浮动，宽度为 720px，高度为 70px，左外边距为 40px，上内边距为 40px；为两个层都设置背景色为#4472c4。

提示：此处层的高度和背景色用于辅助布局，添加内容后可取消。

（4）为 header 元素清除浮动，加上 clearfix 类，该类已经在 reset.css 中定义，完成后效果如图 2-3-8 所示。

微课：页头二列布局

图 2-3-8　页头二列布局

3.2.2　logo制作

（1）根据首页设计效果图及图 2-3-6 的结构分析，logo 分为左右两部分，左边是公司 logo 图标，右侧为 logo 中英文文本，文本分为上下两部分，用一个 div 将文本放置在一个 div 容器中，HTML 代码如下。

```
<!-- logo 制作 -->
<div class="logo">
        <img src="img/logo.png" alt="logo">
        <div class="logotext">
                <p class="zw">苏州英博特智能科技有限公司</p>
                <p class="yw">Int-Bot Intelligence Technology Co., Ltd</p>
        </div>
</div>
```

（2）设置 logo 层中图片左浮动，宽度为 72px，高度为 88px，右外边距为 25px；设置 logo 层中公司中文 zw 的字体大小为 20px，上外边距为 20px，下外边距为 10px，加粗显示；设置英文 yw 的字体大小为 14px；在 logo 层中添加 clearfix 类，清除浮动。取消 logo 层的高度和背景颜色。

```
header .logo {float: left;        width: 380px;        margin-left: 40px;padding-top: 15px;}
header nav {width: 720px;float: left;padding-top: 40px;margin-left: 40px;}
header .logo img {float: left; width: 72px;        height: 88px;        margin-right: 25px;}
header .logo .zw {font-size: 20px;margin-top: 20px;margin-bottom: 10px;font-weight: bold;}
header .logo .yw {font-size: 14px;}
```

（3）利用浏览器打开 index. html 文件，浏览网页效果，如图 2-3-9 所示。

微课：logo 制作

图 2-3-9　logo 效果图

3.2.3 横向导航制作

（1）根据首页设计效果图及图 2-3-6 的结构分析，导航可以由列表来实现，一共有 6 个列表项，导航中英文文本都放在<a>标签中并换行（
）显示。为了便于设置样式，将英文文本放置在<span>标签中，完成后 HTML 代码如下。

```
<!-- 横向导航制作 -->
<nav>
    <ul>
        <li><a href="">关于我们</a><br><a href=""><span>ABOUT US</span></a></li>
        <li><a href="">服务范围</a><br><a href=""><span>SERVICE SCOPE</span></a></li>
        <li><a href="">产品案例</a><br><a href=""><span>PRODUCT CASE</span></a></li>
        <li><a href="">新闻中心</a><br><a href=""><span>NEWS CENTER</span></a></li>
        <li><a href="">合作伙伴</a><br><a href=""><span>PARTNERS</span></a></li>
        <li><a href="">联系我们</a><br><a href=""><span>CONTACT US</span></a></li>
    </ul>
</nav>
```

（2）根据效果图设置导航样式。导航项 li 元素宽度为 118px，左浮动，文字居中；导航项中文本 a 元素文字大小为 16px，颜色为#444444，行高为 1.25em，鼠标移入超链接时文本颜色为白色#ffffff；英文导航项文字大小为 12px；取消 nav 的高度和背景色样式，给 ul 添加 clearfix 类，清除浮动。

```
header nav li {width: 118px;float: left;text-align: center;}
header nav a {font-size: 16px;        color: #444444;line-height: 1.25em;}
header nav a:hover {color: #ffffff;}
header nav span {font-size: 12px;}
```

提示：在 reset.css 样式表中，已对列表和超链接进行了初始化设置，取消了列表项符号，并取消了超链接 a 标签的下画线。

（3）利用浏览器打开"index. html"文件，浏览网页效果，如图 2-3-7 所示。

3.2.4 下拉菜单制作

（1）在菜单项"产品案例"下添加二级菜单，内容为"AGV 小车""软件系统""应用场景"。二级菜单仍采用无序列表的方式，为"产品案例"选项添加类名 cur，添加后 HTML 代码如下。

```
<li class="cur"><a href="">产品案例</a><br>
        <a href=""><span>PRODUCTCASE</span></a>
    <ul>
        <li><a href="">AGV 小车</a></li>
        <li><a href="">软件系统</a></li>
        <li><a href="">应用场景</a></li>
    </ul>
</li>
```

（2）根据效果图设置下拉菜单样式。二级菜单初始隐藏，绝对定位，宽度为 118px，高度为 90px，透明度为 0.7；鼠标移上"产品案例"项时，二级菜单显示，设置其 display 属性

为"block"；设置二级菜单选项不浮动，高度和行高均为 30px，使文本中部对齐，背景色为
#f1f5f6；鼠标移上二级菜单列表项时背景色变成黑色（#000000）。

```
header nav li.cur ul {display: none;position: absolute;width: 118px;height: 90px;opacity:
0.7;}
header nav li.cur:hover ul {display: block;}
header nav li.cur ul li {float: none;height: 30px;line-height: 30px;background-color:
#f1f5f6;}
header nav li.cur ul li:hover {background-color: #000000;}
```

（3）利用浏览器打开 index. html 文件，浏览网页效果，如图 2-3-7 所示。

微课：下拉
菜单制作

![相关知识]相关知识

微课：HTML
列表元素

1．HTML 列表元素

列表在网站设计中占有比较大的比重，用列表显示信息整齐直观，便于用户理解。列表
与 CSS 样式结合还能实现很多高级应用，如导航栏、排行榜、轮播图、图文列表等。HTML
列表元素主要包括无序列表、有序列表和自定义列表。

1）无序列表

HTML 的列表元素是一个由列表标签封闭的结构，包含的列表项由<li></li>组成。无序
列表就是列表结构中的列表项没有先后顺序的列表形式，各列表项前面使用●、□、◇、◆
等符号以示区隔，默认为●。大部分网页应用中的列表均采用无序列表，其列表标签采用
<ul></ul>。编写方法如下。

```
<ul>
    <li></li>
    <li></li>
    <li></li>
</ul>
```

无序列表经常用于文章版块化、格式化版面等具有相同文体特征的内容的制作，如文章、
图文列表等。

【示例代码】2-3-1.html：文章列表。

```
<!DOCTYPE HTML>
<html>
    <head>
        <meta charset="utf-8">
        <title>2021 年有些突破，提振信心</title>
    </head>
    <body>
        <ul>
            <li>九章二号量子计算原型机求解特定问题比超算快亿亿亿倍</li>
            <li>杂交水稻双季亩产 1603.9 公斤实现袁隆平生前提出的攻关目标</li>
            <li>"祝融号"火星车完成既定探测任务</li>
            <li>神州十三号载人飞船与空间站组合体自主快速交会对接</li>
            <li>3 名宇航员顺利进驻天和核心舱</li>
```

```
            <li>中国空间站首次太空授课</li>
        </ul>
    </body>
</HTML>
```

效果如图 2-3-10 所示。

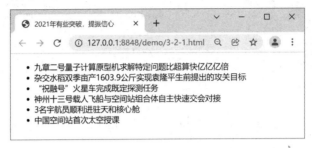

图 2-3-10　文章列表

【示例代码】2-3-2.html：图文列表。

```
<!DOCTYPE HTML>
<html>
    <head>
        <meta charset="utf-8">
        <title>2021 年有些奉献，照亮未来</title>
    </head>
    <body>
        <ul>
            <li>
                <div class="listImg">
                    <img src="img/zgm.jpg" width="200" height="150">
                </div>
                <div class="listTxt">
                    <h3>"校长妈妈"张桂梅</h3>
                    <p class="intro">燃烧自己，为孩子们点亮梦想</p>
                    <p class="releaseTime">2021-12-23</p>
                </div>
            </li>
            <li>
                <div class="listImg">
                    <img src="img/zgj.jpg" width="200" height="150">
                </div>
                <div class="listTxt">
                    <h3>"保姆校长"庄桂淦</h3>
                    <p class="intro">为大山里的留守儿童，撑起爱的天空</p>
                    <p class="releaseTime">2021-12-23</p>
                </div>
            </li>
        </ul>
```

```
    </body>
</HTML>
```

效果如图 2-3-11 所示。

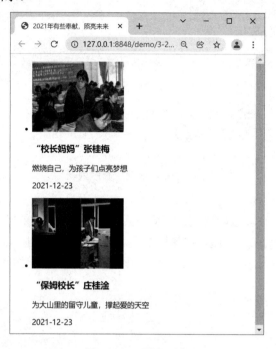

图 2-3-11　图文列表

2）有序列表

有序列表就是列表结构中的列表项有先后顺序的列表形式，从上到下可以有各种不同的序列编号，如 1、2、3…或 a、b、c…等，如果插入和删除一个列表项，编号会自动调整。有序列表的列表标签为<01></01>，编写方法如下。

```
<ol>
    <li> </li>
    <li> </li>
    <li> </li>
</ol>
```

可以使用有序列表元素来制作各类排行榜，如百度热搜、今日头条的头条热榜等。

【示例代码】2-3-3.html：热搜榜有序列表。

```
<!DOCTYPE html>
<html>
    <head>
        <meta charset="utf-8">
        <title>百度热搜</title>
    </head>
    <body>
        <ol>
            <li>各地贯彻十九届六中全会精神纪实</li>
            <li>这就是我们共同写就的壮阔答卷</li>
```

```
        <li>从六中全会公报看世界第一大党</li>
      </ol>
   </body>
</html>
```

效果如图 2-3-12 所示。

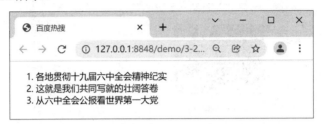

图 2-3-12 热搜榜有序列表

3）自定义列表

自定义列表不是一个项目的序列，它是一系列条目和它们的解释。自定义列表的开始使用<dl>标签，列表中每个元素的标题使用<dt>标签定义，后面跟随<dd>标签用于描述列表中元素的内容。自定义列表的定义（<dd>标签）中可以加入段落、换行、图像，链接、其他列表等，编写方法如下。

```
<dl>
      <dt> </dt>
      <dd> </dd>
      <dt> </dt>
      <dd> </dd>
</dl>
```

当要对列表项进行注释时，可以使用自定义列表。

【示例代码】2-3-4.html：名词解释自定义列表。

```
<!DOCTYPE html>
<html>
   <head>
      <meta charset="utf-8">
      <title>名词解释</title>
   </head>
   <body>
      <dl>
         <dt>四个意识</dt>
         <dd>政治意识、大局意识、核心意识、看齐意识</dd>
         <dt>四个自信</dt>
         <dd>中国特色社会主义道路自信、理论自信、制度自信、文化自信</dd>
         <dt>四个全面</dt>
         <dd>全面建成小康社会、全面深化改革、全面依法治国、全面从严治党</dd>
      </dl>
   </body>
</html>
```

效果如图 2-3-13 所示。

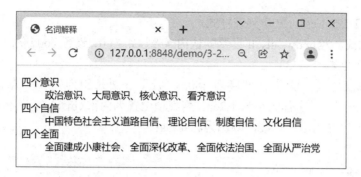

图 2-3-13 名词解释自定义列表

微课：CSS 列表样式

提示：不一定每个<dt>标签要对应一个<dd>标签，可以一对多或多对一。

2．CSS 列表样式

CSS 列表属性如表 2-3-1 所示。

表 2-3-1　CSS 列表属性

属　　性	说　　明
list-style	简写属性，用于把所有用于列表的属性设置于一个声明中
list-style-image	将图像设置为列表项标志
List-style-position	设置列表中列表项标志的位置
list-style-type	设置列表项标志的类型

1）列表标志

无序列表和有序列表在没有设置样式前都有默认的项目符号或编号，要修改用于列表项的标志类型，可以使用list-style-type属性。

ul {list-style-type : square}

上面的声明把无序列表中的列表项标志设置为方块。如果要去除标志，则修改属性值为none。

2）列表项图像

有时，常规的标志是不够的。如果想对各标志使用一个图像，可以利用list-style-image属性。只需要简单地使用一个 url()属性值，就可以使用图像作为标志。

ul li {list-style-image : url(xxx.gif)}

3）列表标志位置

CSS 2.1 可以确定标志出现在列表项内容之外还是内容内部，这是利用list-style-position属性完成的。

ul{list-style-position:inside;}

4）简写列表样式

为简单起见，可以将以上 3 个列表样式属性合并为一个list-style属性，就像这样：

li {list-style : url(example.gif) square inside}

list-style 属性的值可以按任何顺序列出，而且这些值都可以忽略。只要提供了一个值，其他的就会填入其默认值。

结合前面所学的字体、文本、背景、边框和列表样式属性，对以上文章列表、图文列表、热搜榜有序列表 3 个示例进行美化。

【示例代码】2-3-1.css：文章列表样式。

（1）基础样式。为 body、ul、li 设置默认内、外边距为 0；设置 body 的字体为微软雅黑，大小为 12px，颜色为#333333；

（2）文章列表样式。设置 ul 宽度为 450px，上、下外边距为 10px，左、右边距自动，使列表显示在页面中间，字体大小为 1.2em，列表项位置为内部（inside）；设置 li 高度为 35px，行高为 35px，下边框为 1px 实线，颜色为#aaaaaa；

样式表文件如下：

```
body,ul,li {margin: 0;padding: 0;}
body {font-family: "microsoft yahei";font-size: 12px;color: #333333;}
ul {width: 450px;margin: 10px auto;font-size: 1.2em;list-style-position: inside;}
ul li {height: 35px;line-height: 35px;border-bottom: 1px solid #aaaaaa;}
```

效果如图 2-3-14 所示。

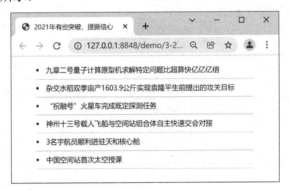

微课：文章列表

图 2-3-14　文章列表样式

【示例代码】2-3-2.css：图文列表样式。

（1）基础样式。将页面中所有标签的内、外边距都设置为 0；设置 body 的字体为微软雅黑，大小为 10px，颜色为#333333；添加清除浮动代码。

（2）图文列表框架样式。设置 ul 宽度为 500px，上、下外边距为 10px，左右边距自动，使列表显示在页面中间，字体大小为 1.4em，列表项位置为内部，不显示列表图标；设置图片层 listImg 宽度为 200px，高度为 150px，右外边距为 20px，左浮动；设置文本 listTxt 宽度为 250px，高度 90px，左浮动；设置 li 下边框为 1px 灰色（#aaaaaa）实线，内边距为上、下 15px，左、右 5px。

（3）详细内容样式。设置 h3 及 p 的行高为 22px；文本详细介绍部分的文本颜色为#999999，上、下外边距为 10px；发布时间的文本颜色为#aaaaaa。

在列表项 li 中添加类"clearfix"清除浮动，适当添加文本内容，完成最终效果如图 2-3-15 所示。

样式表文件如下：

```
body,ul,li,div,img,h3,p {margin: 0;padding: 0;}
body {font-family: "microsoft yahei";font-size: 10px;color: #333333;}
.clearfix:after {content: "";display: block;height: 0;clear: both;}
.clearfix {zoom: 1;}
ul {width: 500px;margin: 10px auto;font-size: 1.4em;list-style-type: none;list-style-position: inside;}
.listImg {width: 200px;height: 150px;margin-right: 20px;float: left;}
```

```
.listTxt {width: 250px;height: 90px;float: left;}
ul li {border-bottom: 1px solid #aaaaaa;padding: 15px 5px;}
h3,p {line-height: 22px;}
p.intro {color: #999999;margin: 10px 0;}
p.releaseTime {color: #aaaaaa;}
```

微课：图文列表

图 2-3-15　图文列表样式

【示例代码】2-3-3.css：热搜榜有序列表样式。

（1）基础样式。将页面中所有标签的内、外边距都设置为 0；设置 body 的字体为微软雅黑，大小为 10px，颜色为#333333。

（2）热搜榜样式。设置 ul 宽度为 400px，上、下外边距为 10px，左右边距自动，使列表显示在页面中间，字体大小为 1.4em，列表项位置为内部。

（3）设置 li 内边距为 5px。列表前两项采用不同的颜色表示，分别为红色#ff0000 和橙色#faa90e。在列表项中添加<span>标签，加入热搜量数据，设置颜色为#aaaaaa，使其排列在右侧。完成最终效果如图 2-3-16 所示。

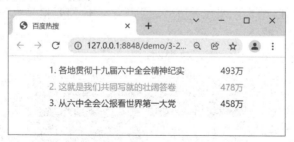

微课：热搜榜有序列表样式

图 2-3-16　热搜榜有序列表样式

样式表文件如下：

```
body,ol,li {margin: 0;padding: 0;}
body {font-family: "microsoft yahei";font-size: 12px;color: #333333;}
ol {width: 400px;margin: 10px auto;font-size: 1.4em;list-style-position: inside;}
```

```
ol li {padding: 5px;}
ol li:first-child {color: #ff0000;}
ol li:nth-child(2) {color: #faa90e;}
ol span {float: right;}
```

3．HTML 超链接

微课：HTML 超链接

网页的最大优点及特征就是可以在多个网页文档中自由移动的"超链接"功能。完成完整的网页需要构成该网页的多个网页文档，并且需要连接这些网页文档，使得它们之间能够互相跳转，这种连接就叫"超链接"。简单来说，超链接就是用来有机地连接各个网页文档的不可见的绳索。

1）熟悉文档位置和路径

超链接包括文本和图像的超链接、电子邮件的超链接、图像映射的超链接、下载文件的超链接和锚记超链接等。

熟悉文档的位置和路径对于创建超链接至关重要。每个网页都有一个唯一的地址，称为统一资源定位器（URL）。它有两种路径，一种是绝对路径，一种是相对路径。

（1）绝对路径。绝对路径提供所链接文档的完整 URL，而且包括所使用的协议，如 http://www.adobe.com/cn/aboutadobe/pressroom/news.html 就是一个绝对路径。要链接其他服务器上的文档时，必须使用绝对路径。

提示：尽管对本地站点的超链接也可使用绝对路径，但不建议采用这种方法，因为一旦将此站点移动到其他位置，所有本地绝对路径的超链接都将断开。

（2）相对路径。当创建超链接时，通常不指定要链接到的文档的完整 URL，而是指定一个始于当前文档或站点根文件夹的相对路径。

① 文档相对路径。对于大多数本地站点的超链接来说，文档相对路径是最适用的路径，如 xszs/xszs.html 就是文档相对路径。

② 站点根目录相对路径。站点根目录相对路径提供从站点的根文件夹到文档的路径，该路径总是以一个正斜杠开始，该正斜杠表示站点根文件夹，如/xszs/xszs.html 就是文件（xszs.html）的站点根目录相对路径。

提示：如不熟悉此类型的路径，建议还是使用文档相对路径。

下面举例说明相对路径的书写方法。如图 2-3-17 所示，学校中有 6 个教室，张三和小红分别在教室 B 和教室 D 中，李四在教室外。下课了，他们要相互找到对方，思考如下路径怎么写。

李四找张三：_____；张三找李四：_____；张三找小红：_____

图 2-3-17　相对路径示意图

转变成文件目录的形式，如图 2-3-18 所示，路径又如何写？

图 2-3-18 文件目录示意图

在网站目录中，图片的选择、样式表的链接、网页之间的链接都可以使用相对路径来表示，如图 2-3-19 所示的网站目录。index.html 访问图片 logo.gif，可以写成<img src="img/logo.gif" alt="" />；index.html 链接样式表 style.css，可以写成<link rel="stylesheet" type="text/css" href="css/style.css"/>；index.html 访问 list.html，可以写成<a href="list.html"></a>；style.css 访问图片 banner.jpg，需要先返回上一级目录，用../表示，可以写成 url("../img/banner.jpg") 。

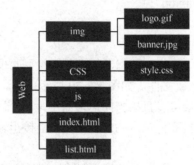

图 2-3-19 网站目录示意图

2）设置超链接

网页中经常会遇到的就是为文本和图像创建超链接。超链接是用标签<a>定义的，在<a>标签下，有属性 href，href 的属性值为一个 URL 地址，即链接的目标地址。因此可以直接在代码中输入<a>标签来实现超链接。例如，为导航文本添加超链接<a href= "index.html">首页</a>，也可以为图片添加超链接<a href= "index.html"><img src="img/logo.gif"></a>。

3）超链接目标属性的设置

超链接的目标属性是用于显示被链接的网页文档或网站的位置的。由单一框架构成的网页文档主要采用两种显示方式：一种是当前打开的网页文档消失，而显示链接的网页——self（默认）；一种是在新的窗口中显示链接的网页——_blank。

目标属性的 4 个值的详细介绍如下。

- _blank：保留当前网页文档的状态下，在新的窗口中显示被链接的网页文档。
- _parent：当前打开的文档消失，显示被链接的网页文档。如果是多框架文档，则在父框架中显示被链接的网页文档。
- _self：当前打开的文档消失，显示被链接的网页文档。如果是多框架文档，则在当前框架中显示被链接的网页文档。
- _top：与构造无关，当前打开的文档消失，显示被链接的网页文档。

提示：在网站中建议不要过多地使用"_blank"，以免打开窗口太多，造成浏览者使用上的不便。

4）设置锚记链接

有时候页面内容比较长，浏览到页面底部时，要再查看前面的内容，则需要向上拖动滚动条。这时使用锚记链接，则可以一下子移动到页面顶端。

命名锚记使得用户可以在文档中设置标记（类似于书签），这些标记通常放在文档的特定主题处或页面顶端，然后再创建到这些命名锚记的链接，这些链接可以快速将浏览者带到指定位置。创建到命名锚记的链接分为两步：首先创建命名锚记，然后创建到该命名锚记的链接。

（1）创建命名锚记。将插入点放在需要命名锚记的地方，如文档顶部，输入<a name="top"></a>，将锚记命名为"top"。

（2）创建到该命名锚记的链接。锚记链接与一般链接相同，可以在链接中设定，输入"#锚记名称"，如在文档顶部插入锚记并取名为"top"后，在文档底部的链接中输入"#top"，这样在单击此链接时，会移动到文档的顶部。

此外，如要链接到同一文件夹内其他文档中的名为 top 的锚记，则需要在"#"前加上网页的名称，如"products.html#top"。

提示：锚记名称区分大小写。

5）设置特殊链接

（1）下载文件的超链接。如果超链接指向的不是一个网页文件，而是其他文件，如 doc、rar 文件等，单击链接时就会下载文件，如图 2-3-20 所示。

（2）网站外部链接。超链接可以直接指向地址而不是一个网页文档，单击链接可以直接跳转到相应的网站。当需要链接到外部网站时，只要在链接里输入网站对应的包含协议的完整地址就可以跳转到相应的网站。

（3）空的超链接。有时还需要创建空链接，在链接里输入一个"#"或输入"javascript:;"（javascript 后依次输入一个冒号和一个分号）。例如，首页中暂时没有链接地址时的文本或图像，我们可以先设置成空链接，如"关于我们"文本，就是设置了"javascript:;"空链接。

（4）脚本的超链接。例如，在链接里输入"javascript:alert（'此链接将返回首页！'）"可生成一个弹出消息的警告框，如图 2-3-21 所示。

图 2-3-20　下载文件的超链接　　　　　　　　图 2-3-21　脚本的超链接

（5）邮件链接的设置。在网页制作中，还经常看到这样的一些超链接，单击以后，会弹出邮件发送程序，联系人的地址也已经填写好了。其制作方法是：选择文本或图像后，在链接中输入"mailto:邮件地址"。对应的 HTML 代码为"<a href="mailto:mihy@siit.edu.cn">给我写信</a>"。

4．CSS 伪类

在网页中，有很多文本和图像都需要设置超链接，而链接默认的样式并不是我们想要的效果，因此需要为超链接设置样式。为了让链接表现得更加活泼，对链接的几种状态还可以设置不同的样式。

最常用的是 4 种 a（锚）元素的伪类，它表示动态链接的 4 种不同的状态：link、visited、active、hover（未访问的链接、已访问的链接、激活链接和鼠标停留在链接上），可以把它们分别定义不同的效果。

```
a:link {color: #ff0000; text-decoration: none} /* 未访问的链接 */
a:visited {color: #00ff00; text-decoration: none} /* 已访问的链接 */
a:hover {color: #ff00ff; text-decoration: underline} /* 鼠标在链接上 */
a:active {color: #0000ff; text-decoration: underline} /* 激活链接 */
```

提示：a:hover 必须在 CSS 定义中的 a:link 和 a:visited 之后，才能生效。a:active 必须在 CSS 定义中的 a:hover 之后才能生效。伪类名称对大小写不敏感。

除了以上超链接的 4 个伪类，还有其他 CSS 伪类，可以与 CSS 类结合使用，或实现与指定的元素匹配，或为不同的语言定义特殊的规则等。表 2-3-2 列出了常用的 CSS 伪类属性。

表 2-3-2　CSS 伪类属性

属 性	示 例	说 明
:first-child	p:first-child	选择作为其父的首个子元素的每个\<p>元素
:last-child	p:last-child	选择作为其父的最后一个子元素的每个\<p>元素
:nth-child(n)	p:nth-child(2)	选择作为其父的第二个子元素的每个\<p>元素
:nth-last-child(n)	p:nth-last-child(2)	选择作为父的第二个子元素的每个\<p>元素，从最后一个子元素开始计数
:checked	input:checked	选择每个被选中的\<input>元素
:disabled	input:disabled	选择每个被禁用的\<input>元素
:focus	input:focus	选择获得焦点的\<input>元素
:required	input:required	选择指定了"required"属性的\<input>元素
:target	#news:target	选择当前活动的 #news 元素（单击包含该锚记名称的 URL）

课后习题

课后习题见在线测试 2-3-2。

在线测试 2-3-2

能力拓展

（1）运用本任务学习的知识，模仿完成"华为"网站页头制作。

任务引导 1：打开"华为"网站，学习分析页头结构，画出页头的结构图。
页面效果图： 　　 HUAWEI　　个人及家庭产品　　商用产品及方案　　服务支持　　合作伙伴与开发者　　关于华为　　在线购买　Q
结构图：

续表

任务引导 2：在 HBuilderX 中新建一个基本 HTML 项目，新建网页，复制基础样式文件 reset.css，新建样式表文件，请将目录结构截图。
任务引导 3：在页面中，用 html 标签搭建页头结构，请写出 HTML 代码。
任务引导 4：先分为上部和下部，再将下部分为三列布局，请写出 CSS 样式。
任务引导 5：为图像及文本设计样式，请写出 CSS 样式。
任务引导 6：请使用两个以上主流浏览器预览页面最终效果。
页面显示正常 □　　　页面无法正常显示 □（哪个浏览器不正常，如何修改？） _____

（2）运用本任务学习的知识，模仿完成"中国冬奥_北京 2022 年冬奥会和冬残奥会组织委员会网站"横向导航制作，见能力拓展 2-3-1。

能力拓展 2-3-1

（3）运用本任务学习的知识，模仿完成"中国民俗文化网"横向二级菜单制作，见能力拓展 2-3-2。

能力拓展 2-3-2

3.3　横幅广告制作

子任务 3 完成横幅广告的制作，该横幅广告由背景图片和公司宣传图片特效两部分组成，实现过程包括图像插入、背景样式设计，以及图片由小变大特效的添加。

　能力要求

（1）掌握背景样式的设置。
（2）掌握在 HTML 文档中引入 JavaScript 文件的方式。

学习导览

本任务学习导览如图 2-3-22 所示。

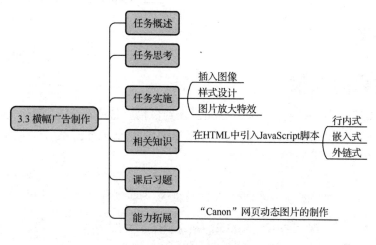

图 2-3-22 学习导览图

任务概述

本次任务完成首页页面中横幅广告的制作，该模块的结构分析图如图 2-3-23 所示，在 banner 层中设置一张背景图像，中部公司的宣传图片由小变大逐渐显示并停留在大图中，完成后效果图如图 2-3-24 所示。

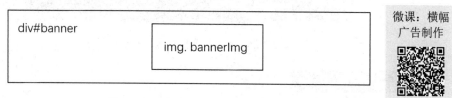

微课：横幅广告制作

图 2-3-23 横幅广告结构分析图

图 2-3-24 横幅广告效果图

任务思考

（1）添加背景图像的样式？

（2）background-size 的 cover 和 contain 属性的区别是什么？

（3）在 HTML 中引入 JavaScript 脚本的方法有哪些？

 任务实施

 3.3.1 插入图像

在 HBuilderX 软件中，打开 index.html，找到横幅广告所在 div，删除文本，在 id 名为 banner 的 div 中添加图像 bannerImg.jpg，并添加类名 bannerImg，便于后期实现图片放大特效，在浏览器中预览效果如图 2-3-25 所示。

```
<!-- 此处是横幅广告 -->
<div id="banner"><img src="./img/bannerImg.png" class="bannerImg" alt="横幅广告"></div>
```

图 2-3-25　横幅广告区插入图片后效果图

 3.3.2 样式设计

打开 index.css 文件，编写 banner 样式，包括横幅广告背景样式的设置及图片样式的初始化。

（1）在 banner 样式中，继续设置背景图片为 bannerBg.jpg，位置（background-position）水平为 0，垂直为 50%，背景大小（background-size）为 cover，高度和行高均为 370px，文本对齐方式为居中，上内边距为 30px，完成后效果如图 2-3-26 所示。

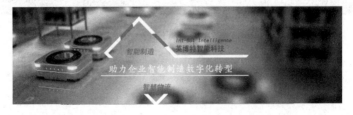

图 2-3-26　横幅广告样式设计

（2）设置 banner 中 img 图像的默认宽度为 0，高度为 0，则中间图像的初始状态为不显示。

```
/* 横幅广告 */
#banner {
    height: 370px;
    background-color: #c55a11;
    background-image: url(../img/bannerBg.jpg);
    background-position:0 50%;
    background-size: cover;
    height: 370px;
    line-height: 370px;
    text-align: center;
    padding-top:30px;
}
#banner .bannerImg{width: 0;height: 0;}
```

3.3.3 图片放大特效

图像由小变大的特效采用 JS 特效来实现，这里使用了 jQuery 的动画实现，分为两步。

（1）在页面底部引入 jQuery 库 jquery.min.js。

```
<script src="js/jquery.min.js" type="text/javascript" charset="utf-8"></script>
```

（2）编写图片放大的动画效果，代码参考如下。

```
<script src="js/jquery.min.js" type="text/javascript" charset="utf-8"></script>
    <script type="text/javascript">
        $(document).ready(function() {
            /*实现图片由小变大*/
            $('.bannerImg').animate({
                width: "530px", //图片放大后的宽度
                height: "318px", //图片放大后的高度
            }, 2000);
        })
    </script>
</body>
```

提示：JS 部分本书只讲解特效应用，不详细讲解编写方法，读者可参考其他书籍系统学习。

（3）利用浏览器打开 index. html 文件，浏览网页效果，如图 2-3-24 所示。

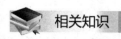 相关知识

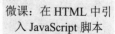 微课：在 HTML 中引入 JavaScript 脚本

1. 在 HTML 中引入 JavaScript 脚本

JavaScript 脚本文件的引入方式和 CSS 样式文件类似。在 HTML 文档中引入 JavaScript 文件主要有 3 种，即行内式、嵌入式、外链式。

1）行内式

行内式是将 JavaScript 代码作为 html 标签的属性值使用。例如，单击"快乐"时，弹出

一个警告框提示 Happy，具体代码如下：

```
<a href="javascript:alert('Happy');">快乐</a>
```

上述代码实现了单击"快乐"超链接时，弹出一个警告框提示"Happy"。网页开发提倡结构、样式、行为的分离，即分离 HTML、CSS、JavaScript 3 部分的代码，避免将 CSS 和 JavaScript 代码直接写在 html 标签的属性中，从而有利于维护，因此在实际开发中并不推荐使用行内式。

2）嵌入式

在 HTML 中运用标签及其相关属性可以嵌入 JavaScript 脚本代码。嵌入 JavaScript 代码的基本格式如下：

```
<script type="text/javascript">
    JavaScript 语句;
</script>
```

通常情况下，JavaScript 代码是和 HTML 代码一起使用的，可以将 JavaScript 代码放置在 HTML 文档的任何地方，但放置的地方会对 JavaScript 代码的正常执行有一定影响。

（1）放置于<head></head>标签之间。将 JavaScript 代码放置于 HTML 文档的<head></head>标签之间是一个通常的做法。由于 HTML 文档是由浏览器从上到下依次载入的，将 JavaScript 代码放置于<head></head>标签之间，可以确保在需要使用脚本之前，它已经被载入了。

（2）放置于<body></body>标签之间。也有部分情况将 JavaScript 代码放置于<body></body>标签之间。设想如下一种情况：有一段 JavaScript 代码需要操作 HTML 元素，但由于 HTML 文档是由浏览器从上到下依次载入的，为避免 JavaScript 代码操作 HTML 元素时，HTML 元素还未载入而报错（对象不存在），因此需要将这段代码写到 HTML 元素后面。但通常情况下，操作页面元素一般都是通过事件来驱动的，所以上面这种情况并不多见。另外不建议将 JavaScript 代码写到<html></html>标签之外。

3）外链式

外链式是将所有的 JavaScript 代码放在一个或多个以 ".js" 为扩展名的外部 JavaScript 文件中，通过标签将这些 JavaScript 文件链接到 HTML 文档中，其基本语法格式如下：

```
<script src="脚本文件路径" type="text/javascript"></script>
```

上述格式中，src 是<script>标签的属性，用于指定外部脚本文件的路径。同样地，在外链式的语法格式中，也可以省略 type 属性。

需要注意的是，调用外部 JavaScript 文件时，外部的 JavaScript 文件中可以直接书写 JavaScript 脚本代码，不需要写引入标签。

在实际开发中，当需要编写大量、逻辑复杂的 JavaScript 代码时，推荐使用外链式。相比嵌入式，外链式的优势可以总结为以下两点。

（1）利于后期修改和维护。嵌入式会导致 HTML 与 JavaScript 代码混合在一起，不利用代码的修改和维护，外链式会将 HTML、CSS、JavaScript 3 部分代码分离开来，利于后期的修改和维护。

（2）减轻文件体积，加快页面加载速度。嵌入式会将使用的 JavaScript 代码全部嵌入 HTML 页面中，这就会增加 HTML 文件的体积，影响网页本身的加载速度，而外链式可以利用浏览器缓存，将需要多次用到的 JavaScript 脚本代码重复利用，既减轻了文件的体积，也加快了页面的加载速度。例如，在多个页面中引入了相同的 JavaScript 文件时，打开第 1 个页面后，浏览器就将 JavaScript 文件缓存下来，下次打开其他引用该 JavaScript 文件的页面时，浏览器就不用重新加载 JavaScript 文件了。

 课后习题

在线测试 2-3-3

课后习题见在线测试 2-3-3。

 **能力拓展**

运用本任务学习的知识，完成"canon"网页动态图片的制作。

任务引导 1：打开"canon"网页源代码，找到实景展示部分，添加要显示图片的 div。
实景展示： 
任务引导 2：参考动态时钟的引入方法，在页面中引入提供的 JS 动态广告代码，实现随机显示广告图片的效果，请截取页面中引入 JS 部分的 HTML 代码。
任务引导 3：请使用两个以上主流浏览器预览页面最终效果，将两张不同图片的效果图截图。
页面显示正常 □　　页面无法正常显示 □（哪个浏览器不正常，如何修改？）

3.4 公司优势制作

子任务4完成公司优势模块的制作，该模块包含左、中、右3个部分，风格一致，实现过程包括搭建模块结构、三列布局设计及图文样式的设计。

能力要求

（1）熟练运用弹性布局。
（2）灵活运用CSS伪类。

学习导览

本任务学习导览如图2-3-27所示。

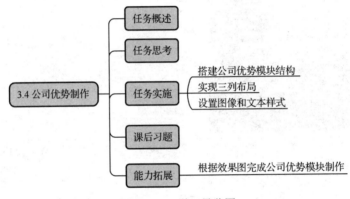

图2-3-27　学习导览图

任务概述

本次任务完成首页页面中公司优势模块的制作，该模块结构分析图如图2-3-28所示，为三列布局，此处用弹性布局来实现，每部分内容包含一张图片、一个标题和一段文本，完成后效果图如图2-3-29所示。

微课：公司优势模块制作

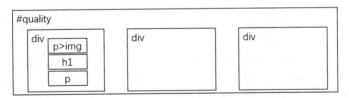

图2-3-28　公司优势结构分析图

图2-3-29　公司优势模块效果图

任务思考

（1）浏览器对弹性布局的支持与兼容情况是怎样的？

_____

（2）弹性布局在水平方向上的对齐方式 space-around 和 space-between 有何差别？

_____

（3）如何快速选择某个元素的第 2 个子元素？

_____

任务实施

3.4.1 搭建公司优势模块结构

（1）打开 index.html 文件，公司优势模块分为 3 个部分，每个部分的结构相似，找到 id 为 quality 的 div，删除其中的文本，在 quality 层中加入 3 个 div，每个 div 中插入一个图像，用<h1>标签插入标题，用<p>标签插入文本。

```
<!-- 此处是公司优势 -->
<div id="quality">
    <div>
        <p><img src="img/zhwlIcon.png" alt=""></p>
        <h1>智慧物流</h1>
        <p>助力企业智能制造数字化转型升级</p>
    </div>
    <div>
        <p><img src="img/systemIcon.png" alt=""></p>
        <h1>数据采集</h1>
        <p>实现数字化、智能制造的基础</p>
    </div>
    <div>
        <p><img src="img/sjfxIcon.png" alt=""></p>
        <h1>数据分析</h1>
        <p>提供企业做决策的重要依据</p>
    </div>
</div>
```

3.4.2 实现三列布局

（1）打开 index.css 文件，找到 quality 所在样式，设置 quality 为弹性布局，并且均匀排列 3 个 div。

```
/* 公司优势 */
#quality {
    width: 990px;
    height: 135px;
```

```
background-color: #fec502;
margin: 0 auto;
display: flex;
justify-content: space-around;
}
```

（2）设置 3 个 div 的宽度均为 330px，文本水平对齐，设置第 2 个 div 的背景色为#f5b70a。

```
#quality div{      width: 330px;      text-align: center;}
#quality div:nth-child(2){      background-color:#f5b70a;}
```

 ### 3.4.3　设置图像和文本样式

（1）图像样式。设置图像的宽度为 56px，高度为 55px，上边距为 10px。

```
#quality img{      width:56px;height:55px;margin-top: 10px;}
```

（2）文本样式。设置一级标题的颜色为#333333，字体大小为 16px，上外边距为 5px，左、右边距为 0，下边距为 10px；段落文本颜色为#555555，字体大小为 14px。

```
#quality h1{color:#333333;  font-size: 16px;margin:5px 0 10px;}
#quality    p{color: #555555;font-size: 14px;}
```

（3）利用浏览器打开 index. html 文件，浏览最终效果，如图 2-3-29 所示。

课后习题

课后习题见在线测试 2-3-4。

在线测试 2-3-4

 能力拓展

运用本任务学习的知识，根据效果图完成公司优势模块的制作。

任务引导 1：请认真分析以下页面的主体结构，用颜色块画出页面的结构图。

页面效果图：

01 智慧物流　助力企业智能制造数字转型升级　查看更多

03 数据采集　实现数字化、智能制造的基础　查看更多

02 数据分析　提供企业做决策的重要依据　查看更多

MORE+

04 调度系统　智能物流系统的核心　查看更多

结构图：

续表

任务引导 2：在 HBuilderX 中新建一个基本 HTML 项目，新建网页，复制基础样式文件，新建样式表文件，请将目录结构截图。
任务引导 3：在页面中，用 html 标签搭建该模块结构，请写出 HTML 代码。
任务引导 4：为公司优势模块设计样式，请写出 CSS 样式。
任务引导 5：请使用两个以上主流浏览器预览页面最终效果。
页面显示正常 □　　页面无法正常显示 □（哪个浏览器不正常，如何修改？）

3.5　关于我们制作

子任务 5 完成关于我们模块的制作，该模块包含标题、公司介绍及轮播图效果，主要内容区采用两列浮动布局完成。

 能力要求

（1）熟练使用浮动布局。
（2）会应用 JavaScript 轮播图特效。

 学习导览

本任务学习导览如图 2-3-30 所示。

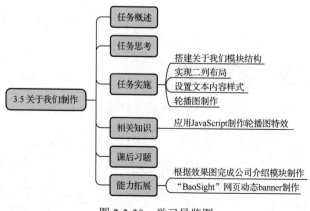

图 2-3-30　学习导览图

任务概述

本次任务完成首页页面中关于我们模块的制作，该模块结构分析图如图 2-3-31 所示，上部是标题，下部为两列布局，下部的左边是公司介绍，右边是轮播图，完成后效果图如图 2-3-32 所示。

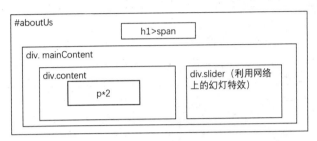

图 2-3-31　关于我们结构分析图

图 2-3-32　关于我们模块效果图

 任务思考

（1）如何设置文本首行缩进？

（2）如何设置行间距？

（3）CSS 单位中 px 和 em 的区别是什么？

 任务实施

 3.5.1　搭建关于我们模块结构

（1）打开 index.html 文件，关于我们模块首先分成上、下结构，上部为该模块中英文标题，下部模块 div 取类名为 mainContent。

微课：模块结构及左侧制作

```
<!-- 此处是关于我们 -->
<div id="aboutUs">
    <h1>关于我们 / <span>About Us</span> </h1>
    <div class="mainContent">
```

```
        </div>
    </div>
```

（2）mainContent 中左边 div 类名为 content，用于放公司介绍；右边类名为 slider，用于放轮播图。在 content 中使用<p>标签放文本内容，轮播图暂时不放。

```
<div class="mainContent">
    <div class="content">
        <p>苏州英博特智能科技有限公司（Int-Bot）是一家专业从事 AGV 小车、AGV 调度系统及自动化解决方案研发、推广、销售、服务于一体的高科技企业。公司坐落于人文吴中的东太湖科技金融城，前身是苏州恒赛特自动化科技有限公司的 AGV 事业部。为了响应中国制造 2025 战略，AGV 事业部从苏州恒赛特分离出来并独立运营。</p>
        <p>公司自成立以来，一直致力于智慧物流的工业机器人和系统的研发及应用，努力成为客户在智慧化工厂和数字化工厂转型过程中可靠的合作伙伴。</p>
    </div>
    <div class="slider"></div>
</div>
```

3.5.2 实现二列布局

（1）修改整体布局中 aboutUs 样式，删除背景色，修改上、下外边距为 20px，文本居中。
```
/* 关于我们 */
#aboutUs{width: 1100px;margin: 20px auto;text-align: center;}
```
（2）设置左侧内容 content 为左浮动，宽度为 587px，内容左对齐，左外边距为 30px。（设置 1px 红色边框，便于布局，后面删除。）
```
#aboutUs .content{float: left;width: 587px;    text-align: left;    margin-left: 30px;}
```
（3）设置右侧特效 slider 为左浮动，宽度为 383px，高度为 195px，左外边距为 60px。（设置 1px 蓝色边框，便于布局，后面删除。）
```
#aboutUs .slider{width: 383px;    height: 195px;float:left;margin-left: 60px;}
```
（4）在 mainContent 中添加 clearfix 类，清除浮动，利用浏览器打开 index. html 文件，浏览效果如图 2-3-33 所示。

图 2-3-33　二列布局效果图

3.5.3 设置文本内容样式

（1）设置 h1 标签下外边距为 30px，字体大小为 24px；设置 span 标签颜色为#fec502。
```
#aboutUs h1{margin-bottom: 30px;font-size: 24px;  font-weight: normal;}
#aboutUs span{color: #fec502;}
```
（2）设置 p 标签字体大小为 14px，颜色为#666，行高是 2 倍，缩进 2 个字。
```
#aboutUs p{font-size: 14px;color:#666666;line-height: 2em;text-indent: 2em;}
```

3.5.4 轮播图制作

（1）在网络中寻找合适的轮播图特效，见本书提供的素材目录"slider"。复制 HTML 特效代码到对应位置，修改图片相关属性，图片分别为 aboutUs.png、aboutUs1. png、aboutUs2.png，图片宽度为383px，高度为195px。

```html
<div class="slider">
    <ul>
        <li><a href=""><img src="img/aboutUs.jpg" width="383" height="195" alt="
            轮播图 1" /></a></li>
        <li><a href=""><img src="img/aboutUs2.jpg" width="383" height="195" alt="
            轮播图 2" /></a></li>
        <li><a href=""><img src="img/aboutUs3.jpg" width="383" height="195" alt="
            轮播图 3" /></a></li>
    </ul>
    <ul class="slider_nav">
        <li><a href="#">1</a></li>
        <li><a href="#">2</a></li>
        <li><a href="#">3</a></li>
    </ul>
    <div style="clear: both"></div>
</div>
```

（2）复制 slider.css、slider.js 到站点文件夹对应位置，在 index.html 中链接文件。

```html
<link rel="stylesheet" type="text/css" href="css/slider.css">
<script type="text/javascript" src="js/jquery.min.js"></script>
<script type="text/javascript" src="js/slider.js"></script>
```

（3）复制特效中 JS 代码到页面的对应位置。

```javascript
$(document).ready(function() {
/*实现轮播图，复制到此位置*/
$(".slider").slider({
    slideshow_autoplay: 'enable',
    slideshow_time_interval: 3000,
    slideshow_window_padding: '1',
    slideshow_window_width: '383',
    slideshow_window_height: '195',
    slideshow_transition_speed: 500,
    slideshow_show_button: 'enable',
    slideshow_show_title: 'disable',
    slideshow_button_text_color: '#fff',
    slideshow_button_current_text_color: '#fff',
    slideshow_button_background_color: '#ccc',
    slideshow_button_current_background_color: '#fec502',
    slideshow_loading_gif: 'img/loading.gif',
});
```

（4）去除左、右 div 的边框样式，最终效果图如图 2-3-32 所示。

相关知识

在没有系统学习 JavaScript 程序设计之前，可以利用网络中现有的开源 JavaScript 特效，经过修改以后运用到自己开发的项目中，下面通过在页面中插入轮播图讲解运用的方法。

现有一个野生动物的网站，如图 2-3-34，需要在首页中部插入一个大屏轮播图，完成效果如图 2-3-35 所示。

图 2-3-34　首页初始效果图

图 2-3-35　加入轮播图效果

（1）利用网络资源查找轮播图特效开源代码，假设该效果项目名称为"图片垂直轮播"，打开 demo.html，利用 Chrome 开发工具找出轮播图相关的 HTML、CSS、JS 代码，如图 2-3-36 所示。

图 2-3-36　垂直轮播图开源代码

（2）打开"2-3-5 轮播图"文件夹中的 index.html，找到需要制作轮播图的位置<!-- Slider -->，复制 HTML 代码到页面中，并修改图片及宽高尺寸。

【示例代码】2-3-5.html：轮播图应用。

```
<!-- Slider -->
<div class="jcarousel-wrapper">
    <div class="jcarousel">
```

微课：轮播图应用

```
            <ul>
                <li><img src="img/slide-1.jpg" width="930" height="425" alt=""></li>
                <li><img src="img/slide-2.jpg" width="930" height="425" alt=""></li>
                <li><img src="img/slide-3.jpg" width="930" height="425" alt=""></li>
                <li><img src="img/slide-4.jpg" width="930" height="425" alt=""></li>
            </ul>
        </div>
        <p class="photo-credits">
            Photos by <a href="#">Hye</a>
        </p>
        <a href="#" class="jcarousel-control-prev">&lsaquo;</a>
        <a href="#" class="jcarousel-control-next">&rsaquo;</a>
        <p class="jcarousel-pagination"></p>
    </div>
```

（3）复制对应的 CSS、JS 文件到野生动物的网站对应的目录中，并在 index.html 相应位置链接对应的文件，可以参考"图片垂直轮播"目录中 demo.html 中引入外部文件的位置，如图 2-3-37 和图 2-3-38 所示。

（4）最后打开"2-3-5 轮播图"文件夹中 index.css，对图片所在容器 jcarousel-wrapper、jcarousel 叠加样式，修改宽高属性，使其适应野生网站轮播图尺寸，如图 2-3-39 所示。最终完成效果如图 2-3-35 所示。

图 2-3-37　复制文件　　　　　　　　　　　　图 2-3-38　引入文件

```
 97  #slider { width:930px; }
 98  #slider .jcarousel-wrapper, #slider .jcarousel{
 99      width: 910px;
100      height: 425px;
101  }
```

图 2-3-39　修改样式

在线测试 2-3-5

课后习题见在线测试 2-3-5。

（1）运用本任务学习的知识，根据效果图完成公司介绍模块的制作。

任务引导 1：请认真分析以下页面的主体结构，用颜色块画出页面的结构图。
页面效果图： 
结构图：
任务引导 2：在 HBuilderX 中新建一个基本 HTML 项目，新建网页，复制基础样式文件，新建样式表文件，请将目录结构截图。
任务引导 3：在页面中，用 html 标签搭建公司介绍模块结构，请写出 HTML 代码。
任务引导 4：为公司介绍模块设计样式，请写出 CSS 样式。
任务引导 5：请使用两个以上主流浏览器预览页面最终效果。
页面显示正常 □　　页面无法正常显示 □（哪个浏览器不正常，如何修改？）

（2）运用本任务学习的知识，完成"BaoSight"网页动态 banner 的制作，见能力拓展 2-3-3。

能力拓展 2-3-3

3.6　服务范围制作

子任务 6 完成服务范围模块的制作，该模块包含标题和 6 个具体的服务范围，每个服务范围均由左侧图标和右侧文本组成。6 个具体的服务范围采用弹性布局完成，形成两行三列的布局效果。

 能力要求

（1）熟练掌握浮动布局。
（2）学会使用弹性布局。

 学习导览

本任务学习导览如图 2-3-40 所示。

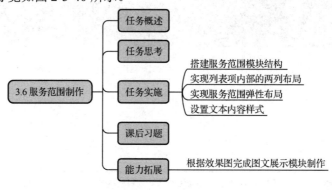

图 2-3-40　学习导览图

任务概述

本次任务完成首页页面中服务范围模块的制作，该模块结构分析图如图 2-3-41 所示，上部是标题，下部为两行三列的弹性布局，完成后效果图如图 2-3-42 所示。

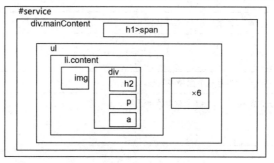

微课：服务范围模块制作

图 2-3-41　服务范围结构分析图

图 2-3-42 服务范围模块效果图

 **任务思考**

（1）浮动布局为什么需要清除浮动？

_____

（2）弹性布局实现换行的属性及属性值是？

_____

（3）为文本添加下画线效果使用的属性及属性值是？

_____

 任务实施

3.6.1 搭建服务范围模块结构

（1）打开 index.html 文件，添加服务范围内部模块 div，取类名为 mainContent，里面添加中英文标题。

```
<!-- 此处是服务范围 -->
<div id="service">
    <div class="mainContent">
        <h1>服务范围  / <span>Service Scope</span> </h1>
    </div>
</div>
```

（2）mainContent 中使用列表实现 6 个具体的服务范围，每个列表项由<img>和<div>组成，其中<div>中又包含<h2><p><a>标签。为了便于后期代码的编写，这里给<div>取类名为 content。以第一个列表项为例，完成后的 HTML 代码如下：

```
<li>
    <img src="img/agvCarIcon.png" alt="" width="46" height="38">
    <div class="content">
        <h2>AGV 小车</h2>
        <p>提供自动导引搬运小车。导航方式可选磁条导航、视觉导航、二维码导航等。根据客户
场景需求定制车型和上下料对接方案</p>
        <a href="">更多>></a>
    </div>
</li>
```

（3）在浏览器中预览当前页面效果，如图 2-3-43 所示。

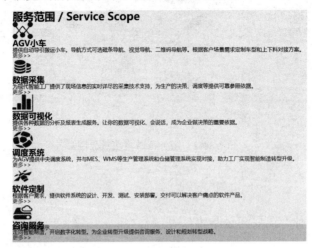

图 2-3-43　服务范围模块页面效果

3.6.2　实现列表项内部的两列布局

（1）修改整体布局中的 service 样式，删除高度设置，设置 service 中的 mainContent 类宽度为 1180px，上、下外边距分别为 60px 和 30px，左、右外边距为自动。

```
#service {background-color: #f1f5f6;}
#service .mainContent {width: 1180px;margin: 60px auto 30px;}
```

（2）设置 service 中的图像左浮动，service 中的 content 类左浮动，宽度为 216px，左外边距为 30ox。

```
#service img {float: left;}
#service .content {float: left;width: 216px;margin-left: 30px;}
```

（3）在<li>中添加 clearfix 类，清除浮动，在浏览器中打开 index.html 文件，预览效果，如图 2-3-44 所示。

图 2-3-44　列表项内部的两列布局页面效果

3.6.3　实现服务范围弹性布局

（1）设置 service 中的 ul 为弹性布局，换行，每个项目两侧的间隔相等。设置 service 中每个列表项的宽度为 354px，高度为 178px。

#service ul{display: flex;　　flex-wrap: wrap;justify-content: space-around;}
#service li {width: 300px;　　height: 178px;}

（2）在浏览器中打开 index.html 文件，预览效果，如图 2-3-45 所示。

图 2-3-45　两行三列弹性布局页面效果

3.6.4　设置文本内容样式

（1）设置 service 中的 h1 标签为水平居中，上内边距为 30px，下外边距为 30px，字体大小为 24px，字体粗细正常。设置 service 中的 span 标签颜色为#fec502。

#service h1 {text-align: center;padding-top: 30px;margin-bottom: 30px;font-size: 24px;font-weight: normal;}
#service span {color: #fec502;}

（2）设置 service 中的 h2 标签的字体粗细正常，下外边距为 20px；p 标签下外边距为 20px，行高 1.5 倍；a 标签字体颜色为#ff9900，有下画线。

#service h2 {font-weight: normal;margin-bottom: 20px;}
#service p {margin-bottom: 20px;line-height: 1.5em;}
#service a {color: #ff9900;text-decoration: underline;}

（3）在浏览器中打开 index.html 文件，预览效果，如图 2-3-42 所示。

 课后习题

在线测试 2-3-6

课后习题见在线测试 2-3-6。

能力拓展

运用本任务学习的知识，根据效果图完成图文展示模块制作。

任务引导 1：请认真分析以下图文展示模块结构，用线框或颜色块画出结构图。	
图文展示模块效果图： 	图文展示模块结构图：

续表

任务引导 2：在 HBuilderX 中新建一个基本 HTML 项目，新建网页，复制基础样式文件，新建样式表文件，请将目录结构截图。
任务引导 3：在页面中，用 html 标签搭建内容模块结构，请写出 HTML 代码。
任务引导 4：为图文展示模块设计样式，请写出 CSS 样式。
任务引导 5：请使用两个以上主流浏览器预览页面最终效果。
页面显示正常 □　　页面无法正常显示 □（哪个浏览器不正常，如何修改？）

3.7　产品展示制作

　　子任务 7 完成产品展示模块的制作，该模块包含标题和 3 个产品内容，每个产品内容均由图片和文本组成，产品内容中的背景和部分文本在鼠标移上、移出时颜色发生了变化。

 能力要求

　　（1）熟练掌握弹性布局。
　　（2）学会 CSS3 过渡效果的设置。

 学习导览

　　本任务学习导览如图 2-3-46 所示。

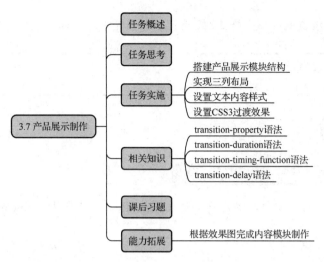

图 2-3-46　学习导览图

 任务概述

本次任务完成首页页面中产品展示模块的制作，该模块结构分析图如图 2-3-47 所示，上部是标题，下部是 3 个产品内容和更多超链接，完成后效果图如图 2-3-48 所示。

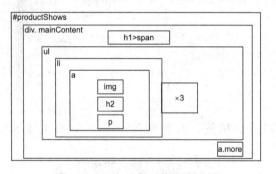

图 2-3-47　产品展示结构分析图

微课：产品展示模块制作

产品展示 / The Product Shows

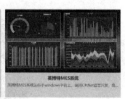

>>>查看更多

图 2-3-48　产品展示效果图

 **任务思考**

（1）CSS3 过渡效果对所有属性均可设置吗？

（2）对子元素设置鼠标移上样式时，hover 与子元素之间的分隔符是？

（3）行内元素设置浮动需要清除浮动吗？

 任务实施

3.7.1 搭建产品展示模块结构

（1）打开 index.html 文件，添加产品展示模块 div，取类名为 mainContent，里面添加中英文标题。

```
<!-- 此处是产品展示 -->
<div id="productShows">
    <div class="mainContent">
        <h1>产品展示 / <span>The Product Shows </span></h1>
    </div>
</div>
```

（2）mainContent 中使用列表实现 3 个具体的产品内容，每个列表项由<a>标签组成，其中<a>标签中又包含<img><h2><p>标签，以第一个列表项为例，完成后的 HTML 代码如下：

```
<li><a href="">
        <img src="img/agvGtbfs.png" alt="" width="380" height="200">
        <h2>辊筒背负式 AGV</h2>
        <p>辊筒背负式 AGV 是一款采用 KIVA 底盘，能实现自动上下料的 AGV。...</p>
    </a>
</li>
```

（3）在<ul>下方添加<a>标签，并取类名为 more，在浏览器中预览当前页面效果如图 2-3-49 所示。

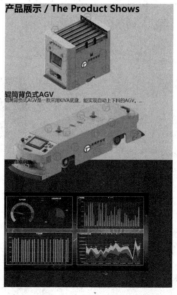

图 2-3-49　产品展示模块结构效果

3.7.2 实现三列布局

（1）完善整体布局中的 productShows 样式，删除背景色和高度，设置 productShows 中的 ul 为弹性布局，每个项目两侧的间隔相等。设置 productShows 中每个列表项的宽度为 380px，高度为 280px，文本对齐方式为居中，背景色为#dedddc。

```
#productShows ul{display: flex;justify-content: space-around;}
#productShows li {width: 380px;height: 280px;text-align: center;background-color: #dedddc;}
```

（2）在 mainContent 中添加 clearfix 类，清除浮动，在浏览器中打开 index.html 文件，预览效果，如图 2-3-50 所示。

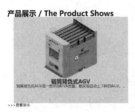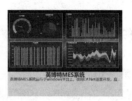

图 2-3-50 产品展示三列布局

3.7.3 设置文本内容样式

（1）设置 productShows 中的 mainContent 类宽度为 1180px，上、下外边距分别为 60px 和 30px，左、右外边距为自动。

```
#productShows .mainContent {width: 1180px;margin: 60px auto 30px;}
```

（2）设置 productShows 中的 h1 标签水平居中，上内边距为 30px，下外边距为 30px，字体大小为 24px，字体粗细正常。设置 productShows 中的 span 标签颜色为#fec502。

```
#productShows h1 {text-align: center;padding-top: 30px;margin-bottom: 30px;font-size: 24px;font-weight: normal;}
#productShows span {color: #fec502;}
```

（3）设置 productShows 中的 h2 标签的字体颜色为#444444，字体大小为 14px，上外边距为 10px。设置 p 标签的字体颜色为#666666，字体大小为 12px，上外边距为 10px。

```
#productShows h2 {color: #444444;font-size: 14px;margin-top: 10px;}
#productShows p {color: #666666;font-size: 12px;margin-top: 10px;}
```

（4）设置 product Shows 中 a 标签的 more 类的字体颜色为#444444，字体大小为 16px，右浮动，上内边距为 20px。

```
productShows .more{color: #444444;font-size: 16px;float: right;padding-top: 20px;}
```

3.7.4 设置CSS3过渡效果

微课：CSS3 过渡

（1）在 productShows 的列表项样式中新增 transition 属性，指定过渡的 CSS 属性为背景色，时长为 500ms，匀速。设置列表项移上效果，背景色为#fec502。

```
#productShows li {
    width: 380px;
    height: 280px;
```

```
        text-align: center;
        background-color: #dedddc;
        transition: background-color 500ms linear;
}
#productShows li:hover {background-color: #fec502;}
```

（2）设置列表项移上时的 h2 标签的字体粗细正常，字体颜色为#914a10；设置 p 标签的字体颜色为#ac8715。

```
#productShows li:hover h2{ font-weight: normal;color: #914a10;}
#productShows li:hover p{color: #ac8715;}
```

（3）在浏览器中打开 index.html 文件，预览效果，如图 2-3-48 所示。

 相关知识

CSS3 过渡（transition）可以在限定的时间内从一个属性值平滑地过渡到另一个属性值。这种过渡效果可以在鼠标移上、鼠标单击、获得焦点或对元素的任何改变中触发，并平滑地以动画效果改变 CSS 的属性值。

CSS3 过渡效果可以应用于各种 CSS 属性，包括背景颜色、宽度、高度、不透明度等。transition 属性类似于 border、font 这些属性，可以简写，也可以单独来写。简写时，各函数之间用空格隔开，且需要按一定的顺序排列，具体如下：

```
transition:[<transition-property> || <transition-duration> || <transition-timing-function> || <transition-delay>]
```

1. transition-property 语法

transition-property 指定过渡的 CSS 属性，语法如下：

```
transition-property:no | all | <single-transition-property> [, <single-transition-property>]
```

- no：没有指定任何样式。
- all：默认值，表示指定元素所有支持 transition-property 属性的样式。
- <single-transition-property>：指定一个或多个样式。

提示：作用于多个过渡属性时，过渡属性中间用逗号隔开。不是所有样式都能应用 transition-property 进行过渡，只有具有一个中点值的样式才能具备过渡效果，如颜色、长度、渐变等。

【示例代码】2-3-6.html：使用 transition-property 属性改变元素宽度。

```
<!Doctype HTML>
<html>
<head>
        <meta charset="utf-8">
        <title>transition-property 属性</title>
        <style type="text/css">
                div {
                        width: 200px;
                        height: 150px;
                        background-color: #000000;
                        font-weight: bold;
                        color: #ffffff;
```

```
        }
        div:hover {
                width: 300px;
                /*指定动画过渡的 CSS 属性*/
                -webkit-transition-property: width;
                -moz-transition-property: width;
                -o-transition-property: width;
        }
    </style>
</head>
<body>
    <div>使用 transition-property 属性改变元素宽度</div>
</body>
</HTML>
```

该示例实现了 div 宽度由小变大的效果。

2．transition-duration 语法

transition-duration 指定完成过渡所需的时间，语法如下：

transition-duration:<time> [,<time>]

<time>为数值，单位为 s（秒）或 ms（毫秒），默认值是 0。当有多个过渡属性时，可以设置多个过渡时间分别应用过渡属性，也可以设置一个过渡时间应用于所有过渡属性。

在示例 2-3-6.html 中添加以下代码，设置完成宽度变化所需的时间。

```
div:hover {
        width: 300px;
        /*指定动画过渡的 CSS 属性*/
        -webkit-transition-property: width;
        -moz-transition-property: width;
        -o-transition-property: width;
        /*指定动画过渡的时间*/
        -webkit-transition-duration: 5s;
        -moz-transition-duration: 5s;
        -o-transition-duration: 5s;
}
```

3．transition-timing-function 语法

transition-timing-function 指定过渡调速函数，语法如下：

transition-timing-function:<single-transition-timing-function> [,<single-transition-timing-function>]

- ease：默认值，元素样式从初始状态过渡到终止状态时速度由快到慢，逐渐变慢。
- linear：元素样式从初始状态过渡到终止状态速度是匀速。
- ease-in：元素样式从初始状态过渡到终止状态时，速度越来越快，呈加速状态。这种效果称为渐显效果。
- ease-out：元素样式从初始状态过渡到终止状态时，速度越来越慢，呈减速状态。这种效果称为渐隐效果。
- ease-in-out：元素样式从初始状态到终止状态时，先加速再减速。这种效果称为渐显渐隐效果。

在示例 2-3-6.html 中添加以下代码，指定动画先加速再减速的过渡效果。

```
/*指定动画过渡的时间*/
-webkit-transition-duration: 5s;
-moz-transition-duration: 5s;
-o-transition-duration: 5s;
/*指定动画先加速再减速的过渡效果*/
-webkit-transition-timing-function:ease-in-out;
-moz-transition-timing-function:ease-in-out;
-o-transition-timing-function:ease-in-out;
```

4．transition-delay 语法

transition-delay 用来指定一个动画开始执行的时间，也就是说当改变元素属性值后多长时间开始执行过渡效果，它可以是正整数、负整数和 0（默认值是 0），非零的时候必须将单位设置为 s 或 ms。语法如下：

```
transition-delay:<time> [, <time>]
```

 课后习题

在线测试 2-3-7

课后习题见在线测试 2-3-7。

 能力拓展

运用本任务学习的知识，根据效果图完成内容模块制作。

任务引导 1：请认真分析以下内容模块结构，用线框或颜色块画出结构图。	
内容模块效果图：	内容模块结构图：
  苏州音乐会演出信息 	
任务引导 2：在 HBuilderX 中新建一个基本 HTML 项目，新建网页，复制基础样式文件，新建样式表文件，请将目录结构截图。	
任务引导 3：在页面中，用 html 标签搭建内容模块结构，请写出 HTML 代码。	
任务引导 4：为内容模块设计样式，请写出 CSS 样式。	

续表

任务引导 5：请使用两个以上主流浏览器预览页面最终效果。
页面显示正常 □　　页面无法正常显示 □（哪个浏览器不正常，如何修改？）

3.8　案例展示制作

子任务 8 完成案例展示模块的制作，该模块包含标题和 3 个案例内容，每个案例内容均由图片和文本组成，案例内容中的图片在鼠标移上、移出时大小发生了变化。

 能力要求

（1）熟练掌握弹性布局。
（2）掌握 CSS3 过渡效果的设置。
（3）学会 CSS3 转换效果的设置。

 学习导览

本任务学习导览如图 2-3-51 所示。

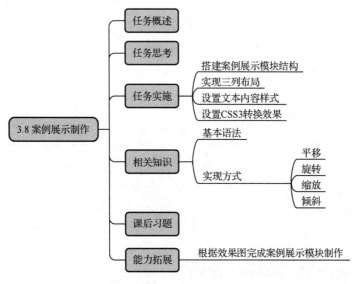

图 2-3-51　学习导览图

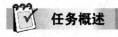 **任务概述**

本次任务完成首页页面中案例展示模块的制作，该模块结构分析图如图 2-3-52 所示，上部是标题，下部是 3 个案例内容和更多超链接，完成后效果图如图 2-3-53 所示。

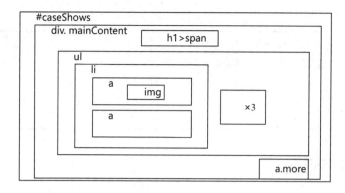

图 2-3-52　案例展示结构分析图

图 2-3-53　案例展示效果图

（1）溢出不显示的属性和属性值分别是？

（2）inline-block 的效果是什么？

（3）CSS3 的转换效果有哪些？

 任务实施

3.8.1　搭建案例展示模块结构

（1）打开 index.html 文件，添加案例展示内部模块 div，取类名为 mainContent，里面添加中英文标题。

```
<!-- 此处是案例展示 -->
<div id="caseShows">
    <div class="mainContent">
        <h1>案例展示 / <span>The Case Shows </span></h1>
```

```
        </div>
    </div>
```

（2）mainContent 中使用列表实现 3 个具体的案例内容，每个列表项由<a>标签组成，其中<a>标签中又包含<img><h2><p>标签，以第一个列表项为例，完成后的 HTML 代码如下：

```
<li>
    <a href=""><img src="img/xdwl.png" alt="" width="380" height="300"></a>
    <a href="">现代物流</a>
</li>
```

（3）在<ul>下方添加<a>标签，并定义类名为 more。

3.8.2　实现三列布局

（1）完善整体布局中的 caseShows 样式，删除背景色和行高，设置下外边距为 50px。设置 caseShows 中的 ul 为弹性布局，每个项目两侧的间隔相等。设置 caseShows 中每个列表项的宽度为 380px，高度为 336px，文本对齐方式为居中。

```
#caseShows{margin-bottom: 50px;}
#caseShows ul{display: flex;justify-content: space-around;}
#caseShows li {width: 380px;height: 336px;text-align: center;}
```

（2）在 mainContent 中添加 clearfix 类，清除浮动，在浏览器中打开 index.html 文件，预览效果，如图 2-3-54 所示。

图 2-3-54　案例展示三列布局

3.8.3　设置文本内容样式

（1）设置 caseShows 中的 mainContent 类的宽度为 1180px，上、下、外边距均为 0，左、右外边距为自动。

```
#caseShows .mainContent {width: 1180px; margin: 0 auto;}
```

（2）设置 caseShows 中的 h1 标签水平居中，上内边距为 30px，下外边距为 30px，字体大小为 24px，字体粗细正常。设置 caseShows 中的 span 标签的颜色为#fec502。

```
#caseShows h1 {text-align: center;padding-top: 30px; margin-bottom: 30px;font-size: 24px;font-weight: normal;}
#caseShows span {color: #fec502;}
```

（3）设置 caseShows 中的 a 标签行内块级元素显示，字体颜色为#404040，字体大小为 14px，上外边距为 15px。

```
#caseShows a {display: inline-block;color: #404040;font-size: 14px;margin-top: 15px;}
```

（4）设置 caseShows 中的 more 的字体颜色为#444444，字体大小为 16px，上内边距为 20px，右浮动。

```
#caseShows a.more {color: #444444;font-size: 16px;float: right;padding-top: 20px;}
```

3.8.4　设置CSS3转换效果

（1）在 caseShows 的 a 标签样式中添加溢出不显示。

`#caseShows a {display: inline-block;color: #404040;font-size: 14px;margin-top: 15px;overflow: hidden;}`

（2）在 caseShows 的 img 标签样式中设置过渡效果，指定过渡的 CSS 属性为转换效果，时长为 500ms，匀速。

`#caseShows img {transition: transform 500ms linear;}`

（3）鼠标移上图片超链接时，设置图片样式的转换效果为等比例放大 1.2 倍。

`#caseShows a:hover img {transform: scale(1.2);}`

（4）在浏览器中打开 index.html 文件，预览效果，如图 2-3-53 所示。

 相关知识

一个炫酷的网页效果离不开 CSS3 的 transform、transition、animation 3 个属性。CSS3 转换（transform）功能可实现元素的平移、旋转、缩放或倾斜。

1．基本语法

`transform: none /*不应用任何变换*/`
`transform: <transform-function> /*应用一个或多个<transform-function>值，以空格分开*/`

<transform-function>是 CSS 的一种数据类型，用于对元素的显示做变换，包括二维变换和三维变换。

2．实现方式

1）平移

微课：CSS3 转换——平移

`translate(tx, ty) /*二维*/`

- tx：移动矢量的 x 轴坐标。
- ty：移动矢量的 y 轴坐标。可以不写，默认为 0。

`translate3d(tx, ty, tz) /*三维*/`

- tx：移动矢量的 x 轴坐标。
- ty：移动矢量的 y 轴坐标。
- tz：移动矢量的 z 轴坐标。不能使用百分比，否则会被认为无效属性。

translateX(t)、translateY(t)、translateZ(t)分别是 translate(tx, 0)、translate(0, ty)、translate3d(0, 0, tz)的简写形式。

【示例代码】2-3-7.html：translate()方法实现元素平移。

```
<!Doctype HTML>
<html>
    <head>
        <meta charset="utf-8">
        <title>translate()方法</title>
        <style type="text/css">
            div {
                width: 100px;
                height: 80px;
                background-color: #000000;
```

```
                    color:#ffffff;
                }
            div:hover {
                transform: translate(100px, 30px);
                -ms-transform: translate(100px, 30px);
                -webkit-transform: translate(100px, 30px);
                -moz-transform: translate(100px, 30px);
            }
        </style>
    </head>
    <body>
        <div>元素所在位置</div>
    </body>
</HTML>
```

2）旋转

rotate(a) /*二维*/

参数表示旋转的角度。正角表示顺时针旋转，负角表示逆时针旋转。

微课：CSS3 转换——旋转

rotate3d(x, y, z, a) /*三维*/

- x：旋转向量的 x 轴坐标。
- y：旋转向量的 y 轴坐标。
- z：旋转向量的 z 轴坐标。
- a：旋转角度。正值表示顺时针，负值表示逆时针。

rotateX(a)、rotateY(a)、rotateZ(a)分别是 rotate3d(1, 0, 0, a), rotate3d(0, 1, 0, a), rotate3d(0, 0, 1, a)的简写。

【示例代码】2-3-8.html：rotate()方法实现元素旋转。

```
<!Doctype HTML>
<html>
    <head>
        <meta charset="utf-8">
        <title>rotate()方法</title>
        <style type="text/css">
            div {
                width: 100px;
                height: 80px;
                background-color: #000000;
                color:#ffffff;
            }
            div:hover {
                transform: rotate(30deg);
                -ms-transform: rotate(30deg)
                -webkit-transform: rotate(30deg);
                -moz-transform: rotate(30deg);
```

```
            }
        </style>
    </head>
    <body>
        <div>元素所在位置</div>
    </body>
</HTML>
```

3）缩放

```
scale(sx) /*二维*/
scale(sx, sy) /*二维*/
```

分别在 x 轴方向和 y 轴方向放大或缩小一定的倍数，不同方向上的放大/缩小倍数可以不同。

- sx：缩放矢量的 x 轴坐标。
- sy：缩放矢量的 y 轴坐标。若不存在，则默认值与 sx 相同，即元素均匀缩放。

```
scale3d(sx, sy, sz) /*三维*/
```

参数 sx、sy、sz 分别表示在 x 轴、y 轴、z 轴的缩放大小。

【示例代码】2-3-9.html：scale()方法实现元素缩放。

```
<!Doctype HTML>
<html>
    <head>
        <meta charset="utf-8">
        <title>scale()方法</title>
        <style type="text/css">
            div {
                width: 100px;
                height: 80px;
                background-color: #000000;
                color:#ffffff;
            }
            div:hover {
                transform: scale (1.2);
                -ms-transform: scale (1.2)
                -webkit-transform: scale (1.2);
                -moz-transform: scale (1.2);
            }
        </style>
    </head>
    <body>
        <div>元素所在位置</div>
    </body>
</HTML>
```

4）倾斜

```
skew(ax)
skew(ax, ay)
```

参数 ax、ay 表示沿 x 轴、y 轴坐标扭曲元素的程度，是一个角度。

微课：CSS3 转换——倾斜

（1）skewX(a)。水平拉伸，将元素每个点在水平方向上扭曲一定程度。参数是一个角度，表示沿着 x 轴坐标扭曲元素的角度。

（2）skewY(a)。垂直拉伸，将元素每个点在垂直方向上扭曲一定程度。参数是一个角度，表示沿着 y 轴坐标扭曲元素的角度。

【示例代码】2-3-10.html：skew()方法实现元素倾斜。

```
<!Doctype HTML>
<html>
    <head>
        <meta charset="utf-8">
        <title> skew（）方法</title>
        <style type="text/css">
            div {
                width: 100px;
                height: 80px;
                background-color: #000000;
                color:#ffffff;
            }
            div:hover {
                transform: skew(30deg,10deg);
                -ms-transform: skew(30deg,10deg)
                -webkit-transform: skew(30deg,10deg);
                -moz-transform: skew(30deg,10deg);
            }
        </style>
    </head>
    <body>
        <div>元素所在位置</div>
    </body>
</HTML>
```

课后习题

课后习题见在线测试 2-3-8。

在线测试 2-3-8

能力拓展

运用本任务学习的知识，根据效果图完成案例展示模块制作。

任务引导 1：请认真分析以下案例展示模块结构，用线框或颜色块画出结构图。

案例展示模块效果图：	案例展示模块结构图：

任务引导 2：在 HBuilderX 中新建一个基本 HTML 项目，新建网页，复制基础样式文件，新建样式表文件，请将目录结构截图。

任务引导 3：在页面中，用 html 标签搭建内容模块结构，请写出 HTML 代码。

任务引导 4：为内容模块设计样式，请写出 CSS 样式。

任务引导 5：请使用两个以上主流浏览器预览页面最终效果。
页面显示正常 □   页面无法正常显示 □（哪个浏览器不正常，如何修改？）

3.9 新闻中心制作

　　子任务 9 完成新闻中心模块的制作，该模块包含标题、图片特效及新闻列表，主要内容区采用两列浮动布局完成。

能力要求

　　（1）熟练使用浮动布局。
　　（2）会使用 CSS 定位和图片过渡效果实现图片特效

学习导览

　　本任务学习导览如图 2-3-55 所示。

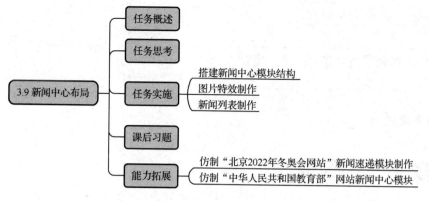

图 2-3-55　学习导览图

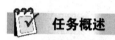

本次任务完成首页页面中新闻中心部分的制作,该模块结构分析图如图 2-3-56 所示,包含标题、图片特效和新闻列表部分。完成后效果图如图 2-3-57 所示。

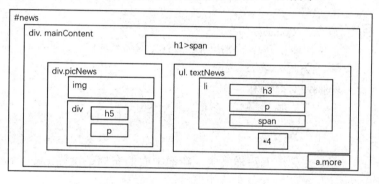

图 2-3-56　新闻中心结构分析图

图 2-3-57　新闻中心效果图

(1) 如何利用 CSS 控制溢出?

（2）CSS 如何进行绝对定位？

（3）CSS 如何设置背景颜色透明度？

 任务实施

3.9.1 搭建新闻中心模块结构

（1）打开 index.html，首先为新闻中心模块添加类名为 mainContent 的 div，用于设置新闻中心居中布局，然后在该层中添加 <h1>和<span>标签用于放置英文标题，添加类名为 picNews 的 div 用于放置图片特效，添加类名为 textNews 的<ul>标签用于放置新闻列表；添加类名为 more 的<a>标签放置更多链接。图片特效和新闻列表暂时不放。

微课：搭建新闻中心
模块结构

```
<!-- 此处是新闻中心 -->
<div id="news">
    <div class="mainContent">
        <h1>新闻中心 / <span>NEWS CENTER</span></h1>
        <div class="picNews"></div>
        <ul class="textNews"></ul>
        <a href="" class="more">>>>查看更多</a>
    </div>
</div>
```

（2）打开 index.css 文件，编写样式实现新闻中心的布局，设置 mainContent 的宽度为 1180px，高度为 500px，居中对齐。

```
#news .mainContent{width: 1180px;margin: 0 auto; height: 500px;}
```

（3）设置 h1 文本居中，上内边距为 30px，下外边距为 30px，文字大小为 24px，不加粗；设置 span 文字颜色为#fec502；设置 more 文字颜色为#444444，文字大小为 16px，右浮动，上内边距 30px。

```
#news h1{text-align: center;padding-top: 30px;margin-bottom: 30px;font-size: 24px;font-weight: normal;}
#news span{color: #fec502;}
#news .more{color: #444444;font-size: 16px;float: right;padding-top: 30px;}
```

（4）设置 picNews 左浮动，宽度为 500px，高度为 357px，右外边距为 30px；设置 textNews 左浮动，宽度为 650px，高度为 357px；为两个层都设置背景色为#ed7d31。

提示：此处层的背景色和 textNews 的宽度用于辅助布局，添加内容后可取消。

```
#news .picNews{float:left;    width: 500px;    height: 357px;margin-right: 30px;background-color: #ed7d31;}
#news .textNews{float:left;width: 650px;height: 357px;background-color: #ed7d31;}
```

（5）在 mainContent 层中添加 clearfix 类，清除浮动，完成后效果如图 2-3-58 所示。

图 2-3-58　新闻中心布局

3.9.2　图片特效制作

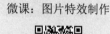

微课：图片特效制作

（1）根据首页设计效果图及图 2-3-56 的结构分析图，将图片特效 picNews 分为上、下两部分，上部是图片，下部用一个类名为 text 的 div 放置标题和文本，HTML 代码如下：

```
<!-- 图片特效制作 -->
<div class="picNews">
        <img src="img/gaoqi.jpg" alt="" width="500">
        <div class="text">
            <h5><a href="">热烈祝贺我司被评定为"高新技术企业"</a></h5>
            <p>2020 年 12 月苏州英博特智能科技有限公司被评为高新技术企业</p>
        </div>
</div>
```

（2）设置 picNews 层位置相对，溢出不显示；设置文本 text 位置绝对，左为 0px，下为 0px，高度为 38px，行高为 38px，内边距上、下为 0px，左、右为 8px，背景色为黑色，透明度为 0.6；设置 h5 宽度为 490px，文字大小为 14px，颜色为白色；设置 p 不显示，行高为 1.2em；设置图片过渡样式为"缩放转换匀速过渡，时长 500ms"；设置 picNews 鼠标移上时"图片缩放转换 1.2 倍；text 样式为上内边距 110px，高度 70%；p 显示，颜色为白色"。取消 picNews 层的背景颜色。

```
#news .picNews{float:lcft;width: 500px; height: 357px;margin-right: 30px;position: relative;overflow: hidden;}
#news .text{position: absolute;left: 0; bottom: 0px;height: 38px;line-height:38px;padding: 0 8px;background-color: rgba(0,0,0,0.6);}
#news h5{width: 490px;font-size: 14px;color:#ffffff;}
#news .picNews p{      display: none;line-height: 1.2em;}
#news .picNews:hover img{
    -webkit-transform: scale(1.2);
    -webkit-transition: -webkit-transform 500ms linear;
}
#news .picNews:hover .text{padding-top: 110px;height:70%;}
#news .picNews:hover p{display:block;color:#ffffff;}
```

（3）利用浏览器打开"index. html"文件，浏览网页效果，如图 2-3-59 所示。

图 2-3-59　图片特效效果图

3.9.3　新闻列表制作

微课：新闻列表制作

（1）根据首页设计效果图及图 2-3-56 的结构分析图，新闻列表一共有 4 个列表项，标题都放在<a>标签中并放置在<h3>标签中，介绍文本都放在<p>标签中，日期放在<span>标签中，完成后 HTML 代码如下。

```
<!-- 新闻列表制作 -->
<ul class="textNews">
        <li>
                <h3><a href="">热烈祝贺我司被评定为"高新技术企业"</a></h3>
                <p>2020 年 12 月苏州英博特智能科技有限公司被评为高新技术企业</p>
                <span>2020-12-25</span>
        </li>

        <li>
                <h3><a href="">江苏省高新技术企业培育库 2020 年度入库企业名单</a></h3>
                <p>恭喜我司成功入选《江苏省高新技术企业培育库 2020 年度入库企业名单》! </p>
                <span>2020-09-30</span>
        </li>
        <li>
                <h3><a href="">英博特 WMS 仓库管理系统软件 V1.0 登记注册</a></h3>
                <p>我司申请的英博特 WMS 仓库管理系统软件 V1.0，……。</p>
                <span>2019-03-19</span>
        </li>
        ……

</ul>
```

（2）根据效果图设置新闻列表样式。设置新闻列表项 li 下外边距为 40px；a 文字大小为 14px，颜色为#404040；p 文字大小为 12px，颜色为#999999，上内边距为 5px，下内边距为 5px；span 文字大小为 12px，颜色为#bbbbbb，上内边距为 10px；取消 textNews 的背景色样式，设置左内边距为 50px，宽度改为 550px。

```
#news .textNews{float:left;padding-left:50px;width:550px;        height: 357px;}
#news .textNews li{margin-bottom: 40px;}
#news .textNews a{font-size: 14px;color:#404040;}
```

```
#news .textNews p{font-size: 12px;          color:#999999;padding-top: 5px;padding-bottom: 5px;}
#news .textNews span{font-size: 12px;color:#bbbbbb;padding-top: 10px;}
```

提示：在 reset.css 样式表中，已对列表和超链接进行了初始化设置，取消了列表项符号，并取消了超链接 a 标签的下画线。

（3）利用浏览器打开"index. html"文件，浏览网页效果，如图 2-3-57 所示。

 课后习题

课后习题见在线测试 2-3-9。

在线测试 2-3-9

能力拓展

（1）运用本任务学习的知识，模仿完成"中国冬奥_北京 2022 年冬奥会和冬残奥会组织委员会网站"新闻速递模块制作。

任务引导 1：请认真分析以下页面的主体结构，用颜色块画出页面的结构图。
页面效果图： 
结构图：
任务引导 2：在 HBuilderX 中新建一个基本 HTML 项目，新建网页，复制基础样式文件，新建样式表文件，请将目录结构截图。
任务引导 3：在页面中，用 html 标签搭建新闻速递模块结构，请写出 HTML 代码。

续表

任务引导 4：为新闻速递模块设计样式，请写出 CSS 样式。
任务引导 5：请使用两个以上主流浏览器预览页面最终效果。
页面显示正常 □   页面无法正常显示 □（哪个浏览器不正常，如何修改？）

（2）运用本任务学习的知识，模仿完成"中华人民共和国教育部"网站新闻中心模块制作，见能力拓展 2-3-4。

能力拓展 2-3-4

3.10 合作伙伴制作

子任务 10 完成合作伙伴模块的制作，该模块包含标题和 12 张图片，实现过程包括搭建模块结构和图文样式的设计。

微课：合作伙伴制作

 能力要求

（1）熟练使用浮动布局。
（2）会使用图片过渡效果实现图片特效

 **学习导览**

本任务学习导览如图 2-3-60 所示。

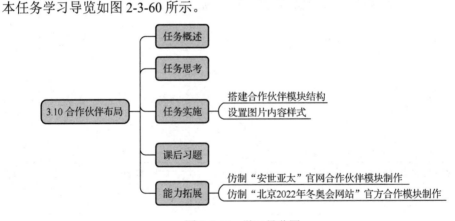

图 2-3-60　学习导览图

 任务概述

本次任务完成首页页面中合作伙伴部分的制作，该模块结构分析图如图 2-3-61 所示，包含标题和图片,,完成后效果图如图2-3-62所示。

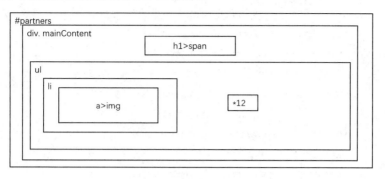

图2-3-61 合作伙伴模块结构分析图

合作伙伴 / Partners

图2-3-62 合作伙伴模块效果图

 任务思考

（1）HTML 图像标签有哪些属性？分别有什么作用？

（2）如何实现列表项的横向排列？

（3）图片超链接在浏览器预览时会自动显示边框，如何去除边框？

 任务实施

3.10.1 搭建合作伙伴模块结构

（1）打开 index.html，首先为合租伙伴模块添加类名为 mainContent 的 div，用于设置新闻中心居中布局，然后在该层中添加<h1>和<span>标签放置英文标题，再添加<ul>标签，包含 12 个列表项，用于放置 12 张图片，图片都放在<a>标签中，完成后 HTML 代码如下。

```
<!-- 此处是合作伙伴 -->
<div id="partners">
    <div class="mainContent">
        <h1>合作伙伴 / <span>Partners</span></h1>
        <ul>
```

```
<li><a href=""><img src="img/hx.png" alt=""></a></li>
<li><a href=""><img src="img/robo.png" alt=""></a></li>
<li><a href=""><img src="img/hgy.png" alt=""></a></li>
<li><a href=""><img src="img/mir.png" alt=""></a></li>
<li><a href=""><img src="img/azh.png" alt=""></a></li>
<li><a href=""><img src="img/mts.png" alt=""></a></li>
<li><a href=""><img src="img/tmkj.png" alt=""></a></li>
<li><a href=""><img src="img/kmt.png" alt=""></a></li>
<li><a href=""><img src="img/zhzn.png" alt=""></a></li>
<li><a href=""><img src="img/syber.png" alt=""></a></li>
<li><a href=""><img src="img/hkzn.png" alt=""></a></li>
<li><a href=""><img src="img/rubber.png" alt=""></a></li>
    </ul>
</div>
</div>
```

（2）设置 mainContent 宽度为1180px，居中对齐，上外边距为20px，下外边距为0。

（3）设置 h1 文本居中，下外边距为40px，文字大小为24px，不加粗；设置 span 文字颜色为#fec502。

```
#partners .mainContent{width: 1180px;margin: 20px auto 0px;}
#partners h1{text-align: center;margin-bottom: 40px; font-size: 24px; font-weight: normal;}
#partners span{color: #fec502;}
```

3.10.2 设置图片内容样式

（1）设置 li 左浮动，宽度为280px，高度为150px，内容居中对齐。

```
#partners li{ float:left;width: 280px;height: 150px; text-align: center;}
```

（2）设置 img 宽度为220px，高度为70px；设置鼠标移入图片，图片在500ms内匀速放大1.1倍。

```
#partners img{width: 220px;height: 70px; -webkit-transition: -webkit-transform 500ms linear;}
#partners img:hover{-webkit-transform: scale(1.1);}
```

提示：在 reset.css 样式表中，已对列表和超链接进行了初始化设置，取消了列表项符号，并取消了超链接a标签的下画线。

（3）利用浏览器打开"index. html"文件，浏览网页效果，如图2-3-62所示。

课后习题

在线测试2-3-10

课后习题见在线测试2-3-10。

能力拓展

（1）运用本任务学习的知识，模仿完成"安世亚太"官网合作伙伴模块制作。

任务引导 1：请认真分析以下页面的主体结构，用颜色块画出页面的结构图。

页面效果图：

结构图：

任务引导 2：在 HBuilderX 中新建一个基本 HTML 项目，新建网页，复制基础样式文件，新建样式表文件，请将目录结构截图。

任务引导 3：在页面中，用 html 标签搭建合作伙伴模块结构，请写出 HTML 代码。

任务引导 4：为合作伙伴模块设计样式，请写出 CSS 样式。

任务引导 5：请使用两个以上主流浏览器预览页面最终效果。

页面显示正常 □　　页面无法正常显示 □（哪个浏览器不正常，如何修改？）

（2）运用任务课学习的知识，模仿完成"中国冬奥_北京 2022 年冬奥会和冬残奥会组织委员会网站"官方合作模块制作，见能力拓展 2-3-5。

能力拓展 2-3-5

3.11 页尾制作

子任务 11 完成页尾模块的制作，该模块包含分享内容、联系我们和版权信息，主要内容区采用两列浮动布局完成。

 能力要求

（1）熟练使用浮动布局。
（2）会使用 CSS 定位和图片过渡效果实现图片特效。

 学习导览

本任务学习导览如图 2-3-63 所示。

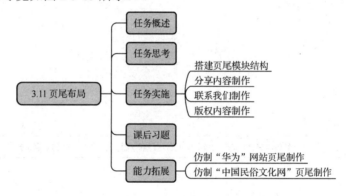

图 2-3-63　学习导览图

 任务概述

本次任务完成首页页面中页尾部分的制作，该模块结构分析图如图 2-3-64 所示，包含分享的图文、联系我们的图文和版权信息，完成后效果图如图 2-3-65 所示。

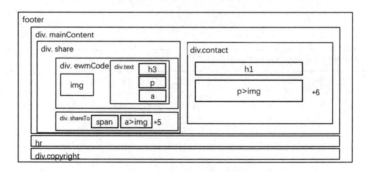

图 2-3-64　页尾结构分析图

图 2-3-65　页尾效果图

任务思考

（1）什么情况下使用<span>标签？

（2）<hr>标签有什么作用？如何使用？

（3）HTML 标题标签有哪些？

任务实施

微课：搭建页尾模块结构

3.11.1　搭建页尾模块结构

（1）打开 index.html，页尾模块分为上、中、下三部分。上部模块 div 取类名为 mainContent，mainContent 中左边 div 类名为 share，用于放置分享内容；右边 div 类名为 contact，用于放置联系我们内容。中部是<hr>标签，用于分割上、下两部分。下部模块 div 取类名为 copyright，用于放置版权信息。

```
<!-- 此处是页尾 -->
<footer>
    <div class="mainContent">
        <div class="share"></div>
        <div class="contact"></div>
    </div>
    <hr>
    <div class="copyright"></div>
</footer>
```

（2）打开 index.css 文件，编写样式实现页尾的布局，修改 footer 样式，设置下内边距为20px。

（3）设置 mainContent 宽度为 1000px，居中对齐，上内边距为 30px。

```
footer{height: 360px; background-color: #444444;    padding-bottom: 20px;}
footer .mainContent{width: 1000px; margin: 0 auto;padding-top: 30px;}
```

（4）设置类名为 share 的 div 左浮动，宽度为 450px，高度为 200px；设置类名为 contact 的 div 左浮动，宽度为 300px，高度为 200px，左外边距为 240px；为两个层都设置背景色为 #ed7d31。

```
footer .share{width: 450px;height:200px;float:left;background-color:#ed7d31;}
footer .contact{float:left;width:300px;height:200px; margin-left: 240px;background-color:#ed7d31;}
```

提示：此处层的高度和背景色用于辅助布局，添加内容后可取消。

（5）为 mainContent 添加 clearfix 类，清除浮动，该类在 reset.css 中已定义。完成后效果如图 2-3-66 所示。

图 2-3-66　页尾布局

3.11.2　分享内容制作

（1）根据首页设计效果图及图 2-3-64 的结构分析图，分享内容 share 层分为上、下两部分。上部是一个类名为 ewmCode 的 div 层，ewmCode 又分为左、右两部分，左边放置二维码图片，右边放置文本。下部是一个类名为 shareTo 的 div 层，放置分享的各个图标及文本。HTML 代码如下。

微课：分享内容制作

```html
<!-- 分享内容制作 -->
<div class="share">
        <div class="ewmCode">
            <img src="img/ewmCode.png" alt="">
            <div class="text">
                <h3>苏州英博特智能科技有限公司</h3>
                <p>欢迎各界人士前来咨询</p>
                <a href="">>>留言请进</a>
            </div>
        </div>
        <div class="shareTo">
            <span>分享到：</span>
            <a href=""><img src="img/sinaIcon.jpg" alt="">新浪微博</a>
            <a href=""><img src="img/wxIcon.jpg" alt="">微信</a>
            <a href=""><img src="img/qqIcon.jpg" alt="">QQ 好友</a>
            <a href=""><img src="img/bdIcon.jpg" alt="">百度新首页</a>
            <a href=""><img src="img/addIcon.jpg" alt="">更多</a>
        </div>
    </div>
```

（2）设置 ewmCode 下外边距为 50px；设置 ewmCode 中的 img 宽度为 98px，高度为 98px，左浮动，右外边距为 30px；设置 ewmCode 中的 text 左浮动；设置 ewmCode 中的 h3 字体大小为 24px，颜色为#bdc3c7，上外边距为 15px；设置 ewmCode 中的 p 字体大小为 14px，颜色为#bdc3c7，上外边距为 20px，下外边距为 5px；设置 ewmCode 中的 a 字体大小为 14px，颜色为#bbbbbb。给 ewmCode 添加 clearfix 类，清除浮动。

```
footer .share{float:left;width: 450px;}
footer .ewmCode{margin-bottom: 50px;}
footer .ewmCode img{width: 98px; height: 98px; float:left;margin-right: 30px;}
footer .ewmCode .text{float:left;}
footer .ewmCode h3{font-size: 24px;color:#bdc3c7;margin-top: 15px;}
footer .ewmCode p{font-size: 14px;color:#bdc3c7;margin-top: 20px;margin-bottom: 5px;}
footer .ewmCode a{font-size: 14px;color:#bbbbbb;}
```

（3）根据效果图设置分享部分的样式。设置 shareTo 中的 span 字体大小为 14px，颜色为#bdc3c7；设置 shareTo 中的 img 宽度为 16px，高度为 16px，上、下外边距为 0，左、右外边距为 5px；设置 shareTo 中的 a 字体大小为 12px，颜色为#666666，鼠标移入时颜色变为#609ee9。

```
footer .shareTo span{font-size: 14px;color:#bdc3c7;}
footer .shareTo img{width: 16px; height: 16px; margin: 0 5px;}
footer .shareTo a{font-size: 12px;color:#666666;}
footer .shareTo a:hover{color:#609EE9;}
```

提示：在 reset.css 样式表中，已对超链接进行了初始化设置，取消了超链接 a 标签的下画线。

（4）利用浏览器打开"index. html"文件，浏览网页效果，如图 2-3-67 所示。

图 2-3-67　图片特效效果图

3.11.3　联系我们制作

微课：联系我们及版权制作

（1）根据首页设计效果图及图 2-3-64 的结构分析，联系我们 contact 层包含标题和内容，标题放置在<h1>标签中，内容都放置在<p>标签中，完成后 HTML 代码如下。

```
<!-- 联系我们制作 -->
<div class="contact">
    <h1>CONTANT US 联系我们</h1>
    <p><img src="img/telIcon.png" alt=""> 电话：0512-65169554-8008</p>
    <p><img src="img/telIcon.png" alt=""> 手机：18013295162（顾经理）</p>
    <p><img src="img/emailIcon.png" alt=""> 客户：service@int-bot.cn</p>
    <p><img src="img/emailIcon.png" alt=""> 技术：support@int-bot.cn</p>
    <p><img src="img/addrIcon.png" alt=""> 网址：www.int-bot.cn</p>
    <p><img src="img/addrIcon.png" alt=""> 地址：苏州市吴中区东太湖科技金融城二期</p>
</div>
```

（2）根据效果图设置联系我们的样式。设置 contact 中的 h1 字体大小为 24px，颜色为

#bdc3c7，不加粗，下外边距为 25px；设置 contact 中的 p 字体大小为 14px，颜色为#bdc3c7，行高为 1.2em。

```
footer .contact{float:left;margin-left: 240px;}
footer .contact h1{font-size: 24px;color:#bdc3c7;font-weight: normal;margin-bottom: 25px;}
footer .contact p{font-size: 14px;color:#bdc3c7;line-height: 1.2em;}
```

（3）利用浏览器打开"index. html"文件，浏览网页效果，如图 2-3-65 所示。

3.11.4 版权内容制作

（1）根据首页设计效果图及图 2-3-64 的结构分析，版权内容 copyright 只包含文本，并用一根水平线<hr>与上面内容分隔，HTML 代码如下。

```
<!-- 版权内容制作 -->
<hr>
<div class="copyright">版权所有：苏州英博特智能科技有限公司  苏 ICP 备 18029073 号-1</div>
```

（2）根据效果图设置版权样式。设置 hr 边框为 1px 的灰色（#666）实线，上外边距为 20px；设置 copyright 颜色为#7f8c8d，字体大小为 14px，文本居中，上内边距为 30px，左、右内边距为 0，下内边距为 50px。

```
footer hr{border:1px solid #666666;margin-top: 20px;}
footer .copyright{color:#7f8c8d;font-size: 14px;text-align: center;padding:30px 0 50px;}
```

（3）利用浏览器打开"index. html"文件，浏览网页效果，如图 2-3-65 所示。

 课后习题

在线测试 2-3-11

课后习题见在线测试 2-3-11。

 能力拓展

（1）运用本任务学习的知识，模仿完成"华为"网站页尾制作。

任务引导 1：请认真分析以下页面的主体结构，用颜色块画出页面的结构图。
页面效果图：
结构图：

续表

任务引导 2：在 HBuilderX 中新建一个基本 HTML 项目，新建网页，复制基础样式文件，新建样式表文件，请将目录结构截图。
任务引导 3：在页面中，用 html 标签搭建页尾模块结构，请写出 HTML 代码。
任务引导 4：为页尾模块设计样式，请写出 CSS 样式。
任务引导 5：请使用两个以上主流浏览器预览页面最终效果。
页面显示正常 □　　页面无法正常显示 □（哪个浏览器不正常，如何修改？） _____

（2）运用本任务学习的知识，模仿完成"中国民俗文化网"的页尾制作，见能力拓展 2-3-6。

能力拓展 2-3-6

3.12　客户服务制作

子任务 12 完成客户服务模块的制作，包括客户服务的结构分析、图片内容制作及弹出菜单制作。

能力要求

（1）熟练使用 CSS 定位。
（2）会设计制作弹出式菜单。

学习导览

本任务学习导览如图 2-3-68 所示。

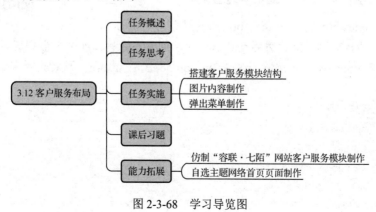

图 2-3-68　学习导览图

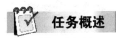 **任务概述**

本次任务完成首页页面中客户服务部分的制作，该模块经过结构分析图如图 2-3-69 所示，包含图片和弹出菜单部分，完成后效果图如图 2-3-70 所示。

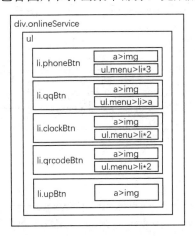

图 2-3-69　页尾结构分析图

图 2-3-70　页尾效果图

 任务思考

（1）如何隐藏和显示图层？

_____

（2）如何实现相对于浏览器窗口固定定位？

_____

（3）如何在一个新窗口中打开目标 URL？

_____

 任务实施

微课：搭建客户服务模块结构

 3.12.1　搭建客户服务模块结构

（1）打开 index.html，首先在</footer>的结束标签后面添加类名为 onlineService 的 div，然后在该 div 中添加<ul>标签，包含 5 个列表项，分别为每个列表项添加类名 phoneBtn、qqBtn、clockBtn、qrcodeBtn、upBtn，用来放置客服内容，HTML 代码如下。

```
<!-- 此处是客户服务 -->
<div class="onlineService">
    <ul>
        <li class="phoneBtn"></li>
        <li class="qqBtn"></li>
        <li class="clockBtn"></li>
```

```
        <li class="qrcodeBtn"></li>
        <li class="upBtn"></li>
    </ul>
</div>
```

（2）打开 index.css 文件，编写样式实现客户服务的布局，设置 onlineService 高度为 320px，相对于浏览器窗口固定定位，距右侧 0，距上侧 180px，背景色为#ff8726，左边框为 1px（#ff8726）实线；设置 phoneBtn、qqBtn、clockBtn、qrcodeBtn、upBtn 相对定位，宽度为 61px，高度为 62px，行高为 62px，下外边距为 2px，背景色为#fe9c4c，文本居中。

```
.onlineService{height: 320px;position: fixed;right:0;top:180px;background-color: #ff8726; border-left:1px
solid #ff8726;}
.onlineService .phoneBtn,.onlineService .qqBtn,.onlineService .clockBtn,
.onlineService .qrcodeBtn,.onlineService .upBtn{width: 61px;height: 62px;line-height:62px; margin-bottom:
2px;background-color: #fe9c4c;text-align: center;position: relative;}
```

3.12.2 图片内容制作

（1）根据首页设计效果图及图 2-3-69 的结构分析，将 5 张可进行链接的客服图片分别放置在对应的列表项中，HTML 代码如下。

```
<!-- 图片内容制作 -->
<li class="phoneBtn">
    <a href=""><img src="img/phoneBtn.jpg" alt=""></a>
</li>
<li class="qqBtn">
    <a href=""><img src="img/qqBtn.jpg" alt=""></a>
</li>
<li class="clockBtn">
    <a href=""><img src="img/clockBtn.jpg" alt=""></a>
</li>
<li class="qrcodeBtn">
    <a href=""><img src="img/qrcodeBtn.jpg" alt=""></a>
</li>
<li class="upBtn">
    <a href="#" class=""><img src="img/upBtn.jpg" alt=""></a>
</li>
```

（2）设置 onlineService 下的 5 张图片宽度为 40px。

```
.onlineService img{width: 40px;}
```

3.12.3 弹出菜单制作

（1）根据首页设计效果图及图 2-3-69 的结构分析，只有类名为 phoneBtn、qqBtn、clockBtn、qrcodeBtn 的列表项有弹出菜单，并都放置在一个有相同类名 menu（用于显示隐藏弹出菜单，实现弹出菜单效果）和不同类名的<ul>标签中，其中类名为 qqBtn 的弹出菜单内容放置在<a>标签中，链接目标在新窗口中打开，完成后 HTML 代码如下。

微课：弹出菜单制作

```
<li class="phoneBtn">
    <a href=""><img src="img/phoneBtn.jpg" alt=""></a>
    <ul class="menu phone">
        <li>咨询电话</li>
        <li>0512-65169554-8008</li>
        <li>18013295162（顾经理）</li>
    </ul>
</li>
<li class="qqBtn">
    <a href=""><img src="img/qqBtn.jpg" alt=""></a>
    <ul class="menu qq">
        <li><a href="" target="_blank">QQ 客服</a></li>
    </ul>
</li>
<li class="clockBtn">
    <a href=""><img src="img/clockBtn.jpg" alt=""></a>
    <ul class="menu clock">
        <li>服务时间</li>
        <li>周一至周六  8:30-17:30</li>
    </ul>
</li>
<li class="qrcodeBtn">
    <a href=""><img src="img/qrcodeBtn.jpg" alt=""></a>
    <ul class="menu qrcode">
        <li>网站二维码</li>
        <li class="qrcode-img"><img src="img/ewmCode.png" ></li>
    </ul>
</li>
```

（2）设置弹出菜单 menu 绝对定位，宽度为 180px，隐藏，背景色为#fe9c4c，距上侧 0，距右侧 62px，左内边距为 10px，上内边距为 10px，行高为 2em，字体大小为 12px，颜色为#fff，文本左对齐；设置 phone 的弹出菜单高度为 90px，上内边距为 20px；设置 qq 的弹出菜单高度为 40px，超链接文本颜色为白色；设置 clock 的弹出菜单高度为 70px；设置 qrcode 弹出菜单中的图片宽度为 160px，上外边距为 10px，下外边距为 20px；鼠标移入列表项，菜单弹出。

```
.onlineService .menu{position: absolute;width: 180px;display: none;background-color: #fe9c4c;top:0; right:
62px;padding-left: 10px; padding-top: 10px;line-height: 2em; font-size: 12px;color:#fff;text-align: left;}
.onlineService .phone{height: 90px; padding-top: 20px;}
.onlineService .qq{height:40px;}
.onlineService .qq a{color:#fff;}
.onlineService .clock{height:70px;}
.onlineService .qrcode-img img{width: 160px;margin-top: 10px;margin-bottom: 20px;}
.onlineService li:hover .menu{display: block;}
```

（3）利用浏览器打开"index. html"文件，浏览网页效果，如图 2-3-70 所示。

课后习题

在线测试 2-3-12

课后习题见在线测试 2-3-12。

 能力拓展

（1）运用本任务学习的知识，模仿完成"容联·七陌"网站的客户服务模块制作。

任务引导 1：请认真分析以下模块的主体结构，用颜色块画出模块的结构图。

模块效果图：

在线咨询	
4008-113-114 010-80455555	电话咨询
Demo	X-bot
	免费试用
	微信咨询

任务引导 2：在 HBuilderX 中新建一个基本 HTML 项目，新建网页，复制基础样式文件，新建样式表文件，请将目录结构截图。

任务引导 3：在页面中，用 html 标签搭建客户服务模块结构，请写出 HTML 代码。

任务引导 4：为客户服务模块设计样式，请写出 CSS 样式。

任务引导 5：请使用两个以上主流浏览器预览页面最终效果。

页面显示正常 □ 　　页面无法正常显示 □（哪个浏览器不正常，如何修改？）

（2）运用任务 3 学习的知识，完成自选主题网站首页页面制作。

任务引导 1：请认真分析以下模块的主体结构，用颜色块画出模块的结构图。
效果图：
结构图：
任务引导 2：在 HBuilderX 中新建一个基本 HTML 项目，新建网页，复制基础样式文件，新建样式表文件，请将目录结构截图。
任务引导 3：在页面中，用 html 标签搭建首页结构，请写出 HTML 代码。
任务引导 4：为首页设计样式，请写出 CSS 样式。
任务引导 5：请使用两个以上主流浏览器预览页面最终效果。
页面显示正常 □　　　页面无法正常显示 □（哪个浏览器不正常，如何修改？）

任务4 "英博特智能科技"企业网站二三级页面制作

　　任务3主要完成了企业网站首页页面的制作,一个完整的网站除了首页,还需要有子页。首页的主要功能之一是建立访问其他页面的链接,通过主页提供的链接来访问其他的页面,其他的页面被称为子页。一个网站可以有很多子页。本任务将完成企业网站产品案例页面制作、产品详细页面制作、应用场景详细页面制作、留言页面制作。在页面制作过程中,综合应用了前面所学的知识和技能,同时新增了服务器端字体、背景样式、渐变等CSS3新属性,以及表格表单的应用、音频视频的插入。

4.1 产品案例页面制作

　　子任务1完成二级子页面产品案例页面的制作,包括搭建页面结构、左侧竖向导航制作、右侧产品案例图文混排制作。

 能力要求

　　(1)掌握竖向二级导航菜单的制作。
　　(2)掌握 Font Awesome 图标字体库的使用。
　　(3)会使用服务器端字体。
　　(4)掌握背景属性的设置方法,能够设置背景颜色和图像。
　　(5)理解渐变属性的原理,能够设置渐变背景。

 学习导览

　　本任务学习导览如图 2-4-1 所示。

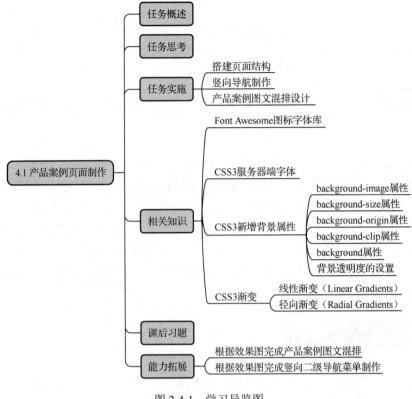

图 2-4-1　学习导览图

任务概述

本任务完成"英博特智能科技"企业网站二级页面产品案例页面的制作，该页面的结构分析图如图 2-4-2 所示，可以发现页面头部、横幅广告和页尾与首页一致，因此只需要在首页基础上，更改中间内容即可。搭建好产品案例页面的结构后，主要完成左侧竖向导航和右侧产品案例图文混排的制作。最终效果如图 2-4-3 所示。

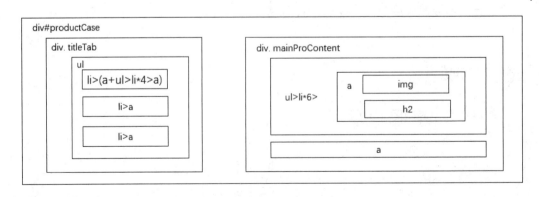

图 2-4-2　产品案例页面结构分析图

图 2-4-3 二级页面产品案例页面效果图

任务思考

（1）一级导航菜单左侧的小图标可以用哪些方法实现？

（2）二级导航菜单的显示和隐藏是如何实现的？

（3）右侧产品案例图片的渐变背景色是如何实现的？

任务实施

微课：产品案例结构与
内容制作

 4.1.1 搭建页面结构

根据网站设计效果图，发现产品案例页面的整体结构和首页非常相似，头部、尾部一样，因此只需在首页 index.html 页面的基础上修改即可。

（1）在 HBuilderX 软件中，打开网站文件夹，选中 index.html 页面右击，在弹出的快捷菜单中选择"复制"命令，再选择网站文件夹目录，右击，在弹出的快捷菜单中"粘贴"命令，将会复制一个名为 index.htm-副本.html 的网页文件。

（2）选中 index.htm-副本.html 文件，右击，在弹出的快捷菜单中选择"重命名"命令，将名称修改为 productCase.html。

（3）在 HBuilderX 软件中，打开 productCase.html 页面，删除不需要的代码并保存。

提示：对比首页和产品案例页面的页面效果图，找出需要删除的代码。通过观察，只需保留页面中的"头部""banner""底部""在线咨询"部分的代码，而"关于我们""服务范围""产品展示""案例展示""新闻中心""合作伙伴"6 个模块的页面内容可以删除。

（4）用上述方法，复制 3 次 productCase.html 页面，分别重新命名为 productDetail.html、productVideo.html、messageBoard .html。

提示：这 3 个页面在后续二三级页面制作中需要用到，因此先创建好。

（5）在 HBuilderX 软件中，打开 productCase.html，在 banner 下方添加产品案例页面主体内容的结构元素，添加 id 名为 productCase 的 div 标签，用于放置主体内容，然后添加类名为 titleTab 的 div 和类名为 mainProContent 的 div 分别用于放置左侧竖向菜单和右侧产品案例，HTML 代码如下。

```
<!-- 产品案例介绍 -->
<div id="productCase">
    <div class="titleTab"></div>
    <div class="mainProContent"></div>
</div>
```

（6）新建二三级子页面样式表 sub.css，并链接到二三级页面中。在 HBuilderX 软件中，选中 style 文件夹，右击，在弹出的快捷菜单中选择"新建 css 文件"命令，新建 css 文件并命名为"sub.css"。打开 productCase.html、productDetail.html、productVideo.html、messageBoard .html 页面，分别引入 sub.css 样式表，HTML 代码如下。

```
<link rel="stylesheet" type="text/css" href="style/sub.css"/>
```

（7）打开 sub.css 文件，编写样式实现"产品案例"介绍的二列布局。该布局为二列固定宽度左右布局。设置 productCase 宽度为 1180px，居中对齐，上外边距为 20px。通过浮动布局实现内部左、右两列布局。设置 titleTab 宽度为 20%，左浮动；设置 mainProContent 宽度为 78%，右浮动，并且在父容器 productCase 中添加类 clearfix，清除浮动。

```
#productCase {width: 1180px;margin: 20px auto 0;}
#productCase .titleTab {width: 20%; float: left;}
#productCase .mainProContent {width: 78%;float: right;}
```

（8）在类名为 titleTab 的 div 中添加二级竖向导航菜单，用嵌套的无序列表实现，HTML 代码如下。

```
<ul>
    <li><a href="">AGV 小车</a>
        <ul>
            <li><a href="">双驱双向潜伏式 AGV</a></li>
            <li><a href="">台称背负式 AGV</a></li>
            <li><a href="">双区双向潜伏式 AGV</a></li>
            <li><a href="">单驱潜伏牵引式 AGV</a></li>
        </ul>
    </li>
    <li><a href="">软件系统</a></li>
```

```
        <li><a href="">应用场景</a></li>
    </ul>
```

（9）在类名为 mainProContent 的 div 中，通过无序列表添加"产品案例"图文及"查看更多"超链接，HTML 代码如下。保存文件，完成后的页面效果如图 2-4-4 所示。

```
<ul>
    <li>
        <a href="">
            <img src="images/customMade.png" alt="" width="380" height="200">
            <h2>产品定制</h2>
        </a>
    </li>
    <li>
        <a href="">
            <img src="images/stlAgv.png" alt="" width="380" height="200">
            <h2>双舵轮背负式 AGVAGV</h2>
        </a>
    </li>
    <li>
        <a href="">
            <img src="images/tcAgv.png" alt="" width="380" height="200">
            <h2>台秤背负式 AGV</h2>
        </a>
    </li>
    <li>
        <a href="">
            <img src="images/dqAgv.png" alt="" width="380" height="200">
            <h2>单驱潜伏牵引式 AGV</h2>
        </a>
    </li>
    <li>
        <a href="">
            <img src="images/bfsAgv.png" alt="" width="380" height="200">
            <h2>背负式 AGV</h2>
        </a>
    </li>
    <li>
        <a href="">
            <img src="images/sqsxAgv.png" alt="" width="380" height="200">
            <h2>双驱双向潜伏式 AGV</h2>
        </a>
    </li>
</ul>
<a href="">>>>查看更多</a>
```

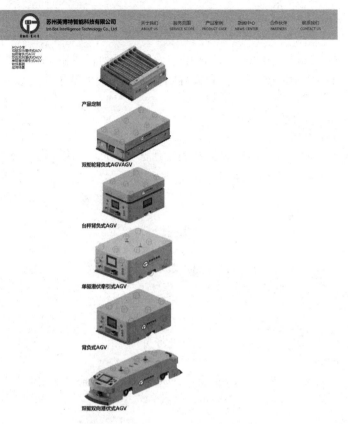

图 2-4-4　产品案例页面结构及内容

4.1.2　竖向导航制作

（1）添加图标字体。在 Font Awesome 官网下载图标字体库 V4.7 版本，也可下载最新版本。下载后得到"font-awesome-4.7.0.zip"压缩文件，解压到当前文件夹。

微课：竖向导航制作

提示：一级菜单项的右侧的图标是通过 Font Awesome 图标字体库实现的。Font Awesome 图标字体库的使用将在后面相关知识中介绍。

（2）在站点文件夹根目录下创建 font 文件夹，将 font-awesome 文件夹复制到新建的 font 文件夹中。

（3）在 HBuilderX 软件中，打开 productCase.html 文件，在<head>中引用 font-awesome.min.css 样式表，HTML 代码如下。

```
<link rel="stylesheet" type="text/css" href="font/font-awesome-4.7.0/css/font-awesome.min.css">
```

（4）参考 Font Awesome 官网中的图标库示例，可以选择并引用合适的图标。先把< i >标签放在竖向导航一级菜单项的左侧位置，并且在标签内引用和图标相关的样式，这里主要引用了 fa-car、fa-cog、fa-home 3 个图标样式，再加上公共样式 fa 即可完成 Font Awesome 图标的插入。

（5）竖向导航的二级子菜单默认情况下隐藏，当鼠标悬停在一级子菜单上的时候，显示二级子菜单，可以通过 hover 伪类来实现该功能。因此，需要给一级子菜单和二级子菜单分别添加 dropdown 和 dropdown-content 两个不同的类样式，从而实现显示或隐藏二级导航菜单，HTML 代码如下。

```
<ul>
    <li class="dropdown"><a href=""><i class="fa fa-car"></i>AGV 小车</a>
        <ul class="dropdown-content">
            <li><a href="">双驱双向潜伏式 AGV</a></li>
            <li><a href="">台称背负式 AGV</a></li>
            <li><a href="">双区双向潜伏式 AGV</a></li>
            <li><a href="">单驱潜伏牵引式 AGV</a></li>
        </ul>
    </li>
    <li><a href=""><i class="fa fa-cog"></i>软件系统</a></li>
    <li><a href=""><i class="fa fa-home"></i>应用场景</a></li>
</ul>
```

（6）通过使用@font-face 属性给导航菜单设置服务器端字体，开发者可以在用户计算机未安装字体时，使用任何下载的字体。本书素材文件夹中提供了"印品招牌体中黑"的字体，文件名为 zpt.ttf，将该字体复制到站点文件夹里的 font 文件夹中。

（7）在 HBuilderX 软件中，打开 sub.css 文件，定义服务器字体，命名为 zpt（可自行命名，符合 CSS 命名规则即可），该名称的作用等同于常见的"微软雅黑""黑体"等字体名称，在使用时，只要引用该名称即可。CSS 代码如下。

```
@font-face {font-family: zpt;src: url(../font/zpt.ttf);}
```

（8）设置导航菜单项 a 标签的样式。通过观察产品案例页面效果图，发现需要设置背景色、高度、内外边距、字体颜色、文本对齐方式等样式。设置字体样式为自定义服务器端字体 zpt，因为要设置 a 标签的宽度和文本对齐，需要将 a 标签转换为块级元素或行内块级元素。设置宽度为 100%，文本居中对齐，字体加粗，字体颜色为#8b4500，背景色用 rgba 方式设为 rgba(254, 197, 2, 0.7)，高度和行高设为 30px。内边距上、下为 10px，左、右为 0，下外边距为 2px。当鼠标悬停在一级导航菜单时，背景色显示为#92918f，字体颜色显示为白色。设置图标字体 i 的右外边距为 10px。CSS 代码如下。

```
#productCase .titleTab ul li a {
    font-family: zpt;
    display: block;
    font-weight: bold;
    width: 100%;
    padding: 10px 0;
    text-decoration: none;
    color: #8b4500;
    text-align: center;
    margin-bottom: 2px;
    background-color: rgba(254, 197, 2, 0.7);
    height: 30px;
    line-height: 30px;
}
#productCase .titleTab ul li>a:hover {background: #92918f;color: #fff;}
#productCase .titleTab ul li a i {margin-right: 10px;}
```

（9）设置二级导航菜单项 a 的样式。设置颜色为#696969，下外边距为 2px，下边框为 1px，实线，白色，字体样式为微软雅黑，背景色为#dcdcdc。CSS 代码如下。

```
#productCase .titleTab .dropdown-content a {
    color: #696969;
    margin-bottom: 2px;
    border-bottom: 1px solid #fff;
    font-family: "微软雅黑";
    background-color: #dcdcdc;
}
```

（10）设置二级导航菜单 dropdown-content 为隐藏。当鼠标悬停在二级子菜单上时，背景色显示为 rgba(254, 197, 2, 0.7)，字体颜色显示为#8b4500。当鼠标悬停在一级子菜单 dropdown 上时，显示二级子菜单 dropdown-content。CSS 代码如下。

```
#productCase .titleTab .dropdown-content {display: none;}
#productCase .titleTab .dropdown-content a:hover {
    background: rgba(254, 197, 2, 0.7);
    color: #8b4500;
}
#productCase .titleTab .dropdown:hover .dropdown-content {display: block;}
```

（11）保存文件，利用浏览器打开 productCase. html 文件，浏览网页最终效果，如图 2-4-5 所示。

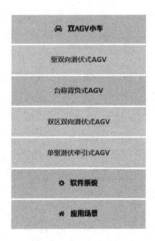

图 2-4-5　产品案例二级竖向导航菜单效果

4.1.3　产品案例图文混排制作

（1）设置右侧"产品案例"图文混排的样式。观察效果图，发现需要设置列表项 li 的宽度、高度、内外边距、圆角边框、水平居中对齐、线性渐变等样式。设置宽度为 270px，高度为 260px，上内边距为 20px，右外边距为 45px，下外边距为 30px，溢出隐藏，圆角半径为 10px，设置为行内块级元素，内容水平居中，线性渐变为 linear-gradient(to bottom, #fff, #696969)。代码如下。

微课：产品案例
图文混排制作

```
#productCase .proContent li {
    width: 270px;
    height: 260px;
    padding-top: 20px;
    margin-right: 45px;
    margin-bottom: 30px;
    overflow: hidden;
    border-radius: 10px;
    display: inline-block;
    text-align: center;
    background-image: linear-gradient(to bottom, #fff, #696969);
}
```

提示：设置 li 为行内块级元素也可以让无序列表的 li 标签实现多列布局。

（2）设置好上述样式后，由于宽度不够，导致每行只能放下两张图片。可以把第 3 张和第 6 张图片所在的 li 标签的右外边距设置为 0，并且将该类样式通过 class 属性应用于第 3 和第 6 个 li 标签中，即可实现每行放置 3 张图片的效果。代码如下。

```
#productCase .mainProContent .mr0 {margin-right: 0;}
```

（3）通过在无序列表的 ul 标签上设置 text-align:center，并且在 li 标签上设置 display: inline-block 这两个样式属性，可以实现无序列表里的所有列表项内容水平居中。代码如下。

```
#productCase .mainProContent ul {text-align: center;}
```

（4）设置图片大小、位置及鼠标悬停在图片上的放大效果。设置图片的宽度为 380px，高度为 200px，左外边距为-50px，使图片向左偏移 50px，设置鼠标悬停在图片上时放大 1.2 倍，设置过渡效果，在 500ms 内实现线性过渡效果。代码如下。

```
#productCase .mainProContent li img {
    width:380px;
    height:200px;
    margin-left: -50px;
    transition: transform 500ms linear;
}
#productCase .mainProContent li img:hover {transform: scale(1.2);}
```

（5）设置列表项里的 h2 标签的颜色为白色，内边距为 20px。代码如下。

```
#productCase .mainProContent li   h2 {color: #fff;padding: 20px;}
```

（6）设置"查看更多"超链接的样式。添加类样式 more 并应用于 a 标签上，设置颜色为#444，字体大小为 16px，右浮动，上、右、下、左内边距分别为 10px、0、20px、0。代码如下。完成后的最终效果如图 2-4-3 所示。

```
#productCase .mainProContent .more {color: #444;  font-size:16px;float: right;padding: 10px 0 20px 0;}
```

 相关知识

微课：Font Awesome
图标字体库

1. Font Awesome 图标字体库

Font Awesome 是一套图标字体库和 CSS 框架，为我们提供可缩放的矢量图标，我们可以使用 CSS 所提供的所有特性对它们进行更改，包括大小、颜色、阴影或其他任何支持的效果。

要使用 Font Awesome 图标，通常需要以下几个步骤。

（1）下载图标字体库文件夹。

① Font Awesome 官网下载。我们选择了 V4.7 版本，也可下载最新版本，下载后得到"font-awesome-4.7.0.zip"压缩文件。如果引用 CDN，则步骤 2 可以省略。

② 国内推荐 CDN。

```
<link rel="stylesheet" href="https://cdn.staticfile.org/font-awesome/4.7.0/css/font-awesome.css">
```

③ 国外推荐 CDN。

```
<link rel="stylesheet" href="https://cdnjs.cloudflare.com/ajax/libs/font-awesome/4.7.0/css/font-awesome.min.css">
```

（2）复制图标字体库文件夹到项目中。将下载后得到的"font-awesome-4.7.0.zip"压缩包解压缩，复制整个 font-awesome 文件夹到项目中。

（3）在 HTML 的 <head> 中引用 font-awesome.min.css。

```
<link rel="stylesheet" type="text/css" href="font-awesome-4.7.0/css/font-awesome.min.css">
```

提示：href 里的路径根据项目中 font-awesome.min.css 所在实际路径确定。

（4）使用 Font Awesome。i 和 span 元素被广泛应用于图标，Font Awesome 多与内联元素一起使用。更改 i 和 span 元素字体大小或颜色，图标也会更改。可以使用前缀 fa 和图标的名称来放置 Font Awesome 图标。

【示例代码】2-4-1.html：Font Awesome 使用案例。

```
<!DOCTYPE HTML>
<html>
<head>
    <meta charset="utf-8">
    <title>font-awesome 使用案例</title>
    <link rel="stylesheet" type="text/css" href="font-awesome-4.7.0/css/font-awesome.min.css"/>
</head>
<body>
    <i class="fa fa-smile-o"></i>
    <i class="fa fa-smile-o" style="font-size:60px;"></i>
    <i class="fa fa-smile-o" style="font-size:100px;color:red;"></i>
</body>
</HTML>
```

效果如图 2-4-6 所示。

图 2-4-6　Font Awesome 使用案例效果图

微课：CSS3 服务器端字体

2．CSS3 服务器端字体

浏览器显示网页上的字体只能局限在用户计算机里已经安装的字体，但每个用户计算机里安装的字体不尽相同,因此网页里设置的字体在用户计算机里未必能显示出来。@font-face 的作用是从网上下载并使用自定义字体,使页面显示字体不依赖用户的操作系统字体环境。

在@font-face 规则中,先定义字体名称(如 myFirstFont),然后指向字体文件。字体的 URL 使用小写字母,大写字母可能会在 IE 中产生意外结果。定义好字体后,再通过 font-family 属性使用定义的字体。

【示例代码】2-4-2.html:@font-face 服务器端字体使用案例。

```html
<head>
    <meta charset="utf-8">
    <title>@font-face 服务器端字体</title>
    <style type="text/css">
        body {font-size: 30px; text-align: center;}
        @font-face {font-family: zpt; src: url(font/zpt.ttf);}
        @font-face {font-family: tcm; src: url(font/tcm.ttf);}
        .title {font-family: zpt;}
        .txt {font-family: tcm;}
    </style>
</head>
<body>
    <p class="title">奖牌榜</p>
    <p class="txt">1.NO.1:中国(CHN)</p>
    <p class="txt">2.NO.2:美国(USA)</p>
    <p class="txt">3.NO.3:俄罗斯(RUS)</p>
    <p>默认样式:中国(CHN)</p>
</body>
```

效果如图 2-4-7 所示。

奖牌榜

1.NO.1:中国(CHN)

2.NO.2:美国(USA)

3.NO.3:俄罗斯(RUS)

默认样式:中国(CHN)

微课:CSS3 新增背景属性

图 2-4-7 @font-face 服务器端字体使用案例效果图

3.CSS3 新增背景属性

1)background-image 属性

通过 background-image 属性可以添加多张背景图片,不同的背景图片用逗号隔开,越靠前的图片层级越高。通过 background-image、background-repeat、background-position 和 background-size 等属性值可以实现多重背景图像效果,各属性值之间用逗号隔开。

【示例代码】2-4-3.html：background-image 属性设置多重背景案例。

```
<head>
    <meta charset="utf-8">
    <title></title>
    <style type="text/css">
        .box {
            width: 500px;
            height: 300px;
            margin: 50px auto;
            border: 5px dashed brown;
            text-align: center;
            padding-top: 50px;
            background-image: url(images/left-top1.png), url(images/right-top1.png), url(images/left-bottom1.png), url(images/right-bottom1.png);
            background-repeat: no-repeat,no-repeat,no-repeat,no-repeat;
            background-position: left top,right top,left bottom,right bottom;
        }
    </style>
</head>
<body>
    <div class="box">
        <h3>送人游吴</h3>
        <h4>杜荀鹤</h4>
        <p>君到姑苏见，人家尽枕河。</p>
        <p>古宫闲地少，水港小桥多。</p>
        <p>夜市卖菱藕，春船载绮罗。</p>
        <p>遥知未眠月，乡思在渔歌。</p>
    </div>
</body>
```

该示例实现了盒子四个角上分别放置了一张背景，从而实现了多重背景的放置。效果如图 2-4-8 所示。

图 2-4-8　background-image 属性设置多重背景案例效果图

2）background-size 属性

在 CSS3 中，background-size 属性用于设置背景图像的大小，可以指定像素或百分比大小。如果指定的是百分比大小，则是相对于父元素的宽度和高度的百分比的尺寸，有 cover 和 contain 两个属性值。

background-size 属性值类型如表 2-4-1 所示。

表 2-4-1　background-size 属性值类型

属　　　性	说　　　明
像素值	设置背景图像的宽度和高度。第一个值设置宽度，第二个值设置高度。如果只设置一个值，则第二个值会默认为 auto
百分比	以父元素的百分比来设置背景图像的宽度和高度。第一个值设置宽度，第二个值设置高度。如果只设置一个值，则第二个值会默认为 auto，保持等比例缩放
cover	把背景图像扩展至足够大，使背景图像完全覆盖背景区域，背景图片可能会有部分看不见
contain	把图像扩展至最大尺寸，以使其宽度和高度完全适应内容区域

修改【示例代码】2-4-3.html，在样式表中增加如下代码，保存后，在浏览器中查看，发现背景图片的大小发生了改变，每张背景图片占所在父容器宽度的 20%，如图 2-4-9 所示。

background-size:20%,20%,20%,20%;

图 2-4-9　设置 background-size 属性前后效果图对比

3）background-origin 属性

background-origin 属性指定了背景图像的位置区域，属性取值有 content-box、padding-box 和 border-box。

background-origin 属性取值如表 2-4-2 所示。

表 2-4-2　background-origin 属性取值

属　　　性	说　　　明
border-box	原点位置为边框（border）区域的开始位置，背景图在内容+内边距+边框区域中渲染显示
padding-box	默认值。原点位置为内边距（padding）区域的开始位置，背景图在内容+内边距区域中渲染显示
content-box	原点位置为内容（content）区域的开始位置，背景图在内容区域中渲染显示

【示例代码】2-4-4.html：background-origin 设置不同属性值案例。

```
<head>
    <meta charset="utf-8">
```

```
<title></title>
<style type="text/css">
    .box {
        width: 500px;
        height: 300px;
        margin: 50px auto;
        border: 50px dashed brown;
        text-align: left;
        padding: 50px;
        background-image: url(images/suzhoubg.jpg);
        background-repeat: no-repeat;
        background-origin: content-box;
        /* background-origin:padding-box; */
        /* background-origin: border-box; */
    }
</style>
</head>
<body>
    <div class="box"></div>
</body>
```

图 2-4-10、图 2-4-11、图 2-4-12 显示了 background-origin 设置不同属性值时，背景图片开始渲染的位置不同。

图 2-4-10　background-origin 属性　　图 2-4-11　background-origin 属性　　图 2-4-12　background-origin 属性
值设置为 content-box　　　　　　值设置为 border-box　　　　　　值设置为 padding-box

4）background-clip 属性

background-clip 背景裁剪属性表示从指定位置开始裁切，属性取值和 background-origin 一样，包括 content-box、padding-box 和 border-box。

background-clip 属性取值如表 2-4-3 所示。

表 2-4-3　background-clip 属性取值

属　　性	说　　明
border-box	默认值，从边框区域向外裁剪背景
padding-box	从内边距区域向外裁剪背景
content-box	从内容区域向外裁剪背景

虽然 background-clip 和 background-origin 属性取值一样，但含义完全不同。对于

background-clip，是指将背景图片以 border 的尺寸、padding 的尺寸者 content 的尺寸进行裁切，其得到的结果可能是不完整的背景，也就是其中的一部分（原理与截图差不多）。对于 background-origin，是指将背景图片放置到 border 范围内、padding 范围内或 content 范围内，其得到的结果是完整的背景（原理与图片的缩放相似）。

如图 2-4-13 和图 2-4-14 所示，分别把 background-clip 和 background-origin 属性值设置为 content-box，通过观察，可以发现 background-clip 以 content 的尺寸大小进行了裁切，背景图不完整了；而 background-origin 是指将背景图片放置到 content 范围内开始的起点，图片没有被裁切，只是背景图片放置的起点位置发生了变化。

图 2-4-13　background-clip 属性值
设置为 content-box

图 2-4-14　background-origin 属性值
设置为 content-box

5）background 属性

background 背景缩写属性指可以在一个声明中设置所有的背景属性，可以设置的属性包括 background-color、background-position、background-size、background-repeat、background-origin、background-clip、background-attachment 和 background-image。语法如下：

```
background:bg-color bg-image position/bg-size bg-repeat bg-origin bg-clip bg-attachment initial|inherit;
```

background-position 和 background-size 属性之间需使用/分隔，且 position 值在前，size 值在后。background 属性取值如表 2-4-4 所示。

表 2-4-4　background 属性取值

属　　性	说　　明
background-color	指定要使用的背景颜色
background-position	指定背景图像的位置
background-size	指定背景图片的大小
background-repeat	指定如何重复背景图像
background-origin	指定背景图像的定位区域
background-clip	指定背景图像的绘画区域
background-attachment	设置背景图像是否固定或随着页面的其余部分滚动
background-image	指定要使用的一个或多个背景图像

修改【示例代码】2-4-3.html 下方部分代码：

```
background-image: url(images/left-top1.png), url(images/right-top1.png), url(images/left-bottom1.png), url(images/right-bottom1.png);
        background-repeat: no-repeat,no-repeat,no-repeat,no-repeat;
        background-position: left top,right top,left bottom,right bottom;
```

background-size:20%,20%,20%,20%;

修改后代码如下：

background: url(images/left-top1.png) left top/20% no-repeat, url(images/right-top1.png) right top/20% no-repeat, url(images/left-bottom1.png) left bottom/20% no-repeat, url(images/right-bottom1.png) right bottom/20% no-repeat;

图 2-4-15　background 属性效果图

修改后的显示效果如图 2-4-15 所示，通过观察，发现显示效果和图 2-4-8 一样。background 属性是一种缩写属性，效果与分开设置一样，但代码更加精简了。

6）背景透明度的设置

通过引入 RGBA 模式，用 rgba() 函数使用红（R）、绿（G）、蓝（B）、透明度（A）的叠加来生成各式各样的颜色。

例如，使用 RGBA 模式为 p 元素指定透明度为 0.5，颜色为红色的背景。

p{background-color:rgba(255,0,0,0.5);}

RGBA 模式属性取值如表 2-4-5 所示。

表 2-4-5　RGBA 模式属性取值

属　　性	说　　明
红色（R）	0～255 的整数，代表颜色中的红色成分
绿色（G）	0～255 的整数，代表颜色中的绿色成分
蓝色（B）	0～255 的整数，代表颜色中的蓝色成分
透明度（A）	取值为 0～1，代表透明度。0 表示完全透明，1 表示完全不透明，而 0.5 则表示半透明

【示例代码】2-4-5.html：RGBA 模式。

```
<head>
    <meta charset="utf-8">
    <title></title>
    <style type="text/css">
        body{display: flex;justify-content: center;        }
        .box{
            width: 200px;
            height: 100px;
            border: 1px solid #A52A2A;
            margin:50px;
            text-align: center;
        }
        .box1{background-color: red;}
        .box2{background-color: rgba(255,0,0,0.3);}
    </style>
</head>
<body>
    <div class="box    box1">
```

```
            <p>君到姑苏见，人家尽枕河。</p>
        </div>
        <div class="box box2">
            <p>古宫闲地少，水港小桥多。</p>
        </div>
    </body>
```

效果如图 2-4-16 所示。左图只设置了背景色为红色，background-color: red；右图用 RGBA 模式设置了透明度，rgba(255,0,0,0.3)。通过比较发现，右图明显带有透明效果，颜色比左侧红色略浅。

图 2-4-16　RGBA 模式使用前后对比图

微课：CSS3 渐变

4．CSS3 渐变

渐变是网页设计中使用频率较高的一种效果，它可以让元素看起来更有质感。传统的渐变实现方式是图像，而 CSS3 能方便地实现元素的渐变，减少图片下载的时间，同时使用渐变效果的元素会随着浏览器的放大而效果更好。

CSS3 渐变（Gradients）可以实现在两个或多个指定的颜色之间呈现平稳过渡，主要定义了线性渐变和径向渐变两种类型。

1）线性渐变（Linear Gradients）

创建一个线性渐变，需至少定义两种颜色节点，颜色节点用于呈现平稳过渡的颜色。同时，还可以设置一个起点和一个方向（或一个角度）。

（1）方向。线性渐变的方向主要包括向下、向上、向左、向右、对角等方向，如 to bottom、to top、to right、to left、to bottom right 等。

语法如下：

```
background-image: linear-gradient(direction, color-stop1, color-stop2, ...);
```

【示例代码】2-4-6.html：线性渐变（设置方向）。

```
<head>
    <meta charset="utf-8">
    <title></title>
    <style type="text/css">
        .box {
            width: 400px;
            height: 300px;
            border: 1px solid #A52A2A;
            background-image: linear-gradient(to top, red , yellow);
        }
    </style>
</head>
<body>
```

```
        <div class="box"></div>
    </body>
```

该示例实现了方向由下到上、颜色由红色到黄色的线性渐变。效果如图 2-4-17 所示。

（2）角度。如果想要在渐变的方向上做更多的控制，可以定义角度，而不用预定义方向。语法如下：

```
background-image: linear-gradient(angle, color-stop1, color-stop2);
```

角度对应方向如图 2-4-18 所示。

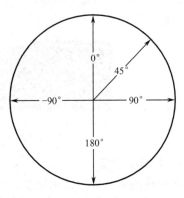

图 2-4-17　线性渐变（设置方向）效果图　　　　图 2-4-18　角度对应方向

【示例代码】2-4-7.html：线性渐变（设置角度）。

```
<head>
    <meta charset="utf-8">
    <title></title>
    <style type="text/css">
        .box {
            width: 400px;
            height: 300px;
            border: 1px solid #A52A2A;
            background-image: linear-gradient(45deg, red, yellow, blue);
        }
    </style>
</head>
<body>
        <div class="box"></div>
    </body>
```

该示例实现了角度为左上 45°角，颜色由红色过渡到黄色，再到蓝色的线性渐变。效果如图 2-4-19 所示。

2）径向渐变（Radial Gradients）

要创建一个径向渐变，必须至少定义两种颜色节点，颜色节点是用于呈现平稳过渡的颜色。可以指定渐变的中心、形状（圆形或椭圆形）、大小。默认情况下，渐变的中心是 center（表示在中心点），渐变的形状是 ellipse（表示椭圆形），渐变的大小是 farthest-corner（表示到最远的角落）。

语法如下：

background-image: radial-gradient(shape size at position, start-color, ..., last-color);

【示例代码】2-4-8.html：径向渐变。

```
<!DOCTYPE html>
<html>
    <head>
        <meta charset="utf-8">
        <title></title>
        <style type="text/css">
            .box {
                width: 200px;
                height: 200px;
                border: 1px solid #A52A2A;
                background-image: radial-gradient(circle, red, yellow, green);
            }
        </style>
    </head>
    <body>
        <div class="box"></div>
    </body>
</html>
```

该示例实现了颜色由红色到黄色，再到绿色的径向圆形渐变。效果如图 2-4-20 所示。

图 2-4-19　线性渐变（设置角度）效果图

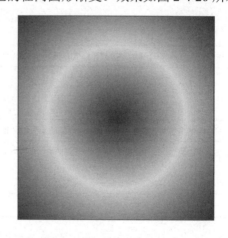

图 2-4-20　径向渐变

 课后习题

课后习题见在线测试 2-4-1。

 能力拓展

（1）运用本任务学习的知识，根据效果图完成产品案例图文混排。

在线测试 2-4-1

任务引导 1：请认真分析以下页面的主体结构，用颜色块画出页面的结构图。

页面效果图：

图 1　默认显示

图 2　鼠标悬停在图片上

结构图：

任务引导 2：在 HBuilderX 中新建一个基本 HTML 项目，新建网页，复制基础样式文件，新建样式表文件，请将目录结构截图。

任务引导 3：在页面中，用 html 标签搭建产品案例图文混排结构，请写出 HTML 代码。

任务引导 4：为产品案例图文混排设计样式，请写出 CSS 样式。（注意："活动 1"文字背景效果应用的是径向渐变。）

任务引导 5：请使用两个以上主流浏览器预览页面最终效果。

页面显示正常 □　　页面无法正常显示 □（哪个浏览器不正常，如何修改？）

（2）运用本任务学习的知识，根据效果图完成竖向二级导航菜单的制作，见能力拓展 2-4-1。

能力拓展 2-4-1

4.2　产品详细信息页面制作

子任务 2 完成三级子页面产品详细页面的制作，包括搭建页面结构、图文内容设计、数据表格设计和相关样式编写。

 能力要求

（1）掌握 HTML 表格和表格属性。

（2）掌握表格的跨行和跨列操作。

（3）掌握嵌套表格的插入。

（4）会使用 CSS 样式设置表格。

学习导览

本任务学习导览如图 2-4-21 所示。

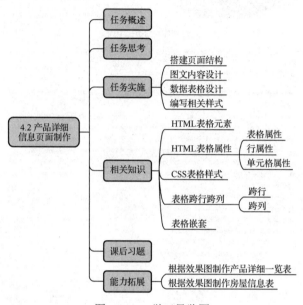

图 2-4-21　学习导览图

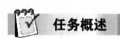
任务概述

本次任务完成三级页面中产品详细信息页面的制作，该页面结构分析图如图 2-4-22 所示，主要包括 3 个模块，上部是产品图片信息介绍，中部是产品详情介绍和规格参数，下部是产品应用场景，完成后效果图如图 2-4-23 所示。

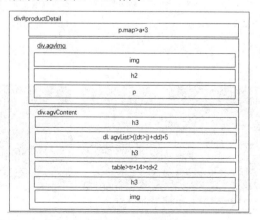

图 2-4-22　产品详细信息页面结构分析图

首页> AGV小车> 双舵轮背负式AGV

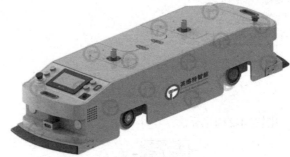

双舵轮背负式AGV

双舵轮AGV，一款重载AGV，可加装顶升平台，运载1500KG到4000KG的物料。由于车体比较大，需要比较大车体空间。

双舵轮背负式AGV/Double Steering Wheel AGV

○双驱双向潜伏牵引式AGV运载能力大，但不适合狭窄的空间运行，通过潜入料车底部升起顶升杆，将料车牵引前行，实现料车周转和物料自动配送。

Double driving towing AGV has a large carrying capacity. It is not suitable for running in a small place. After parking under the cart and rising the lifting rod, it tows the cart to target stops.It can achieve material delivery without workers' help.

○AGV搭载英博特自主研发的控制系统和调度系统，实现多车多任务调度，可与MES、WCS和WMS等系统进行对接。

It carries our Self-developed IB-CCS(Int-Bot Central Control System) and IB-VDS(Int-Bot Vehicle Dispatching System).IB-VDS can dispatch multiple AGVs and tasks, and be integrated with other systems like MES, WCS, WMS and etc.

○终端系统实时查看AGV运行状态，并提供叫车服务。

We can check AGVs' real-time status in IB-VDS client. The client also provides AGV calling service.

○多重安全系统防护，保障AGV运行的安全性。

Multiple protections ensure AGV safely runs.

○车型可以根据实际应用场景定制。

Product type can be customized according to the real application scenario.

规格参数/Specifications

规格型号 Product Model	IB-AGV-TDBM-08
外形尺寸 Product Size	L1900*W420*H335 (可定制 / Customizable)
行走方向 Running Direction	前进、后退、转弯 Forward, Backward, Turning
驱动方式 Driving Mode	差速 Differential
导航方式 Guiding Method	磁导 Magnetic Tape Guidance
行走速度 Running Speed	0-60m/min
运载能力 Carrying Capacity	800kg (可定制 / Customizable)
转弯半径 Turning Radius	≥800mm
导航精度 Navigation Precision	±5mm
爬坡能力 Gradeability	≤3度 / Degrees
供电单元 Power Supply Unit	DC48V, 45AH (可定制 / Customizable)
充电方式 Charging Mode	离线充电 / 在线充电 Offline Charging / Online Charing
安全感应距离 Safe Sensing Distance	<3m(可调 / Adjustable)
安全防护 Safety & Protection	除障传感器、安全防撞条、急停按钮 Avoiding Blocker Sensor, Safrty Anti-collision Bar, Emergency Stop Button

应用场景/Application Scenarios

仓储物流自动化运输系统、生产线柔性运输系统等。
Applied to warehouse logistics, flexible production and transportation and etc.

图 2-4-23　三级页面——产品详细信息页面效果图

任务思考

（1）中部产品详情介绍"双舵轮背负式"内容可以采用哪些方法实现内容布局？

_____

（2）数据表格主要设置了哪些样式？

_____

（3）数据表格隔行显示不同的背景色，可以采用什么方法快速实现？

_____

任务实施

4.2.1　搭建页面结构

（1）在 HBuilderX 软件中，打开 productDetail.html，在 banner 下方新增产品详细信息页面主体内容的结构元素，添加 id 名为 productDetail 的 div，用于放置主体内容；然后添加类名为 map 的 <p>标签，用于放置站点内导航；添加类名为 agvImg 的 div，用于放置产品图片介绍；以及添加类名为 agvContent 的 div，用于放置产品详细信息介绍。HTML 代码如下。

微课：产品详细信息页面结构及内容制作

```
<!-- 产品详细信息页面介绍 -->
<div id="productDetail">
    <p class="map"></p>
    <div class="agvImg"></div>
    <div class="agvContent"></div>
</div>
```

（2）在类名为 map 的 p 标签中添加站点内导航。HTML 代码如下。

```
<p class="map"><a href="index.html">首页</a> > <a href="productCase.html">AGV 小车</a> > <a href="#">双舵轮背负式 AGV</a></p>
```

4.2.2　图文内容设计

（1）在类名为 agvImg 的 div 中添加商品详细信息的图片信息、标题性文字和说明文字，主要用到<img>标签、<h2>标题标签和<p>标签。HTML 代码如下。

```
<div class="agvImg">
    <img src="images/agvSqsxqfs.png" alt="" width="600" height="300">
    <h2>双舵轮背负式 AGV</h2>
    <p>双舵轮 AGV，一款重载 AGV，可加装顶升平台，运载 1500KG 到 4000KG 的物料。由于车
体比较大，需要比较大车体空间。</p>
</div>
```

（2）利用自定义列表添加"双舵轮背负式 AGV"的详细信息介绍，用<h3>标签添加标题介绍，自定义列表添加详细信息介绍，其中自定义列表<dt>标签中用了 Font Awesome 中的图标字体库，先插入<i>标签，样式采用 fa 和 fa-circle-o。HTML 代码如下。

```
<h3>双舵轮背负式 AGV/Double Steering Wheel AGV</h3>
<dl class="agvList">
    <dt><i class="fa fa-circle-o" aria-hidden="true"></i>
```
双驱双向潜伏牵引式 AGV 运载能力大，但不适合狭窄的空间运行。通过潜入料车底部升起顶升杆，将料车牵引前行，实现料车周转和物料自动配送。</dt>
```
    <dd>
        Double driving towing AGV has a large carrying capacity. It is not suitable for running in a small
```
place…
```
    </dd>
    <dt><i class="fa fa-circle-o" aria-hidden="true"></i> AGV 搭载英博特自主研发的控制系统和调度
```
系统，实现多车多任务调度，可与 MES、WCS 和 WMS 等系统进行对接。</dt>
```
    <dd>
        It carries our Self-developed IB-CCS(Int-Bot Central Control System ) and IB-VDS(Int-Bot
```
Vehicle…
```
    </dd>
    <dt><i class="fa fa-circle-o" aria-hidden="true"></i> 终端系统实时查看 AGV 运行状态，并提供叫
```
车服务。</dt>
```
    <dd>
        We can check AGVs' real-time status in IB-VDS client. The client also provides AGV calling
```
service.
```
    </dd>
    <dt><i class="fa fa-circle-o" aria-hidden="true"></i> 多重安全系统防护,保障 AGV 运行的安全性。
</dt>
    <dd>
        Multiple protections ensure AGV safely runs.
    </dd>
    <dt><i class="fa fa-circle-o" aria-hidden="true"></i> 车型可以根据实际应用场景定制。</dt>
    <dd>
        Product type can be customized according to the real application scenario.
    </dd>
</dl>
```

在<head>中引用 font-awesome.min.css 样式表文件，否则无法使用 Font Awesome 图标字体库。

```
<link rel="stylesheet" type="text/css" href="font/font-awesome/css/font-awesome.min.css" />
```

4.2.3 数据表格设计

（1）利用表格添加"双舵轮背负式 AGV"的规格信息，通过<table>（表格）、<tr>（行）、<td>（单元格）标签来组织表格内容。HTML 代码如下。

```
<h3>规格参数/Specifications</h3>
<table border="" cellspacing="" cellpadding="">
    <tr>
        <td>规格型号<br>Product Model</td>
        <td>IB-AGV-TDBM-08</td>
    </tr>
```

```
<tr>
        <td>外形尺寸<br>Product Size</td>
        <td>L1900*W420*H335 (可定制 / Customizable)</td>
</tr>
<tr>

        <td>行走方向<br>Running Direction</td>
        <td>前进、后退、转弯<br>Forward, Backward, Turning</td>
</tr>
<tr>

        <td>驱动方式<br>Driving Mode</td>
        <td>差速<br>Differential</td>
 </tr>
<tr>

        <td>导航方式<br>Guiding Method</th>
        <td>磁条<br>Magnetic Tape Guidance</td>
</tr>
<tr>

        <td>行驶速度<br>Running Speed</td>
        <td>0-60m/min</td>
</tr>
<tr>

        <td>运载能力<br>Carrying Capacity</th>
        <td>800kg (可定制 / Customizable)</td>
</tr>
<tr>

        <td>转弯半径<br>Turning Radius</td>
        <td>≥800mm</td>
</tr>
<tr>

        <td>导航精度<br>Navigation Precision</td>
        <td>±5mm</td>
</tr>
<tr>

        <td>爬坡能力<br>Gradeability</td>
        <td>≤3 度 / Degrees</td>
</tr>
<tr>

        <td>供电单元<br>Power Supply Unit</td>
        <td>DC48V, 45AH (可定制 / Customizable)</td>
</tr>
<tr>

        <td>充电方式<br>Charging Mode</td>
        <td>离线充电 / 在线充电<br>Offline Charging / Online Charing</td>
</tr>
```

```
    <tr>
        <td>安全感应距离<br>Safe Sensing Distance</td>
        <td>≤3m(可调 / Adjustable)</td>
    </tr>
    <tr>
        <td>安全防护<br>Safety & Protection</td>
        <td>障碍传感器、安全防撞条、急停按钮<br>
Avoiding Blocker Sensor, Safety Anti-collision Bar, Emergency Stop Button</td>
    </tr>
</table>
```

（2）添加"双舵轮背负式 AGV"应用场景图片，<h3>标签添加标题，<img>标签添加图片。HTML 代码如下。

```
<h3>应用场景/Application Scenarios</h3>
<img src="images/apps1.png" width="900px">
```

4.2.4 编写相关样式

（1）在 HBuilderX 软件中，打开 sub.css 文件，设置 productDetail 的样式，设置宽度为 1180px，水平居中，上外边距为 20px，字体大小为 16px，字体颜色为#708090。CSS 代码如下。

微课：产品信息详细
页面样式设计

```
#productDetail {width: 1180px;margin: 0 auto;margin-top: 20px;font-size: 16px;
        color: #708090; }
```

（2）设置站点内导航和标题样式。设置 p 标签为左对齐，行高和高度设为 50px。a 标签字体颜色为#27408b，大小为 14px，内边距为 8px。CSS 代码如下。

```
#productDetail p.map {text-align: left; height: 50px; line-height: 50px;}
#productDetail p a {color: #27408b; font-size: 14px;padding: 8px;}
```

（3）设置商品详细信息的图片信息样式。设置类名为 agvImg 的 div 内容水平居中对齐，设置 h2 和 p 标签的高度和行高均为 50px。CSS 代码如下。

```
#productDetail .agvImg {text-align: center;}
#productDetail .agvImg h2,
#productDetail .agvImg p {height: 50px; line-height: 50px;}
```

（4）设置类名为 agvContent 样式。宽度设为 70%，水平居中。设置 h3 标题标签颜色为#fec502，上、右、下、左外边距分别为 20px、0、30px、0。CSS 代码如下。

```
#productDetail .agvContent {width: 70%; margin: 0 auto;}
#productDetail h3 {color: #fec502;margin: 20px 0 30px 0;}
```

（5）设置自定义列表的相关样式。设置 dt 标签的字体加粗，字体大小为 14px，颜色为#8b8989，行高为 30px。设置图标字体 i 标签的颜色为#fec502，设置 dd 图标的颜色为#8b8989，行高为 30px。CSS 代码如下。

```
#productDetail .agvList dt {font-weight: bold;font-size: 14px;color: #8b8989; line-height: 30px; }
#productDetail .agvList dt i {color: #fec502;}
#productDetail .agvList dd {color: #8B8989;   line-height: 30px;}
```

（6）设置表格、行和单元格的基础样式。设置表格的宽度为 100%，边框线宽度为 1px，颜色为#cbcbcb 的实线边框，并且设置为合并边框线，字体大小为 14px。设置单元格宽度为

1px，颜色为#cbcbcb 的实线边框，高度为 40px，行高为 20px。CSS 代码如下。

```
#productDetail .agvContent table {width: 100%;border-collapse: collapse; border: 1px solid #cbcbcb; font-size: 14px; }

#productDetail .agvContent table td {border: 1px solid #cbcbcb;height: 40px; line-height: 20px; }
```

（7）利用:nth-child()选择器设置表格第 1 列的宽度为 20%，文本居中对齐。设置表格第 2 列左内边距为 50px。利用:nth-child (odd)选择器设置奇数行背景色为#f5f5f5，利用: nth-child (even)选择器设置偶数行背景色为#fffafa。设置图片宽度为 100%。CSS 代码如下。完成后的最终效果如图 2-4-23 所示。

```
#productDetail .agvContent table td:nth-child(1) {width: 20%; text-align: center;}
#productDetail .agvContent table td:nth-child(2) {padding-left: 50px;}
#productDetail .agvContent table tr:nth-child (odd) {background-color: #f5f5f5;}
#productDetail .agvContent table tr:nth-child (even) {background-color: #fffafa;}
#productDetail .agvContent img {width: 100%;}
```

 相关知识

1．HTML 表格元素

常用表格标签包括<table>（表格）标签、<tr>（表格行）标签、<th>（表头）标签和<td>（表格单元格）标签，它们组成了 HTML 的基本表格结构。更复杂的 HTML 表格也可以包括 caption、col、colgroup、thead、tfoot 及 tbody 元素。

【示例代码】2-4-9.html：表格应用。

```
<table class="coreValues">
        <caption>社会主义核心价值观</caption>
        <tr>
                <th>个人层面</th>
                <th>社会层面</th>
                <th>国家层面</th>
        </tr>
        <tr>
                <td>爱国</td>
                <td>自由</td>
                <td>富强</td>

        </tr>
        <tr>
                <td>敬业</td>
                <td>平等</td>
                <td>民主</td>

        </tr>
        <tr>
                <td>诚信</td>
                <td>公正</td>
```

```
                        <td>文明</td>


                    </tr>
                    <tr>

                        <td>友善</td>
                        <td>法治</td>
                        <td>和谐</td>

                    </tr>
                </table>
```

图 2-4-24　5 行 3 列表格效果

该示例插入了一个 5 行 3 列的表格，效果如图 2-4-24 所示。

2. HTML 表格属性

1）表格属性

<table>标签的常用属性如表 2-4-6 所示，其中 width、border、cellspacing 和 cellpadding 属性的度量单位有两种，即百分数和像素。当使用百分数作为单位时，其值为相对于上一级元素宽度的百分数，并用符号%表示，它不是一个固定值。以像素为单位时，宽度固定，但网页显示其宽度时取决于用户显示器的尺寸，例如，一个 600 像素的表格在宽度为 1024 像素的显示器中就会比在宽度为 1280 像素的显示器中显得大一些。

表 2-4-6　<table>标签常用属性

属 性 名	意 义
width	表格宽度（百分数或像素）
border	表格线宽度（百分数或像素）
cellspacing	表格单元格边距（百分数或像素）
cellpadding	表格单元格间距（百分数或像素）

2）行、单元格属性

<tr>标签的常用属性如表 2-4-7 所示，<th>和<td>标签的常用属性如表 2-4-8 所示。这些标签都有 align 和 valign 属性。如果在<th>和<td>标签中不设置 align 和 valign 属性，默认情况下，<th>标签在水平和垂直方向上都为居中对齐，加粗显示；<td>标签的水平方向上为左对齐，在垂直方向上为居中对齐。

表 2-4-7　<tr>标签常用属性

属 性 名	意 义
align	行元素中所包含元素的水平对齐方式，常用值为 left、center 和 right
valign	行元素中所包含元素的垂直对齐方式，常用值为 top、middle 和 bottom

表 2-4-8　\<th>和\<td>标签常用属性

属 性 名	意 义
colspan	列方向合并
rowspan	行方向合并
align	水平对齐方式，常用值为 left、center 和 right
valign	垂直对齐方式，常用值为 top、middle 和 bottom

align 和 valign 属性主要用于表格排版，而按照 HTML5 设计原则，网页的布局应尽量通过 CSS 来实现，而不是通过元素的属性设置来实现，所以应尽量避免用这些属性来排版网页。

微课：CSS 表格样式

3．CSS 表格样式

可以使用 CSS 表格属性改善表格的外观。CSS 常用表格属性如表 2-4-9 所示。

表 2-4-9　CSS 常用表格属性

属 性	描 述
border	用于设置表格边框的属性
padding	用于设置表格单元格的边框和单元格内容之间的空间量，可以提高表格的可读性
text-align	用于改变文本和字体的属性
vertical-align	用于将文本对齐到单元格的上部、中间或底部
width	用于设置表格或单元格的宽度
height	用于设置单元格的高度（通常也用于设置行的高度）
background-color	用于改变表格或单元格背景颜色
background-image	用于为表格或单元格的背景添加一幅图像
border-collapse	设置是否把表格边框合并为单一的边框。collapse：水平边框折叠，垂直边框互相邻接。separate：遵守独立的规则

结合前面所学的 CSS 样式属性，对图 2-4-24 的表格进行美化。

（1）设置表格 table 样式。设置表格宽度为 600px，表格居中，表格内容水平居中，单元格间距 border-spacing 为 4px。

（2）设置标题 caption 样式。设置标题字体大小为 30px，加粗。

（3）设置单元格 th、td 样式。设置 th 的高度为 50px，背景色为#6179ac，字体颜色为白色，大小为 20px。设置 td 的高度为 40px，背景色为红色，字体颜色为白色，大小为 16px。鼠标悬停在单元格 td 上显示背景色为#dc143c。CSS 代码如下。

```
<style type="text/css">
        table.coreValues{width: 600px; margin:0 auto;text-align: center;    border-spacing:4px; }
        table.coreValues caption{font-size: 30px;font-weight: bold;}
        table.coreValues th{height:50px;background-color:#6179ac;color:#fff; font-size: 20px; }
        table.coreValues td{height:40px;background-color:red;color:#fff; font-size: 16px; }
        table.coreValues td:hover{background-color:#ffffff;color:#000000;}
    </style>
```

效果图如图 2-4-25 所示，右图是鼠标悬停在"平等"单元格上时的样式。

社会主义核心价值观		
个人层面	社会层面	国家层面
爱国	自由	富强
敬业	平等	民主
诚信	公正	文明
友善	法治	和谐

社会主义核心价值观		
个人层面	社会层面	国家层面
爱国	自由	富强
敬业	平等	民主
诚信	公正	文明
友善	法治	和谐

图 2-4-25　表格样式效果图

4．表格跨行跨列

1）跨行

跨行是指一个单元格占据两行或两行以上。使用<td>标签的 rowspan 属性来实现单元格的跨行操作。

【示例代码】2-4-10.html：跨行。

```
<table border="1">
    <tr>
        <td rowspan="2">行 1-2，列 1</td>
        <td>行 1，列 2</td>
    </tr>
    <tr>
        <td>行 2，列 2</td>
    </tr>
</table>
```

效果图如图 2-4-26 所示。

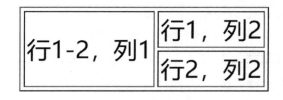

图 2-4-26　跨行操作效果图

2）跨列

跨列是指一个单元格占据两列或两列以上。一般使用<td>标签的 colspan 属性来实现单元格跨列操作。

注意：在同一个表格中，可以同时使用跨行、跨列。但在使用跨行、跨列时，要计算好，同一个单元格不能出现既跨行、又跨列的情况。

【示例代码】2-4-11.html：跨列。

```
<table border="1">
    <tr>
        <td colspan="2">行 1，列 1-2</td>
    </tr>
    <tr>
```

```
            <td>行 2，列 1</td>
            <td>行 2，列 2</td>
        </tr>
    </table>
```

效果图如图 2-4-27 所示。

图 2-4-27　跨列操作效果图

5．表格嵌套

在一个大的表格中，再嵌进去一个或几个小的表格称作表格的嵌套，即在单元格<th>或<td>中再插入一个或多个新的表格。

【示例代码】2-4-12.html：表格嵌套。

```
<table border="1" align="center">
        <caption>近 3 届奥运会中国奖牌数</caption>
        <tr>
            <th>2019</th>
            <th>2016</th>
            <th>2021</th>
        </tr>
        <tr>
            <td>
                <table border="1">
                    <tr>
                        <td>金牌</td>
                        <td>银牌</td>
                        <td>铜牌</td>
                    </tr>
                    <tr>
                        <td>38</td>
                        <td>27</td>
                        <td>23</td>
                    </tr>
                </table>
            </td>
            <td>
                <table border="1">
                    <tr>
                        <td>金牌</td>
                        <td>银牌</td>
                        <td>铜牌</td>
```

```
                        </tr>
                        <tr>
                            <td>26</td>
                            <td>18</td>
                            <td>26</td>
                        </tr>
                    </table>
                </td>
                <td>
                    <table border="1">
                        <tr>
                            <td>金牌</td>
                            <td>银牌</td>
                            <td>铜牌</td>
                        </tr>
                        <tr>
                            <td>33</td>
                            <td>11</td>
                            <td>22</td>
                        </tr>
                    </table>
                </td>
            </tr>
        </table>
```

效果图如图 2-4-28 所示。

近3届奥运会中国奖牌数

2019			2016			2021		
金牌	银牌	铜牌	金牌	银牌	铜牌	金牌	银牌	铜牌
38	27	23	26	18	26	33	11	22

图 2-4-28　表格嵌套效果图

 课后习题

课后习题见在线测试 2-4-2。

 能力拓展

（1）运用本任务学习的知识，根据效果图制作产品详情一览表。

在线测试 2-4-2

任务引导 1：请认真分析以下产品详情一览表，用颜色块画出结构图。

页面效果图：

产品详情一览表

编号	商品图片	商品信息	商品详情	商品单价	库存
1		华为HUAWEI MatePad 11	2021款120Hz高刷全面屏 鸿蒙 HarmonyOS 影音娱乐办公学习 平板电脑8+128GB WIFI曜石灰	￥2999.00	3000
2		华为笔记本电脑MateBook X Pro	2022 14.2英寸11代酷睿i7 16G 512G锐炬显卡/3.1K触控全面屏/超级终端 深空灰	￥10499.00	4000
3		华为笔记本电脑MateBook X Pro	2022 14.2英寸11代酷睿i7 16G 512G锐炬显卡/3.1K触控全面屏/超级终端 深空灰	￥10199.00	5000

结构图：

任务引导 2：在 HBuilderX 中新建一个基本 HTML 项目，新建网页，复制基础样式文件 reset.css，新建样式表文件，请将目录结构截图。

任务引导 3：在页面中，用 html 标签搭建表格结构，请写出 HTML 代码。

任务引导 4：根据效果图，分析表格样式，请写出 CSS 样式。

任务引导 5：请使用两个以上主流浏览器预览页面最终效果。

页面显示正常 □　　页面无法正常显示 □（哪个浏览器不正常，如何修改？）

（2）运用本任务学习的知识，根据效果图制作房屋信息表，见能力拓展 2-4-2。

能力拓展 2-4-2

4.3 应用场景详细信息页面制作

子任务 3 完成三级页面应用场景详细信息页面的制作，该页面插入多媒体元素，主要包括搭建页面结构和音视频的插入两部分。

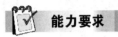

（1）能在网页中添加音频、视频等多媒体文件。
（2）熟悉 video 标签的相关属性。
（3）熟悉 audio 标签的相关属性。

本任务学习导览如图 2-4-29 所示。

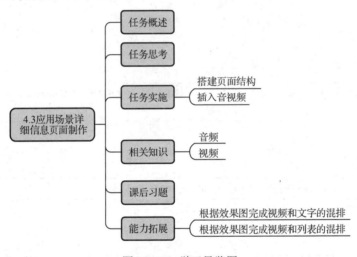

图 2-4-29　学习导览图

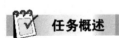

本次任务完成音频和视频的插入，该模块结构分析图如图 2-4-30 所示，主要包含上、下两部分，上部插入视频，下部插入音频，页头布局为二列居中布局，完成后效果图如图 2-4-31 所示。

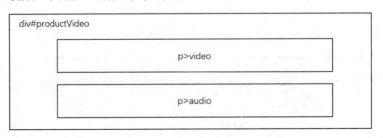

图 2-4-30　应用场景详细信息页面结构分析图

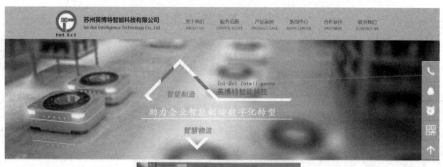

图 2-4-31　三级页面应用场景详细信息页面效果图

微课：应用场景详
细信息页面制作

 任务思考

（1）网页中常见的多媒体元素有哪些？

（2）常见的音频和视频格式有哪些？

（3）HTML5 标签中新增的音频、视频标签是什么？该如何使用？

 任务实施

4.3.1　搭建页面结构

在 HBuilderX 软件中，打开 productVideo.html，在 banner 下方添加应用场景详细信息页面主体内容的结构元素，添加 id 名为 productVideo 的\<div\>标签，用于放置多媒体信息。添加两个\<p\>标签和一个\<br\>标签分别用于放置视频和音频文件。HTML 代码如下。

```
<!-- 应用场景详细信息 -->
<div id="productVideo">
        <p></p>
        <br>
        <p></p>
</div>
```

 4.3.2　插入音视频

（1）在第一个\<p\>标签的\<video\>标签内放置视频文件，宽度为 40%，显示播放条。第 2 个\<p\>标签的\<audio\>标签内放置音频文件，显示播放条。HTML 代码如下。

```
<p>
        <video width="40%" controls>
                <source src="media/introduce.mp4" type="video/mp4">
        </video>
</p>
<br>
<p>
        <audio autoplay controls>
                <source src="media/bgmusic.mp3">
                        您的浏览器不支持 audio 元素。
        </audio>
</p>
```

（2）在 HBuilderX 软件中，打开 sub.css 文件，设置 productVideo 样式，设置宽度为 1180px，水平居中，上外边距为 10px。CSS 代码如下。完成后的最终效果如图 2-4-31 所示。

```
/* 产品视频 */
#productVideo{width: 1180px;margin: 10px auto;text-align: center;}
```

相关知识

微课：音频及视频

如今的网站呈现出多元化的趋势，仅有文本和图片已不能满足人们的需求，插入合适的多媒体元素，如视频、音频等，能够丰富网站的内容呈现。

1. 音频

声音能极好地烘托网页页面的氛围，网页中常见的声音格式有 WAV、MP3、MIDI、AIF、RA 或 Real Audio 格式。HTML5 规定了在网页上嵌入音频元素的标准，即使用 audio 元素。目前 audio 元素支持 3 种音频格式文件：MP3、Wav 和 Ogg。

【示例代码】2-4-13.html：插入音频。

```
<audio controls>
    <source src="horse.ogg" type="audio/ogg">
    <source src="horse.mp3" type="audio/mpeg">
            您的浏览器不支持 audio 元素。
</audio>
```

效果图如图 2-4-32 所示。

audio 元素允许使用多个 source 元素，source 元素可以链接不同的音频文件，浏览器将使用第一个可识别的格式。<audio>标签提供了许多属性，如表 2-4-10 所示。

图 2-4-32　插入音频效果图

表 2-4-10　audio 属性

属　　性	值	描　　述
autoplay	autoplay	音频在就绪后马上播放
controls	controls	向用户显示音频控件（如播放/暂停按钮）
loop	loop	每当音频结束时重新开始播放，循环播放
muted	muted	音频输出为静音
preload	Auto Metadata none	规定当网页加载时，音频是否默认被加载，以及如何被加载
src	URL	规定音频文件的 URL

audio 支持的音频格式如表 2-4-11 所示。

表 2-4-11　音频格式类型

Format	MIME-type
MP3	audio/mpeg
Ogg	audio/ogg
Wav	audio/wav

2．视频

video 元素用于定义视频，如电影片段或其他视频流。目前，video 元素支持三种视频格式：MP4、WebM、Ogg。video 元素允许使用多个 source 元素，source 元素可以链接不同的视频文件，浏览器将使用第一个可识别的格式。<video>标签还提供了许多属性，如表 2-4-12 所示。

表 2-4-12　video 属性

属　　性	值	描　　述
autoplay	autoplay	视频就绪自动播放
controls	controls	向用户显示播放控件
width	pixels（像素）	设置播放器宽度
height	pixels（像素）	设置播放器高度
Loop	loop	播放完是否重新开始播放该视频，循环播放
preload	preload	是否等加载完再播放

【示例代码】2-4-14.html：插入视频。

```
<video width="320" height="240" controls>
```

```
        <source src="media/introduce.mp4" type="video/mp4">
        <source src="media/introduce.ogg" type="video/ogg">
        您的浏览器不支持 video 标签。
</video>
```

video 支持的视频格式如表 2-4-13 所示。

表 2-4-13　视频格式类型

Format	MIME-type
MP4	video/mp4
WebM	video/webm
Ogg	video/ogg

课后习题

课后习题见在线测试 2-4-3。

能力拓展

在线测试 2-4-3

（1）运用本任务学习的知识，根据效果图完成视频和文字的混排。

任务引导 1：请认真分析苏州企优托公司情况简介效果图，用颜色块画出结构图。

页面效果图：

结构图：

任务引导 2：在 HBuilderX 中新建一个基本 HTML 项目，新建网页，复制基础样式文件 reset.css，新建样式表文件，请将目录结构截图。

任务引导 3：在页面中，用 html 标签搭建页面中视频和文字的结构，请写出 HTML 代码。

续表

任务引导 4：根据效果图，分析视频和文字混排样式，请写出 CSS 样式。
任务引导 5：请使用两个以上主流浏览器预览页面最终效果。
页面显示正常 □　　页面无法正常显示 □（哪个浏览器不正常，如何修改？）

（2）运用本任务学习的知识，根据效果图完成视频和列表的混排，见能力拓展 2-4-3。

能力拓展 2-4-3

4.4　留言页面制作

子任务 4 完成二级子页面留言页面的制作，包括搭建页面结构、插入表单元素、设置表单样式。

微课：留言页面制作

 能力要求

（1）了解表单功能，能够快速创建表单。
（2）掌握表单相关元素，能够准确定义不同的表单控件。
（3）掌握表单样式的控制，能够美化表单界面。

学习导览

本任务学习导览如图 2-4-33 所示。

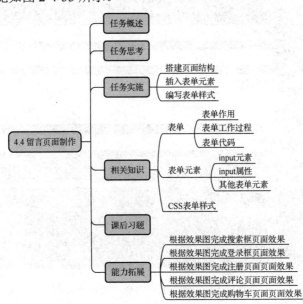

图 2-4-33　学习导览图

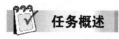

任务概述

子任务 4 完成二级子页面留言页面的制作，包括搭建页面结构、插入表单元素、设置表单样式。留言页面主要用到文本字段、电子邮件、多行文本框、下拉列表框、提交按钮等表单元素，结构分析图如图 2-4-34 所示，完成后效果图如图 2-4-35 所示。

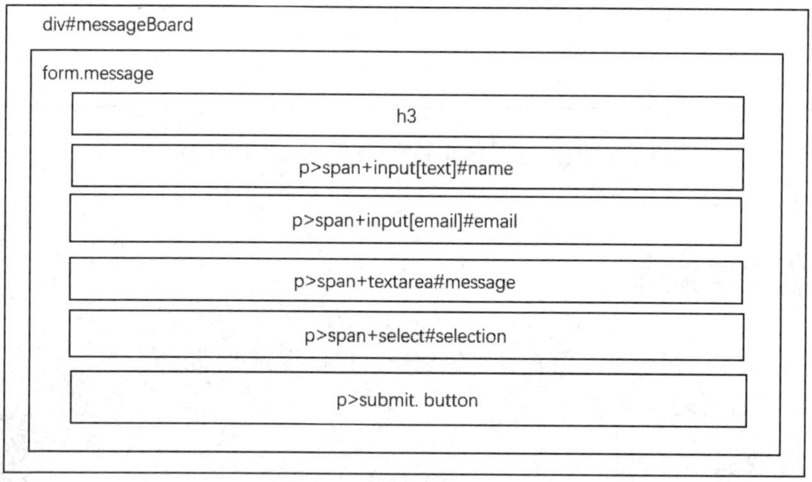

```
div#messageBoard

  form.message

    ┌──────────────────────────────────────────────┐
    │                      h3                        │
    ├──────────────────────────────────────────────┤
    │         p>span+input[text]#name                │
    ├──────────────────────────────────────────────┤
    │         p>span+input[email]#email              │
    ├──────────────────────────────────────────────┤
    │         p>span+textarea#message                │
    ├──────────────────────────────────────────────┤
    │         p>span+select#selection                │
    ├──────────────────────────────────────────────┤
    │              p>submit. button                  │
    └──────────────────────────────────────────────┘
```

图 2-4-34　留言页面结构分析图

图 2-4-35　二级页面留言页面制作效果图

任务思考

（1）表单在网站中的作用是什么？工作过程是怎样的？

_____

（2）表单元素主要分成哪些类型？常用的表单元素和表单属性有哪些？

_____

（3）表单经常设置的样式有哪些？

_____

任务实施

4.4.1　搭建页面结构

在 HBuilderX 软件中，打开 messageBoard.html，在 banner 下方新增留言信息页面主体内容的结构元素，添加 id 名为 messageBoard 的<div>标签，用于放置主体内容。用<form>标签创建表单域，表单提交方式为 post 方式，表单类名定义为 message，再添加 1 个<h3>标题标签、5 个<p>标签和 4 个<span>标签用来放置表单内容。HTML 代码如下。

```
<div id="messageBoard">
    <form action="" method="post" class="message">
        <h3></h3>
        <p><span></span></p>
        <p><span></span></p>
        <p><span></span></p>
        <p><span></span></p>
        <p></p>
    </form>
</div>
```

4.4.2　插入表单元素

添加标题、提示信息和表单元素。在<h3>标签内添加相关文字信息。在第 1 个<p>标签内添加文本框控件，id 名为 name，设置文本框提示信息和 name 属性值，设为必填字段。在第 2 个<p>标签内添加电子邮箱控件，id 名为 email，设置输入提示信息和 name 属性值。在第 3 个<p>标签内添加多行文本框控件，id 名为 message，设置输入提示信息和 name 属性值。在第 4 个<p>标签内添加下拉列表框控件，设置输入提示信息和 name 属性值，添加 3 个<option>选项。在第 5 个<p>标签内添加提交按钮，设置 value 值，添加名为 button 的类。HTML 代码如下。

```
<form action="" method="post" class="message">
    <h3>请填写您的留言信息</h3>
    <p><span>您的尊称:</span>
    <input id="name" type="text" name="name" placeholder="输入您的全名" required/>
    </p>
```

```html
    <p><span>电子邮箱:</span>
    <input id="email" type="email" name="email" placeholder="输入您的邮箱" /></p>
    <p><span>留言信息:</span>
        <textarea id="message" name="message" placeholder="您的留言信息">
        </textarea>
    </p>
    <p><span>留言主题</span>
        <select name="selection">
            <option value="Job Inquiry">求职</option>
            <option value="Job Inquiry">招商</option>
            <option value="General Question">业务咨询</option>
        </select>
    </p>
    <p><input type="submit" class="button" value="提交" /></p>
</form>
```

4.4.3 编写表单样式

（1）设置表单域 message 的样式。设置宽度为 1000px，居中对齐，上、下外边距为 10px，无边框，圆角边框半径为 5px，下内边距为 20px，背景色为#555，字体为 12px 的微软雅黑，字体颜色为#d3d3d3，文本阴影为水平偏移 1px，垂直偏移 1px，模糊距离为 1px，阴影颜色为黑色。CSS 代码如下。

```css
/* 留言板 */
.message {
    width: 1000px;
    margin: 10px auto;
    border: none;
    border-radius: 5px;
    padding-bottom: 20px;
    background: #555;
    font: 12px "微软雅黑";
    color: #d3d3d3;
    text-shadow: 1px 1px 1px #000;
}
```

（2）设置 h3 标题和 p 段落样式。设置 h3 标题字体大小为 20px，字体颜色为白色，外边距为 0，内边距为 20px，设置 1px 的白色实线下边框，文本水平居中对齐。设置 p 标签左外边距为 5px，其余为 0，文本水平居中对齐。CSS 代码如下。

```css
.message h3 {
    font-size: 20px;
    color: #fff;
    margin: 0;
    padding: 20px;
    border-bottom: 1px solid #fff;
    text-align: center;
}
```

```
}
.message p {margin: 0px 0px 5px;text-align: center;}
```

（3）设置 span 标签相关样式。设置字体加粗，颜色为白色，字体大小为 14px，宽度为 20%，浮动到左侧，文本水平右对齐，右内边距为 10px，上外边距为 10px。CSS 代码如下。

```
.message p>span {
        font-weight: bold;
        color: #fff;
        font-size: 14px;
        width: 20%;
        float: left;
        text-align: right;
        padding-right: 10px;
        margin-top: 10px;
}
```

（4）利用属性选择器设置文本框、电子邮箱控件，利用标签选择器设置多行文本框和下拉列表框的样式。设置宽度为 70%，无边框，字体颜色为#525252，高度和行高均为 25px，无外轮廓。设置背景颜色为白色，上、右、下、左内边距分别为 5px、0、5px、5px，上、右、下、左外边距分别为 5px、6px、10px、0。设置盒子阴影，水平偏移为 0，垂直偏移为 1px，模糊距离为 1px，阴影颜色为 rgba(0, 0, 0, 0.075)，内侧阴影。CSS 代码如下。

```
.message input[type="text"],
.message input[type="email"],
.message textarea,
.message select {
        width: 70%;
        border: none;
        color: #525252;
        height: 25px;
        line-height: 25px;
        border-radius: 2px;
        outline:none;
        background: #fff;
        padding: 5px 0px 5px 5px;
        margin: 5px 6px 10px 0;
        box-shadow: 0 1px 1px rgba(0, 0, 0, 0.075) inset;
}
```

（5）设置下拉列表框的高度为 35px，多行文本框的高度为 100px。CSS 代码如下。

```
.message select {height: 35px;}
.message textarea {height: 100px;}
```

（6）设置提交按钮的样式。设置字体颜色为#585858，宽度为 200px，背景颜色为#ffcc02，无边框，上、下内边距为 10px，左、右内边距为 25px，字体加粗。设置按钮为行内块级元素，文本内容水平居中对齐，圆角半径为 4px。设置文本阴影为水平偏移 1px，垂直偏移 1px，模糊距离为 1px，阴影颜色为#ffe477。设置盒子阴影，水平偏移为 0，垂直偏移为 1px，模糊距离为 1px，阴影颜色为#3d3d3d。设置鼠标悬停在按钮时，字体颜色为#333，背景颜色为#ebebeb。CSS 代码如下。完成后的最终效果如图 2-4-35 所示。

```css
.message .button {
    color: #585858;
    width: 200px;
    background: #ffcc02;
    border: none;
    padding: 10px 25px;
    font-weight: bold;
    display: inline-block;
    text-align: center;
    border-radius: 4px;
    -moz-border-radius: 4px;
    -webkit-border-radius: 4px;
    text-shadow: 1px 1px 1px #ffe477;
    box-shadow: 1px 1px 1px #3d3d3d;
    -webkit-box-shadow: 1px 1px 1px #3d3d3d;
    -moz-box-shadow: 1px 1px 1px #3d3d3d;
}
.message .button:hover {color: #333;background-color: #ebebeb;}
```

 相关知识

 微课：表单及表单元素

1．表单

1）表单作用

表单（form）用于收集用户输入的信息，然后将用户输入的信息提交到 action 属性所表示的程序文件中进行处理。表单有很多应用，如登录、注册、调查问卷、用户订单等。

表单是一个包含表单元素的区域，允许用户在表单中输入内容。表单元素有文本域、下拉列表、单选框、复选框等。

2）表单工作过程

① 浏览者在浏览有表单的页面时，可填写必要的信息，然后单击"提交"按钮。

② 这些信息通过 Internet 传送到服务器上。

③ 服务器上有专门的程序对这些数据进行处理，如果有错误返回错误信息，并要求纠正错误。

④ 当数据完整无误后，服务器反馈一个输入完成信息。

3）表单代码

<form>与</form>标签之间的表单控件是由用户自定义的，action、method 为<form>标签的常用属性。

```
<form action="url 地址" method="提交方式" name="表单名称">
        各种表单控件
</form>
```

表单常用属性如表 2-4-14 所示。

表 2-4-14 表单常用属性

属　　性	说　　明
action	用于指定接收并处理表单数据的服务器程序的 URL 地址
method	用于设置表单数据的提交方式，其取值为 get 或 post
name	用于指定表单的名称，以区分同一个页面中的多个表单
autocomplete	用于指定表单是否有自动完成功能
novalidate	用于指定在提交表单时取消对表单进行有效的检查

2. 表单元素

1）input 元素

（1）文本字段（input type="text/password"）。文本字段可接受任何类型的字母数字项，输入的文本可以显示为单行文本框或密码框。其语法格式如下：

```
<input type="text" name="textfield" id="textfield" />
<input type=" password" name="textfield" id="textfield" />
```

（2）复选框（input type="checkbox"）。复选框允许在一组选项中选择多项，用户可以选择任意多个适用的选项。其语法格式如下：

```
<input type="checkbox" name="checkbox" id="checkbox" />
```

（3）单选按钮（input type="radio"）。单选按钮代表互相排斥的选择，选择一组中的某个按钮，就会取消选择该组中的所有其他按钮，例如，用户可以选择"是"或"否"按钮。其语法格式如下：

```
<input type="radio" name="radio" id="radio" value="radio" />
```

（4）图像域（input type="image"）。图像域使用户可以在表单中插入图像，可以使用图像域替换"提交"按钮，以生成图形化按钮。其语法格式如下：

```
<input type="image" name="imageField" id="imageField" src="images/1-1.png">
```

（5）文件域（input type="file"）。文件域在文档中插入空白文本域和"浏览"按钮，使用户可以浏览其硬盘上的文件，并将这些文件作为表单数据上传。其语法格式如下：

```
<input type="file" name="fileField" id="fileField">
```

（6）按钮（input type="submit/reset"）。按钮在单击时执行任务，如提交或重置表单。可以为按钮添加自定义名称或标签，或者使用预定义的"提交"或"重置"标签之一。其语法格式如下：

```
<input type="submit" name="button" id="button" value="提交">
<input type="reset" name="button" id="button" value="重置">
```

（7）电子邮件（input type=" email "）。电子邮件是一种专门用于输入 E-mail 地址的文本输入框，用来验证"email"输入框的内容是否符合 E-mail 邮件地址格式。如果不符合，将提示相应错误信息。

```
<input type="email" />
```

（8）url 地址（input type="tel"）。url 类型的 input 元素是一种用于输入 URL 地址的文本框。

```
<input name="url" type="url" />
```

（9）电话号码（input type="tel"）。tel 类型的 input 元素用于提供输入电话号码的文本框，通常会和 pattern 属性配合使用。

```
<input type="tel" name="telephone" pattern="^\d{11}$"/>
```

（10）搜索框（input type="search"）。search 类型的 input 元素是一种专门用于输入搜索关键词的文本框，它能自动记录一些字符。右侧会附带一个删除图标，单击这个图标按钮可以快速清除内容。

```
<input type="search" name="searchtxt"/>
```

（11）颜色框（input type="color"）。color 类型的 input 元素用于提供设置颜色的文本框，实现 RGB 颜色的输入，可以通过 value 属性值更改默认颜色。

```
<input type="color" name="colorbox" value="#00ff00"/>
```

（12）数值框（input type=" number "）。number 类型的 input 元素用于提供输入数值的文本框。在提交表单时，会自动检查输入框中的内容是否为数字，如果不是数字或者数字不在限定范围内，则会出现错误提示。

```
<input type="number" name="number1" value="1" min="1" max="20" step="4"/>
```

（13）滑动条（input type=" range "）。range 类型的 input 元素用于提供一定范围内数值的输入范围，在网页中显示为滑动条，value 属性用于设置或返回滑块控件的 value 属性值。

```
<input type=" range " name="number1" value="1" min="1" max="20" step="4"/>
```

（14）日期时间（Date pickers）。HTML5 中提供了多个可供选取日期和时间的输入类型，用于验证输入的日期。

```
<input type= date, month, week…" />
```

日期和时间类型如表 2-4-15 所示。

表 2-4-15 日期和时间类型

属　　性	说　　明
date	选取日、月、年
month	选取月、年
week	选取周和年
time	选取时间（小时和分钟）
datetime	选取时间、日、月、年（UTC 时间）
datetime-local	选取时间、日、月、年（本地时间）

2）input 属性

除 type 属性之外，<input>标签还定义了许多其他的属性，以实现不同的功能。

常用的 input 属性如表 2-4-16 所示。

表 2-4-16 常用 input 属性

属　　性	说　　明
autofocus	用于指定页面加载后是否自动获取焦点，将标签的属性值设为 true 时，表示页面加载完毕后会自动获取该焦点
multiple	指定输入框可以选择多个值，该属性适用于 email 和 file 类型的 input 元素
max	规定输入框所允许的最大输入值。用于为包含数字或日期的 input 输入类型规定限值，适用于 date、pickers、number 和 range 类型的<input>标签
min	规定输入框所允许的最小输入值。使用范围同 max

属　　性	说　　明
step	规定输入框合法的数字间隔，如果不设置，默认值为 1。 使用范围同 max
pattern	用于验证 input 类型输入框中，用户输入的内容是否与所定义的正则表达式相匹配。 适用于 text、search、url、tel、email 和 password 类型的<input/>标签
required	用于规定输入框填写的内容不能为空，否则不允许用户提交表单

3）其他表单元素

（1）列表/菜单（select 和 option）。列表/菜单可以在列表中创建下拉菜单选项。size 可以指定下拉菜单的可见选项数，定义 multiple="multiple"时，下拉菜单将具有多项选择的功能；定义 selected =" selected "时，当前项即为默认选中项。其语法格式如下。

```
<select>
        <option>选项 1</option>
        <option>选项 2</option>
        <option>选项 3</option>
        ...
</select>
```

（2）多行文本框（textarea）。可以创建多行文本输入框，可以通过 cols 和 rows 属性来规定 textarea 的尺寸大小。

```
<textarea cols="每行中字符数" rows="行数">
    文本内容
</textarea>
```

（3）选项列表（datalist）元素。定义输入框的选项列表，列表通过 datalist 内的 option 元素进行创建。在使用 datalist 时，需要通过 id 属性为其指定一个唯一的标识，然后绑定到 input 元素指定的 list 属性中，将该属性值设置为 option 元素对应的 id 属性值即可。

```
请输入学生姓名：<input type="text" list="stuname"/>
<datalist id="stuname">
    <option>Jack</option>
    <option>lucy</option>
    <option>lily</option>
</datalist>
```

微课：CSS 表单样式

3．CSS 表单样式

利用 CSS 控制表单样式，所以通过设置控制表单控件的字体、边框、背景和内外边距等使表单看上去更加美观大方。在使用 input 元素定义各种按钮时，通常需要清除其边框，要为文本框、密码框设置二三 px 的内边距，从而使用户输入的内容不会紧贴着输入框。

【示例代码】2-4-14.html：表单 HTML 代码。

```
<form action="" method="post" class="loginform">
    <ul>
        <li>
                <h2>会员登录</h2>
        </li>
        <li>
```

```
                    <input type="text" placeholder="用户名" name="userName" required />
            </li>
            <li>
                    <input type="password" name="password" placeholder="密码" required />
            </li>
            <li><input type="submit" value="登录" class="login" /></li>
        </ul>
        </form>
```

表单添加样式前的效果如图 2-4-36 所示。

【示例代码】2-4-15.html：表单 CSS 代码。

```
<style type="text/css">
            * {margin: 0; padding: 0;}
            body {background-color: #353f42;}
            .loginform {width: 380px;height: 250px; margin: 100px auto;
                background-color: #fff;padding-top: 30px; }
            .loginform ul {list-style-type: none;color: #000;font-size: 12px;
                text-align: center; }
            .loginform li {margin-bottom: 20px;}
            .loginform input {border: 1px solid #dad9d6;width: 330px;height: 40px;
                background-color: #fff;padding-left: 10px;padding-right: 10px;
                outline: none; }
            .loginform .login {width:350px;height:40px;color:#fff; text-align: center;
                line-height: 40px;background-color: #0bc5de; border: 0; }
        </style>
```

表单添加样式后的效果如图 2-4-37 所示。

图 2-4-36　表单添加样式前效果　　　　　　图 2-4-37　表单添加样式后效果

 课后习题

 在线测试 2-4-4

课后习题见在线测试 2-4-4。

能力拓展

（1）运用本任务学习的知识，根据效果图完成购物车页面效果。

任务引导 1：请认真分析下面购物车效果图，用颜色块画出结构图。
页面效果图： 结构图：
任务引导 2：在 HBuilderX 中新建一个基本 HTML 项目，新建网页，复制基础样式文件 reset.css，新建样式表文件，请将目录结构截图。
任务引导 3：在页面中，用 html 标签搭建购物车页面结构，请写出 HTML 代码。
任务引导 4：根据效果图，分析购物车页面样式，请写出 CSS 样式。
任务引导 5：请使用两个以上主流浏览器预览页面最终效果。
页面显示正常 □　　页面无法正常显示 □（哪个浏览器不正常，如何修改？）

（2）运用本任务学习的知识，根据效果图完成搜索框、登录框、注册页面、评论页面页面效果，见能力拓展 2-4-4～能力拓展 2-4-7。

能力拓展 2-4-4

能力拓展 2-4-5

能力拓展 2-4-6

能力拓展 2-4-7

任务5 "英博特智能科技"企业网站测试与发布

通过前面的4个任务,"英博特智能科技"企业网站建设已经基本成型,本任务将对该网站进行测试,继而进行发布。项目的调试是一项持续的工作,在站点开发的每个步骤中都要进行,即便是把站点发布到Web之后仍需要继续测试。通过开发方对自己站点的严格测试及委托方的测试验收,才能更快地发现其中隐藏的问题,不断进行改进和完善,网站才能不断优化并得到客户的肯定。

5.1 网站测试

对网站进行测试是保证整体项目质量的重要一环。网站的测试包括功能测试、性能测试、安全性测试、稳定性测试、浏览器兼容性测试、可用性/易用性测试、链接测试、代码合法性测试等。负责该项任务的人员要具备三心:耐心、细心、专心,才能更好地完成测试。

 能力要求

(1)掌握对静态网站进行测试的方法。
(2)了解浏览器中常见的 BUG 问题。
(3)掌握对浏览器中常见 BUG 的修复。

 学习导览

本任务学习导览如图 2-5-1 所示。

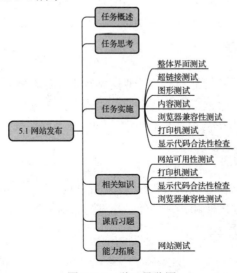

图 2-5-1　学习导览图

任务概述

对已制作完成的"英博特智能科技"企业网站进行可用性测试、兼容性测试、打印机测试和显示代码合法性检查。由于本测试中的网站还未发布，而很多测试工具只能对已发布的网站进行测试，因此本任务主要以手工测试为主，工具测试为辅。

 任务思考

（1）如果让你来对制作的网站进行测试，你会怎么测试？

_____

（2）网站测试有测试工具吗，请举例？

_____

（3）网站的兼容性是指什么？

_____

 任务实施

 5.1.1　整体界面测试

在浏览器中打开"英博特智能科技"企业网站首页，对本网站进行整体测试，并将测试结果填写到整体测试表格中。表格见电子活页 2-5-1。

 5.1.2　超链接测试

在 HBuilderX 中打开"英博特智能科技"企业网站，选择首页（index.html），查找出所有的链接，并填写超链接测试中的"本地链接"和"外部链接"两项内容。在浏览器中打开本网站，完成超链接测试后面"断掉的链接"和"错误的链接"两项内容的检测。表格见电子活页 2-5-2。

 5.1.3　图形测试

在浏览器中打开"英博特智能科技"企业网站首页，对本页面进行图形测试，包括图片、动画、边框、颜色、字体、按钮等，并将测试结果填写到各个表格中。表格见电子活页 2-5-3。

 5.1.4　内容测试

在浏览器中打开"英博特智能科技"企业网站首页，对本页面进行内容测试，包括提供信息的准确性和相关性等，并将测试结果填写到内容测试表格中。表格见电子活页 2-5-4。

电子活页 2-5-1

电子活页 2-5-2

电子活页 2-5-3

电子活页 2-5-4

5.1.5 浏览器兼容性测试

（1）在 IE 中测试"英博特智能科技"企业网站首页，还需要对多个 IE 的版本进行测试，这时可以选用 IETester 工具，首先需要将其安装好，打开 IETester 界面如图 2-5-2 所示。

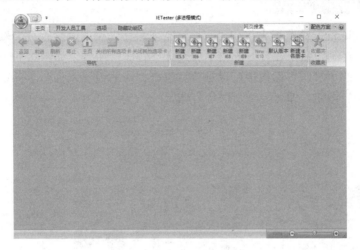

图 2-5-2　IETester 界面

（2）新建 IE 各版本，在打开的对话框中选择"浏览"按钮，并选择要测试的文件，如图 2-5-3 所示。单击"确定"按钮则所选中的所有 IE 版本都会打开一个选项卡，用于展示在不同版本浏览器中的网页效果，如图 2-5-4 所示，在 IE10 之前的版本都不能正常加载本页面，IE10 及以上版本可以正常显示。

图 2-5-3　选择要打开的 html 文件

图 2-5-4　IE9 和 IE10 选项卡中的网页加载情况对比

电子活页 2-5-5

（3）在其他浏览器中测试页面的兼容性，同样需要先将这些浏览器安装好，在不同的浏览器中打开"英博特智能科技"企业网站首页，并将测试结果填写到浏览器兼容性表格中。表格见电子活页 2-5-5。

5.1.6　打印机测试

（1）以在 Chrome 浏览器中打印"英博特智能科技"企业网站首页为例，选择 Chrome 浏览器右上角的控制按钮，在打开的菜单中选择"打印"命令，如图 2-5-5 所示。

（2）在打开的"打印"面板中可以预览并进行打印的设置，如图 2-5-6 所示，设置完成后，单击"打印"按钮，即可完成页面的打印。

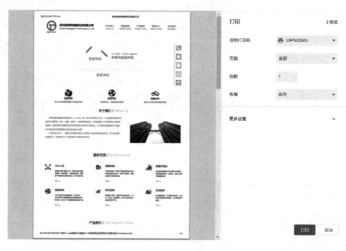

图 2-5-5　在 Chrome 浏览器中打印　　　　　图 2-5-6　打印预览

5.1.7　显示代码合法性检查

（1）在浏览器中输入网址"https://validator.w3.org/"，打开如图 2-5-7 所示的网页，选择"Validate by File upload"或"Validate by Direct Input"选项卡，可以分别对单个文件或一个站点进行 HTML 代码的检测。

图 2-5-7　检测 HTML 网站

（2）选择"Validate by File upload"选项卡，单击"选择文件"按钮，选择要检测的文件，然后单击"check"按钮，如图 2-5-8 所示。

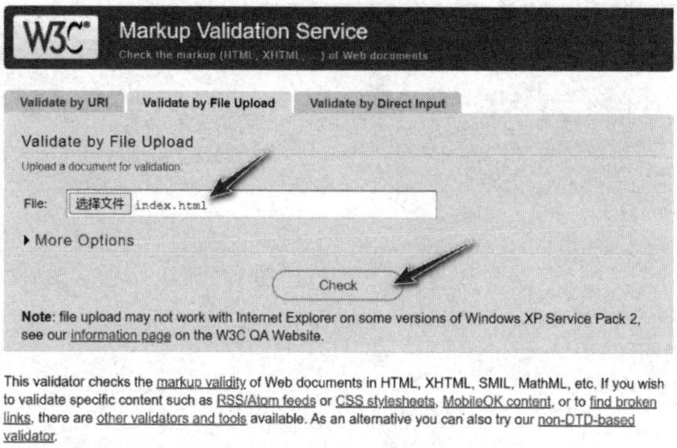

图 2-5-8　检测单个 HTML 文件

（3）查看检测报告，如图 2-5-9 所示，报告显示该文件中有 3 个错误、4 个警告，可以根据提示到对应的行修改错误代码。

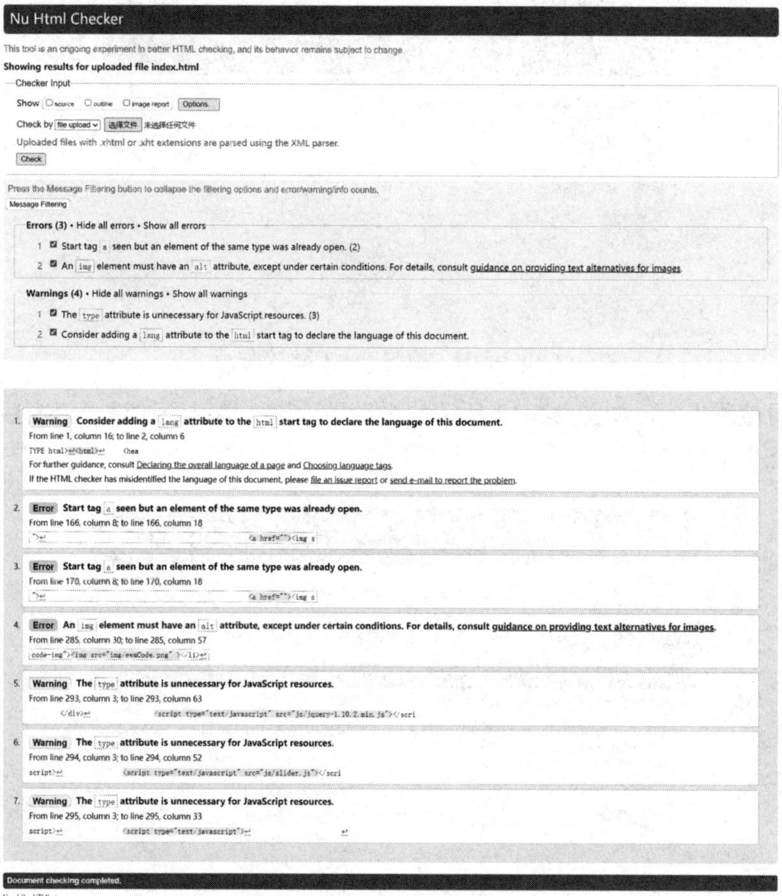

图 2-5-9　检测报告

（4）在浏览器中输入网址"http://jigsaw.w3.org/css-validator/"，打开如图 2-5-10 所示的网页，选择"通过文件上传"或"通过直接输入"选项卡，可以对单个 CSS 文件或直接对 CSS 代码进行检测。

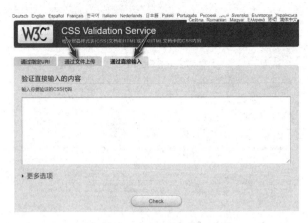

图 2-5-10　CSS 检测

（5）选择"通过文件上传"选项卡，单击"选择文件"按钮，选择要检测的文件，然后单击"check"按钮，如图 2-5-11 所示。

图 2-5-11　检测单个 CSS 文件

（6）查看检测报告，如图 2-5-12 所示，报告显示该文档已经通过"CSS 版本 3+SVG"校验，不过有 8 个警告。

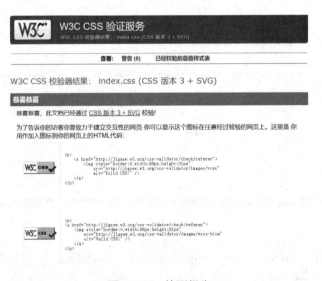

图 2-5-12　检测报告

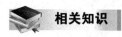相关知识

1. 网站可用性测试

（1）整体界面测试。整体界面是指整个网站的页面结构设计，是从感观上来进行评价，包括在访问网站时是否感到舒适，是否能凭直觉快速定位要找的信息，整个网站的设计风格是否一致等。

对整体界面的测试过程，其实是一个对最终用户进行调查的过程，大致包括如下内容。

- 整个系统的界面是否保持一致，操作是否友好。
- 界面上是否存在错别字。
- 界面上的按钮样式是否一致。
- 界面中的表单元素，如按钮、下拉框、复选框等是否有响应。
- 界面所有的链接是否正常。
- 界面所有的展示图片是否样式一致。
- 界面所有的列表页标题字是否会换行，标题字对齐方式是否一致。
- 界面在不同浏览器下是否会发生异常。

（2）导航测试。用户访问网站是在目的驱动下进行的，进入页面后会看是否能找到自己需要的信息，如果没有，就会很快离开，所以如果在一个页面上放了太多的信息往往会起到反效果。而通过导航可以使浏览者方便地访问到所需的内容。在导航测试中需考虑到如下内容。

- 网站是否易于导航，导航是否直观。
- 网站的主要部分是否可通过主页进行访问。
- 网站导航是否准确。
- 网站的页面结构、导航、菜单、链接的风格是否一致。
- 广告图片的点击是否正常，点击后打开的页面是否正确。
- 页面链接的点击是否正常，点击后链接到的位置是否正确。
- 链接点击后是否正常地发生颜色变化。
- 链接的打开方式是否合理（当前窗口、新窗口），是否符合产品设计。

（3）图形测试。在网站中，适当的图片和动画既能起到广告宣传的作用，又能起到美化页面的功能。一个网站中的图形可以包括图片、动画、边框、颜色、字体、背景、按钮等。在图形测试中需考虑到如下内容。

- 要确保图形有明确的用途。
- 网站图片尺寸要尽量小，并且要能清楚地说明某件事情，一般都有链接到某个具体的页面。
- 验证所有页面字体的风格是否一致。
- 背景颜色应该与字体颜色和前景颜色相搭配。
- 检查图片的尺寸、位置是否符合需求。
- 对广告图片的点击是否正常，点击后打开的页面是否正确。
- 页面上具有相同意义的图标应保持一致。
- 对于链接其他网站的图片，无法显示时是否有容错性处理。

（4）内容测试。内容测试用于检测网站提供信息的准确性和相关性。其中信息的准确性

是指是否有语法或拼写错误；信息的相关性是指是否在当前页面可以找到与当前浏览信息相关的信息列表或入口，也就是一般 Web 站点中的所谓"相关文章列表"。

（5）表格测试。表格在网站中的主要功能是展示数据，如商品信息表、用户信息表等。对于表格的测试主要包括如下几个方面。

- 整个表格宽度应该小于屏幕大小，不会出现横向滚动条。
- 每一栏的宽度要足够，表格里的文字不能有折行。
- 不能因为某一格的内容太多，而将整行的内容拉长。

2．打印机测试

虽然现在大部分人都喜欢网络阅读，但也有一部分人喜欢纸质阅读而不是盯着屏幕，因此就需要验证网页打印是否正常。然而，有时在屏幕上显示的图片和文本的对齐方式可能与打印出来的不一样，因此在设计网页时还需要考虑打印问题，注意节约纸张和油墨。而测试人员至少需要验证如订单确认、文章详情等页面的打印是否正常。

3．显示代码合法性检查

显示代码的合法性检查，主要分为 HTML、JavaScript、CSS 代码的检查，这些都可以借助一些测试工具来完成。在本任务中选择了 W3C WEB 标准验证（validator.w3.org）对网页文档和 CSS 的合法性进行了检测。在显示代码合法性检查中，需要关注如下几点。

- 文档类型声明位于 HTML 文档的第一行。
- 使用小写元素名更易于编写。
- HTML 的每个元素都要关闭标签。
- 属性值使用引号更易于阅读。
- 图片中要使用 alt 属性，用于当图片不能显示时替代图片显示。
- 使用简洁的语法来载入外部的脚本文件，type 属性不是必需的。

4．浏览器兼容性测试

对于网页来说，做好浏览器兼容，才能让页面在不同的浏览器下都正常显示。但因为不同浏览器使用的内核及所支持的 HTML 等网页语言标准不同，且用户客户端的环境不同（如分辨率不同），会造成显示效果不能达到理想效果。最常见的问题就是网页元素位置混乱和错位。

目前暂没有统一的能解决这样问题的工具，最普遍的解决办法就是不断地在各浏览器间调试网页显示效果，通过控制 CSS 样式及脚本判断，并赋予不同浏览器的解析标准。下面梳理在不同浏览器中存在的问题及解决方法。

1）网页中的标签问题

在(X)HTML 的网页中，<body>、<ul>、<li>、<ol>等标签默认是带有样式的，如无序列表前有圆点，有序列表前有数字，图片加了链接就会加边框等，如图 2-5-13 左图所示，这些样式会影响网页最终设计效果的呈现，所以在开始编写该网页样式之前需要将有问题的标签统一进行处理，处理后的效果如图 2-5-13 右图所示。

图 2-5-13　统一处理标签前后效果对比

具体来说就是在 CSS 样式表文件的开始处先对这些标签进行如下的初始化设置。

```
body,ul,ol,li,div,img {margin: 0px;padding: 0px;}
body {font: 12px "微软雅黑", "幼圆", "宋体";background: #f0f0f0;color: #666;}
ul,ol,li {list-style: none;}
div {margin: 0px auto;overflow: hidden;}
img {display: block;border: none;}
```

2）div 的垂直居中问题

在 CSS 中有 vertical-align 属性，表示垂直居中，但是它只对(X)HTML 元素中拥有 valign 特性的标签生效，如表格元素中的<td>、<th>、<caption>标签等，而像<div>、<span>、<li> 这样的标签是没有 valign 特性的，因此使用 vertical-align 对它们不起作用。那么如何解决这类元素的垂直居中问题呢？

（1）单行垂直居中。在导航的样式设计中，期望最终的效果如图 2-5-14 所示，文字是垂直居中的，但是当设置了 vertical-align 属性时，看到的却是如图 2-5-15 所示的效果，文字并没有垂直居中。

关于我们　联系我们　服务条款　E站日记　帮助信息　　　　　关于我们　联系我们　服务条款　E站日记　帮助信息

图 2-5-14　导航效果 　　　　　图 2-5-15　设置了 vertical-align 属性的导航效果

因为这类效果针对的是<li>标签，如果像<li>、<div>等一个容器中只有一行文字，对它实现居中相对比较简单，只需要设置它的实际高度 height 和所在行的高度 line-height 相等即可。

例如，对导航效果中的<li>标签的 CSS 样式可做如下设置：

```
.menu li {width: 90px;height: 50px;line-height: 50px;text-align: center;float: left;}
```

（2）多行未知高度文字的垂直居中。如果一段内容的高度是可变的，那么就可以使用 padding 属性来设定，使上、下的 padding 属性值相同。同样地，这也是一种"看起来"的垂直居中方式，它只不过是使用文字完全填充<div>的一种方法而已，效果如图 2-5-16 所示。

图 2-5-16　多行未知高度文字的垂直居中效果

可以使用类似下面的代码来实现。

```
.contact_us {padding: 25px;}
```

提示：这种方法的优点是它可以在任何浏览器上运行，并且代码很简单，但是这种方法应用的前提是容器的高度必须可伸缩。

3）margin 加倍的问题

（1）上下 margin 叠加问题。有时会遇到这样的情况，当两个对象呈上下关系，且 CSS

样式中都具备 margin 属性，同时都不是浮动的（未设置 float）时，margin 属性会造成外边距的叠加。

例如，两个 div 层，其 id 分别为 a 和 b，HTML 代码如下。

```
<div id="a"></div>
<div id="b"></div>
```

对整个 HTML 文档及 id 为 a、b 的 div 层进行如下的 CSS 设置。

```
div {margin: 0px; padding: 0px;}
#a {background-color: #999;height: 100px;width: 200px;margin: 10px;}
#b {background-color: #969;height: 100px;width: 200px;margin: 10px;}
```

图 2-5-17　margin 叠加效果

其在浏览器中呈现的效果如图 2-5-17 所示。

从图 2-5-17 可见，上面的 div 跟下面的 div 间隔 10px，而不是预想的 20px。其实这不是一个 BUG，而是 CSS 的设计者故意而为之的。因为如果要对段落进行控制，假设第一段与上方距离 10px，那么第二段与第一段之间的距离就变成 20px，这不是最初想要的，因此故意设计出了 margin 的上下叠加。如果一定要消除叠加的话，只需要给下面的 div 添加向左浮动即可。

（2）左右 margin 加倍问题。延续上面的例子，如果把 id 为 a 和 b 的 div 都设置成向左浮动（float:left），margin 上下空白叠加的问题不存在了，但是又出现了新的问题——在 IE 6 中出现左右 margin 加倍问题。

增加左浮动样式后的 CSS 代码如下。

```
div {margin: 0px; padding: 0px;}
#a {background-color: #999;height: 100px;width: 200px;margin: 10px;float: left;}
#b {background-color: #969;height: 100px;width: 200px;margin: 10px;float: left;}
```

其在 IE 6 和 Firefox 中的不同效果图，分别如图 2-5-18 和图 2-5-19 所示，在 IE 6 中 id 为 a 的 div 距页面左侧的间隔明显比在 Firefox 中大了一倍，大概有 20px。

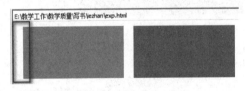

图 2-5-18　IE 6 中的效果

图 2-5-19　Firefox 中的效果

其解决方案即设置对象的"display:inline;"。修改后代码如下，修改后的效果如图 2-5-20 所示。

图 2-5-20　修改后 IE 6 中的效果

```
div {margin: 0px; padding: 0px;}
#a {background-color: #999;height: 100px;width: 200px;margin: 10px;float: left; display: inline; }
#b {background-color: #969;height: 100px;width: 200px;margin: 10px;float: left; display: inline; }
```

4）浮动 IE 产生的双倍距离

在 IE 6 中，如果把其中第一个 div 设置成浮动效果，就会产生双倍距离，以上面的 div 为例，将 id 为 a 的图层的样式进行如下的修改。

```
#a{background-color: #999;height: 100px;width: 200px;float:left;margin:10px 0 0 100px; }
```

其边界为距顶端 10px，距左侧 100px，在 IE 6 和 Firefox 中的效果分别如图 2-5-21 和图 2-5-22 所示，但是会发现在 IE6 中距左侧的距离有 200px，相当于此 div 的宽度。

图 2-5-21　IE 6 中的效果

图 2-5-22　Firefox 中的效果

其解决方法是设置对象的"display:inline;"。修改后的代码如下。

```
#a{background-color: #999;height: 100px;width: 200px;float:left;margin:10px 0 0 100px; display:inline;}
```

5）宽度和高度问题

（1）IE 与最小（min）宽度和高度的问题。先来看这样一个例子，给 id 为 c 的 div 设置背景图片，原背景图片大小为 65px×129px，其 HTML 和 CSS 样式代码如下。

```
<div id="c"></div>
#c{
    background-image:url(images/body_bg.gif);min-width:65px;min-height:129px;
    background-color: #999; }
```

其在 IE 6 和 Firefox 中的效果对比如图 2-5-23 所示，在 IE 中看不到背景图片效果。

图 2-5-23　IE 6 和 Firefox 中效果对比

这是因为在 CSS 样式中虽然有 min 这个定义，但实际上 IE 不认得 min，把正常的 width 和 height 当作最小宽度。这就存在如下的问题，如果只用宽度和高度，正常的浏览器中这两个值就不会变，但如果只用 min-width 和 min-height 的话，在 IE 下相当于没有设置宽度和高度。要解决这个问题，可以进行如下的设置。

```
#c{background-image:url(images/body_bg.gif); min-width:6px; min-height:129px;
    background-color: #999; }
html>body #c{width:auto;height:auto;min-width:65px;min-height:129px;
    background-color: #999; }
```

（2）页面的最小宽度。在上面谈到了 min，其中 min-width 是个非常方便的 CSS 命令，它可以指定元素最小且不能小于某个宽度，这样就能保证排版一直正确。但 IE 不认得这个，而它实际上把 width 当作最小宽度。为了让这一命令在 IE 上也能用，可以做如下设计，把一个<div>放到<body>标签下，然后为其设计 CSS 样式。

```
<body>
    <div id="container"></div>
</body>


#container{
    min-width: 600px;
    width:e-xpression(document.body.clientWidth < 600? "600px": "auto" );
}
```

说明：在 CSS 设计中，第一行的 min-width 是正常的；第 2 行的 width 使用了 JavaScript，只有 IE 才认得，从而也使 HTML 文档不太正规，它实际上通过 JavaScript 的判断来实现最小宽度。

（3）高度不适应。高度不适应是当内层对象的高度发生变化时外层高度不能自动进行调节，特别是当内层对象使用 margin 或 padding 时，例如：

```
<div id="box">
    <p>p 对象中的内容</p>
</div>
```

CSS 代码如下。

```
1    #box {background-color:#eee; }
2    #box p {margin-top: 20px;margin-bottom: 20px; text-align:center; }
```

解决方法：在 p 对象上下各加 2 个空的 div 对象，CSS 代码为".div1{height:0px;overflow: hidden;}"；或者为 div 加上 border 属性，具体代码如下。效果对比如图 2-5-24 所示。

图 2-5-24　高度不适应解决效果对比

```
<div id="box">
    <div class="div1"></div>
    <p>p 对象中的内容</p>
    <div class="div1 "></div>
</div>
```

CSS 代码如下。

```
#box {background-color: #eee;}
#box p {margin-top: 20px;margin-bottom: 20px;text-align: center;}
.div1 {height: 0px;overflow: hidden;}
```

或

```
<div id="box">
```

```
        <p>p 对象中的内容</p>
    </div>
```

CSS 代码如下。

```
#box {background-color: #eee;border: 1px solid #000;}
#box p {margin-top: 20px;margin-bottom: 20px;text-align: center;}
```

（4）默认高度问题。假设网页中需要加一条 1px 的分割线，采用 CSS 对 div 设置高度的方法来实现，却会发现，在 Firefox、Chrome、360 等浏览器中可以正常显示，但在 IE 浏览器中，这个标签的高度不受控制，超出了设置的高度，效果对比如图 2-5-25 所示。例如：

```
<div id="box"></div>
```

CSS 代码如下。

```
#box {height: 1px;background: red;}
```

图 2-5-25　IE 和 Firefox 中效果对比

原因：在 IE 浏览器中会给标签一个最小默认的行高，即使标签是空的，它的高度还是会达到默认的行高，即 10px。

解决方法：在 div 标签的样式设置中加入"overflow:hidden;"，具体代码如下。效果对比如图 2-5-26 所示。

```
#box {height: 1px;background: red;        overflow: hidden;}
```

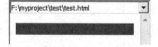 

图 2-5-26　IE 中默认高度问题解决效果对比

6）DIV 浮动使 IE 文本产生 3px 的 BUG

在 IE 中如果前一个对象左浮动，后一个对象采用外补丁的左边距来定位，则后一个对象内的文本会离前一个对象有 3px 的间距。解决的方法如下，其前后效果对比如图 2-5-27 所示。

```
<div id="box">
    <div id="left"></div>
    <div id="right"></div>
</div>

#box {float: left;width: 400px;}
#left {float: left;width: 50%;}
#right {width: 50%;}
*html #left {margin-right: -3px; }//这句是关键
```

7）float 清除浮动

（1）浮动产生原因。浮动产生的原因是当一个盒子里使用了浮动属性（float），使其脱离正常文档流，从而导致父级元素高度为 0。浮动产生后会直接影响与浮动元素的父级元素呈现并列关系的后续元素的正常布局。举个例子，如图 2-5-28 所示，本来两个黑色对象盒子是在红色盒子内的，因为对两个黑色盒子使用了浮动属性，所以两个黑色盒子脱离了正常文档流，导致红色盒子不能撑开，这样会影响红色盒子后面的元素布局。

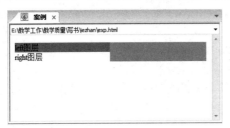

图 2-5-27　3px BUG 的解决效果对比

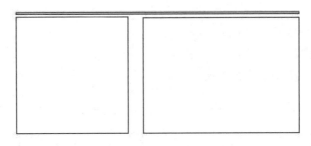

图 2-5-28　浮动产生样式效果截图

简单地说，浮动是因为使用了 float:left 或 float:right，或同时使用了二者。

（2）浮动产生副作用。

第一，背景不能显示。由于产生浮动，如果对父级元素设置了 CSS 背景颜色或 CSS 背景图片（background），而父级元素又不能被撑开，所以会导致 CSS 背景不能显示。

第二，边框不能撑开。如图 2-5-28 所示，如果对父级元素设置了 CSS 边框属性（border），由于子级元素里使用了浮动属性，产生了浮动，父级元素不能被撑开，导致边框不能随内容而被撑开。

第三，由于浮动导致父级元素和子级元素之间设置的 padding、margin 属性值不能正确表达，特别是上、下边的 padding 和 margin 不能正确显示。

（3）CSS 清除浮动方法。为了更好地说明解决浮动问题的方法，假设有 3 个盒子对象，一个父级元素里包含两个子级元素，其对应的 HTML 代码片段如下。

```
<div class="divcss5">
    <div class="divcss5-left">left 浮动</div>
    <div class="divcss5-right">right 浮动</div>
</div>
```

其中对父级元素设置".divcss5"类样式，对两个子级元素分别设置".divcss5-left"和".divcss5-right"类样式，具体的 CSS 代码如下。

```
.divcss5{width:400px;border:1px solid #F00;background:#FF0;}
.divcss5-left,.divcss5-right{width:180px;height:100px;border:1px solid #00F; background:#FFF}
.divcss5-left{float:left;}
.divcss5-right{float:right;}
```

对应 HTML 源代码片段如图 2-5-29 所示。

```
1   <!DOCTYPE html>
2 □<html>
3 □    <head>
4           <meta charset="utf-8">
5           <title>float浮动问题</title>
6 □        <style>
7 □            .divcss5{
8                   width: 400px;
9                   border: 1px solid #f00;
10                  background: #ff0;
11             }
12 □            .divcss5-left,.divcss5-right{
13                  width: 180px;
14                  height: 100px;
15                  border: 1px solid #00f;
16                  background: #fff;
17             }
18             .divcss5-left{float: left;}
19             .divcss5-right{float: right;}
20         </style>
21     </head>
22 □    <body>
23 □        <div class="divcss5">
24             <div class="divcss5-left">left浮动</div>
25             <div class="divcss5-right">right浮动</div>
26         </div>
27     </body>
28 </html>
```

图 2-5-29　三个盒子对象的 HTML 代码及效果

下面看一下解决这个问题的几种方法。

方法一：对父级元素设置适合的 CSS 高度。对父级设置适合高度样式即可清除浮动，上例中只需要对".divcss5"设置一定高度即可。一般设置高度需要先确定内容高度，从上例中知道内容高度是 100px，再加上上、下边框共有 2px，这样总的父级元素高度为 102px。修改后的 CSS 代码如下，修改后的效果如图 2-5-30 所示。

.divcss5{width:400px;border:1px solid #F00;background:#FF0;height:102px;}

.divcss5-left,.divcss5-right{width:180px;height:100px;border:1px solid #00F; background:#FFF; }

.divcss5-left{float:left}

.divcss5-right{float:right}

提示：使用设置高度样式清除浮动，前提是对象内容高度能确定并可计算出。

方法二：clear:both 清除浮动。为了统一样式，新建一个 CSS 样式选择器并命名为".clear"，其对应选择器样式为"clear:both"，然后在父级元素"</div>"结束前添加一个 div，并引入"class="clear""样式，这样即可清除浮动。CSS 代码和 HTML 代码如下，具体效果如图 2-5-31 所示。本方法的缺点是，添加了无意义标签，语义化差。

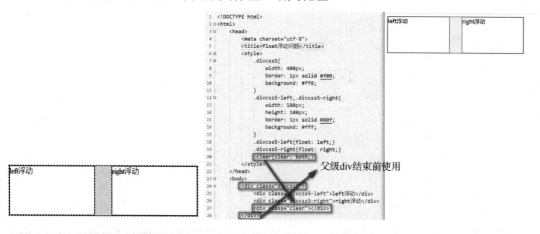

图 2-5-30　设置适合高度清除浮动　　　　　图 2-5-31　使用 clear:both 清除浮动

CSS 代码：

```
.divcss5{width:400px;border:1px solid #F00;background:#FF0;}
.divcss5-left,.divcss5-right{width:180px;height:100px;border:1px solid #00F;background:#FFF; }
.divcss5-left{float:left}
.divcss5-right{float:right}
.clear{clear:both;}
```

HTML 代码：

```
<div class="divcss5">
    <div class="divcss5-left">left 浮动</div>
    <div class="divcss5-right">right 浮动</div>
    <div class="clear"></div>
</div>
```

提示：使用以上 clear 方法清除 float 产生的浮动，可以不用对父级元素设置高度，方便实用，但会多加无意义的 html 标签。

方法三：对父级元素 div 定义 overflow:hidden 清除浮动。对父级元素 CSS 选择器添加 overflow:hidden 样式，可以清除父级元素内使用 float 产生的浮动。因为 overflow:hidden 属性相当于是让父级元素紧贴内容，这样即可紧贴其元素内的内容（包括使用 float 的 div 盒子），从而实现了清除浮动。overflow:hidden 解决方法的 CSS 代码如下，HTML 代码不变，具体效果如图 2-5-32 所示。本方法的缺点是，内容增多时容易造成因不会自动换行导致内容被隐藏掉，无法显示要溢出的元素。

```
.divcss5{width:400px;border:1px solid #F00;background:#FF0;overflow:hidden;}
.divcss5-left,.divcss5-right{width:180px;height:100px;border:1px solid #00F;
    background:#FFF}
.divcss5-left{float:left}
.divcss5-right{float:right}
```

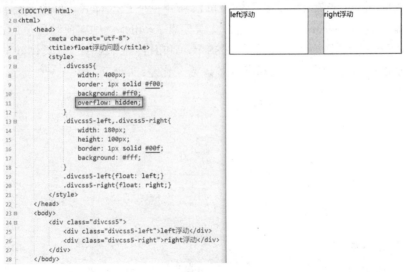

图 2-5-32　使用 overflow:hidden 样式清除浮动

方法四：使用 after 伪元素清除浮动。通过伪元素选择器，在 div 后面添加了一个 clear:both 属性，通过清除伪元素的浮动，达到撑起父级元素高度的目的，详细代码如下，具体效果如图 2-5-33 所示。因为伪元素是一个行内元素，因此需将其设置为块级元素方可清除浮动。本方法的缺点是，IE6～7 不支持伪元素"after"，需使用"zoom:1"触发 hasLayout。

```
.clearfix:after{content: "";display: block;height: 0;clear:both;visibility: hidden;}
.clearfix{ *zoom: 1;}
```

```
 7        .divcss5{
 8            width: 400px;
 9            border: 1px solid #f00;
10            background: #ff0;
11            overflow: hidden;
12        }
13        .divcss5-left,.divcss5-right{
14            width: 180px;
15            height: 100px;
16            border: 1px solid #00f;
17            background: #fff;
18        }
19        .divcss5-left{float: left;}
20        .divcss5-right{float: right;}
21        .clearfix:after{
22            content: "";
23            display: block;
24            height: 0;
25            clear:both;
26            visibility: hidden;
27        }
28        .clearfix{
29            *zoom: 1;
30        }
31    </style>
32 </head>
33 <body>
34    <div class="divcss5 clearfix">
35        <div class="divcss5-left">left浮动</div>
36        <div class="divcss5-right">right浮动</div>
37    </div>
38 </body>
```

图 2-5-33　使用 after 伪元素清除浮动

以上几个方法是兼容各大浏览器的清除浮动的方法，首要推荐的是方法四。

8）图片间有空白间隙问题

当网页中有多张图片垂直排列时，将 padding 和 margin 都设为 0 后，发现在 Firefox 中垂直排列的图片上下是没有空隙的，但是在 IE 中图片上下却出现了空隙，如图 2-5-34 所示。HTML 代码如下，图片大小为 380px*351px。

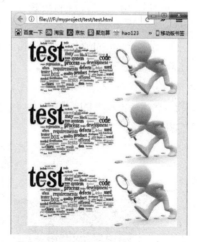

图 2-5-34　IE 和 Firefox 中图片间空隙效果对比

```
<ul>
    <li><img src="image/testpic.jpg" alt=""></li>
```

```
        <li><img src="image/testpic.jpg" alt=""></li>
        <li><img src="image/testpic.jpg" alt=""></li>
</ul>
```

CSS 代码如下。

```
ul {width: 400px}
ul li {display: block; height: 153px;width: 380px;}
```

原因：这是因为在 IE 中图片下面多出了 5px 的空隙。

解决方法一：使用 li 浮动，并设置 img 为块级元素。解决前后效果对比如图 2-5-35 所示。CSS 代码如下。

```
ul {width: 400px}
ul li {display: block; height: 153px;width: 380px;float: left;}
img {display: block;}
```

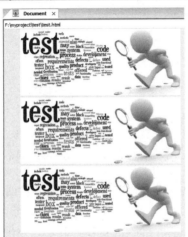

图 2-5-35　IE 中解决前后效果比对

解决方法二：设置 ul 的"font-size:0;"，CSS 代码如下。

```
ul {width: 400px; font-size: 0;}
```

解决方法三：设置 img 的"vertical-align:bottom;"，CSS 代码如下。

```
img {vertical-align: bottom;}
```

9）不同浏览器对实际像素的解释

不同浏览器在对对象大小的解释时是不一样的。例如，下面的代码在 IE 和在 Firefox 中的效果如图 2-5-36 所示。

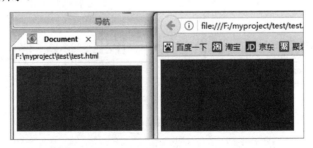

图 2-5-36　IE 和 Firefox 中对象大小效果对比

```
<div class="box"></div>
```

CSS 代码如下。

```
.box {width: 200px;height: 100px;border: 5px;margin: 5px; padding: 5px; background-color: red; }
```

IE/Opera：对象的实际宽度 = (margin−left) + width + (margin−right)

Firefox/Mozilla/Chrome：对象的实际宽度= (margin−left) + (border−left−width) + (padding−left) + width + (padding−right) + (border−right−width) + (margin−right)

 课后习题

在线测试 2-5-1

课后习题见在线测试 2-5-1。

 能力拓展

运用本任务学习的知识，请选择一个你熟悉领域的网站（如本学校网站、校企合作的企业网站等），并对该网站进行测试，将测试结论和修改意见填写在表格中，测试过程中用的表格可参考前面任务实施中的相关表格。

目标网站：
任务引导 1：对网站可用性进行测试，设计测试表格，并给出测试后的修改意见
设计测试表格：□ 已完成   □ 未完成 测试后修改意见：
任务引导 2：对网站兼容性进行测试，设计测试表格，并给出测试后的修改意见
设计测试表格：□ 已完成   □ 未完成 测试后修改意见：
任务引导 3：对显示代码合法性进行检查，设计测试表格，并给出测试后的修改意见
设计测试表格：□ 已完成   □ 未完成 测试后修改意见：

5.2 网站发布

网站做好了，还需要将所有的网页文件和文件夹及其中的内容上传到服务器上，这个过程就是网站的上传，即发布。特别是当制作的是一个动态网站的时候，如果对其进行配置并在本地服务器中启用该网站，就可以预览到它。那么网站发布了是不是别人就能访问到网站了呢？显然不是，还需要申请域名。所以本次任务将完成"英博特智能科技"企业网站在本地服务器 IIS 中的发布，申请域名及申请虚拟主机并上传网站。不管是申请域名还是申请虚拟主机，一定要按照规范和法律法规的规定来做。

 能力要求

（1）掌握搭建本地 IIS 服务器的方法。
（2）掌握在 IIS 服务器中发布和访问网站的方法。
（3）掌握如何申请域名。
（4）了解如何申请虚拟主机。
（5）了解如何上传站点到虚拟主机。

 学习导览

本任务学习导览如图 2-5-37 所示。

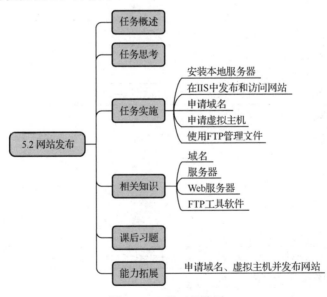

图 2-5-37　学习导览图

微课：网站发布

 任务概述

（1）在计算机上安装本地服务器 IIS，将"英博特智能科技"企业网站在 IIS 中发布，并通过浏览器访问该网站，最终页面效果如图 2-5-38 所示。

图 2-5-38 通过浏览器访问 IIS 服务器中的"英博特智能科技"企业网站

（2）在"万网"（https://wanwang.aliyun.com）申请域名，并申请虚拟主机，利用 FTP 工具软件——FileZilla 将站点上传至申请的虚拟主机上。

任务思考

（1）网站可以发布在哪里？

_____

（2）什么是 Web 服务器软件？

_____

（3）常见的 Web 服务器软件有哪些？列举两个。

_____

任务实施

5.2.1 安装本地服务器

（1）打开控制面板。方法一：在桌面的任务栏上找到搜索按钮，单击进入搜索，在搜索框中输入"控制面板"，按回车键确认，如图 2-5-39 所示，即可打开"控制面板"窗口。方法二：选择开始菜单，在 Windows 系统中找到"控制面板"，如图 2-5-40 所示。

图 2-5-39　打开控制面板方法一　　　　　　　图 2-5-40　打开控制面板方法二

（2）选择"控制面板"中的"程序"，如图 2-5-41 所示。

图 2-5-41　"控制面板"窗口

（3）在"程序和功能"下，选择"启用或关闭 Windows 功能"，如图 2-5-42 所示。

图 2-5-42　启用或关闭 Windows 功能

（4）打开"Windows 功能"面板，等待加载完成后，选择"Internet Infomation Services"选项，把 IIS6 相应的功能条目勾选上，如图 2-5-43 所示。

图 2-5-43 "Windows 功能"面板

（5）安装好之后在浏览器中输入 localhost 或 127.0.0.1，来确认 IIS 是否安装成功，安装成功效果如图 2-5-44 所示。

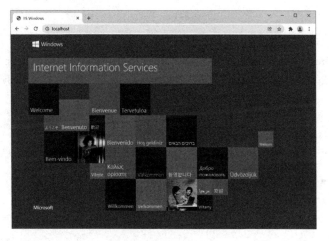

图 2-5-44 IIS 安装成功

5.2.2 在IIS中发布和访问网站

（1）打开"控制面板"窗口，选择"系统和安全"，如图 2-5-45 所示。

图 2-5-45 系统和安全

（2）进入"系统和安全"界面，选择"管理工具"，如图 2-5-46 所示。

图 2-5-46　管理工具

（3）选择"Internet Information Services（IIS）管理器"，如图 2-5-47 所示。

（4）进入"Internet Information Services（IIS）管理器"窗口，展开左侧边栏，选择"网站"并右击，在弹出的快捷菜单中选择"添加网站"命令，如图 2-5-48 所示。

图 2-5-47　Internet Information Services（IIS）管理器　　　　图 2-5-48　添加网站

（5）在弹出的对话框中配置网站信息，填写自定义的网站名称（可以是项目名），选择物理路径即网站存放的路径，选择已有的 IP，设置端口号（不要与其他程序冲突的端口，这里配置了 8099），主机名不要填，否则别人访问不了，具体如图 2-5-49 所示。配置完成后单击"确定"按钮。

图 2-5-49　配置网站信息

（6）网站添加好后，在"网站"栏目下就能看到刚刚添加的网站，单击它，再单击右侧操作栏下的"浏览"链接，如图 2-5-50 所示，跳转至浏览器进入网站。也可以在浏览器地址栏中输入 localhost：端口号（8099）进行访问，如图 2-5-38 所示。

图 2-5-50　IIS 管理器

5.2.3　申请域名

（1）以在"万网"（https://wanwang.aliyun.com）申请域名为例。在浏览器地址栏中输入"https://wanwang.aliyun.com"，进入万网首页，如图 2-5-51 所示。

图 2-5-51　万网首页

（2）首先在该网站上注册会员，成功注册会员后才可以进行下一步域名的申请。单击右上角的"立即注册"按钮，即可进入注册会员页面，如图 2-5-52 所示。网站提供了多种注册方式，可以根据自己的情况来选择。

图 2-5-52　注册会员

（3）注册成功后，登录到阿里云域名注册页。下面就可以为网站起一个好听的名字，然后把这个名字输入查询栏目，单击"查域名"按钮，如图 2-5-53 所示，看看是否有人注册过这个域名。一般国际顶级域名注册后缀名为".com"".net"等，国内顶级域名注册后缀名为".cn"".com.cn"等。如图 2-5-54 和图 2-5-55 分别为域名已被注册和未被注册的情况。

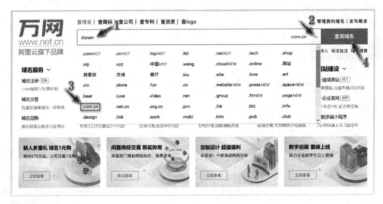

图 2-5-53　查询申请域名页面

图 2-5-54　域名已被注册

图 2-5-55 域名未被注册

（4）单击域名对应价格后面的"加入清单"按钮后将其加入购物车，单击"结算"按钮或直接单击"立即购买"按钮，进入确认订单页面，如图 2-5-56 所示。

图 2-5-56 确认订单页面

（5）选择所有者类型为"个人"，如图 2-5-57 所示，单击"创建信息模板"按钮，进入创建信息模板页面。

图 2-5-57　选择所有者类型

（6）因为是第一次创建，进入信息模板页面后直接填写模板信息，如图 2-5-58 所示，填写完成并提交后即可看到创建的模板信息记录，如图 2-5-59 所示。

图 2-5-58　创建新的模板信息

图 2-5-59　信息模板页面

（7）完成信息模板的创建后，刷新确认订单页面，即可进行域名的购买。

5.2.4 申请虚拟主机

（1）以在阿里云（https://www.aliyun.com/）申请虚拟主机为例。在申请阿里云虚拟主机时，需要已注册阿里云账号（即前面申请域名时申请的账号），注册后登录云虚拟主机管理页面，如图2-5-60所示。

图2-5-60 创建主机页面

（2）在左侧导航栏，单击"云虚拟主机"选项，在主机列表页面的右上角，单击"创建主机"按钮，进入"云虚拟主机"页面，如图2-5-61所示。

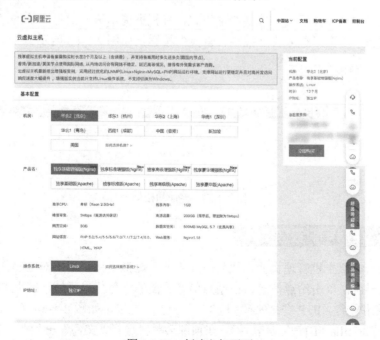

图2-5-61 创建主机页面

（3）在"云虚拟主机"页面的基本配置区域，选择本人所在地最接近的地域，例如本人在江浙沪一带，可选华东 1（杭州）、华东 2（上海）。

（4）根据网站的网页空间等配置、网站使用的开发语言和数据库类型，选择符合建站要求配置的云虚拟主机（如独享标准版）。

（5）云虚拟主机提供 Windows 操作系统和 Linux 操作系统，在云虚拟主机的基本配置区域，请根据网站使用的开发语言、数据库类型选择合适的云虚拟主机操作系统。

（6）在云虚拟主机购买页面，购买信息配置完成后，单击"立即购买"按钮，确认订单并完成支付，云虚拟主机会在 5～10 分钟内完成创建。

（7）登录到云虚拟主机管理页面，找到购买的云虚拟主机，在操作区域单击"管理"按钮。在初始化页面的密码初始化设置区域，依次设置主机管理控制台登录密码、FTP 登录密码及数据库密码，单击"保存，下一步"按钮，如图 2-5-62 所示。

图 2-5-62　初始化虚拟主机

（8）在账号安全设置页面，选择验证方式，并根据提示输入信息，单击"保存"按钮。在设置完成页面，单击"进入管理控制台首页"按钮，如图 2-5-63 所示。

图 2-5-63　完成初始化

5.2.5　使用FTP管理文件

（1）登录云虚拟主机管理页面，找到待连接的云虚拟主机，单击对应操作列的"管理"按钮。在左侧导航栏单击站点信息，在站点信息页面的账号信息区域，获取 FTP 登录信息，包括 FTP 登录用户名、FTP 登录密码和 FTP 登录主机地址，如图 2-5-64 所示。

（2）启动 FileZilla（FTP 工具软件），在顶部菜单栏选择"文件"→"站点管理器"命令，在"站点管理器"对话框,单击"新站点"按钮,如图 2-5-65 所示。

图 2-5-64　获取 FTP 登录信息

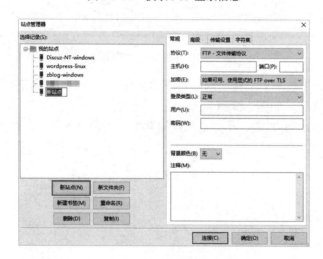

图 2-5-65　"站点管理器"对话框

(3)在"我的站点"节点下,输入新站点的名称,在"常规"选项卡中,配置新站点的 FTP 相关信息,信息如表 2-5-1 所示。

表 2-5-1　配置 FTP 相关信息

参　　数	说　　明
协议	保持默认选项"FTP—文件传输协议"
主机	输入 FTP 登录主机地址
端口	设置为 21
加密	根据您的需求选择合适的加密方式
登录类型	保持默认选项"正常"
用户	输入 FTP 登录用户名
密码	输入 FTP 登录密码

（4）单击"连接"按钮，即可连接到云虚拟主机。连接成功后，就可以对网站文件进行上传、下载、新建和删除等操作。FileZilla 工具界面如图 2-5-65 所示。

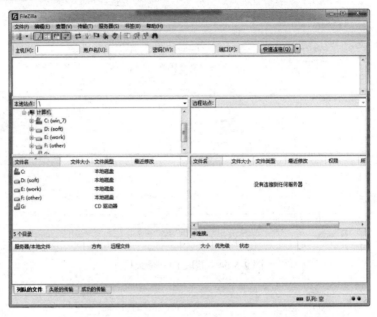

图 2-5-65　FileZilla 工作界面

（5）在本地站点中选择要上传的网站对应的文件夹（int-bot），其下可以看到该文件夹中所包含的文件夹及文件，如图 2-5-66 所示。

（6）选中"int-bot"并右击，在弹出的快捷菜单中选择"上传"命令，如图 2-5-67 所示。

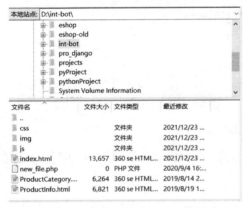

图 72-5-66　本地站点图

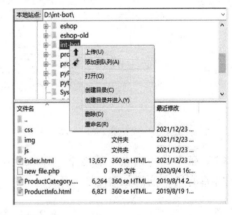

图 2-5-67　上传本地站点

（7）完成后，可看到"文件上传成功"的提示，并且在服务器端可以看到上传的文件夹（int-bot），选择该文件夹，可以看到该文件夹中的文件夹及文件。

 相关知识

1．域名

网站做好了，那么怎么让别人来访问你的网站呢？就好比你的朋友要去你家玩，你得先给他你家的地址，他才能根据地址找到你的家。所以网站要让人知道的第一步就是要注册域名。

域名（Domain Name），是由一串用点分隔的名字组成的，是 Internet 上供用户访问某网站或网页的路径，用于在数据传输时标识计算机的电子方位。尽管 IP 地址能够唯一地标记网络上的计算机，但 IP 地址是一长串数字，不直观，而且用户记忆十分不方便，因此才有了域名地址。

域名级别可分为顶级域名、二级域名和三级域名。顶级域名又分为两类。

一是国家顶级域名（national Top-Level Domainnames，简称 nTLDs），有 200 多个国家都按照 ISO3166 国家代码分配了顶级域名，例如中国是.cn，美国是.us，日本是.jp 等。

二是国际顶级域名（international Top-Level Domain names，简称 iTDs），例如表示工商企业的.com、.top，表示网络提供商的.net，表示非营利组织的.org 等，后又增加了 7 个国际通用顶级域名：.firm（公司企业）、.store（销售公司或企业）、.web（突出 WWW 活动的单位）、.arts（突出文化、娱乐活动的单位）、.rec（突出消遣、娱乐活动的单位）、.info（提供信息服务的单位）、.nom（个人）。

二级域名是指顶级域名之下的域名，在国际顶级域名下，它是指域名注册人的网上名称，如 ibm、yahoo、microsoft 等；在国家顶级域名下，它表示注册企业类别的符号，如 com、top、edu、gov、net 等。

我国在国际互联网络信息中心（Inter NIC）正式注册并运行的顶级域名是.cn，这也是我国的一级域名。在顶级域名之下，我国的二级域名又分为类别域名和行政区域名两类。类别域名共 6 个，包括用于科研机构的.ac，用于工商金融企业的.com、.top，用于教育机构的.edu，用于政府部门的.gov，用于互联网络信息中心和运行中心的.net，用于非营利组织的.org。而行政区域名有 34 个，分别对应于我国各省、自治区和直辖市。

三级域名用字母（A～Z、a～z、大小写等）、数字（0～9）和连接符（一）组成，各级域名之间用实点（.）连接，三级域名的长度不能超过 20 个字符。

国际域名管理机构是采取"先申请，先注册，先使用"的方式，而网域名称只需要缴纳金额不高的注册年费，只要持续注册就可以持有域名的使用权。

2．服务器

网站要让人访问到就必须要有存放网站文件的地方，就好比有了地址，但根据地址来到目的地一看发现一无所有肯定是不行的，这时就需要在地址所在地有一栋房子让我们长期居住。所以当有了地址，下面需要做的就是有一个空间用于存放网站文件。存放网站文件可以有自建服务器、服务器托管和虚拟主机三种方式，一些成熟的大中型企业通常采用自建服务器的方式，服务器托管适合于发展中的中小型企业，而虚拟主机比较适合初期小型企业。目前可以在网络上找到很多申请空间的网站，不仅可以申请虚拟主机还可以申请云服务器，早期还提供免费空间。不过免费空间存在空间较小、频带窄、易堵塞，多数需要义务性广告，随时会被取消服务等问题。目前提供免费空间的服务越来越少，所以在条件允许的情况下，应尽量申请收费空间。

3．Web 服务器

Web 服务器一般指网站服务器，是驻留于 Internet 上某种类型计算机的程序，可以处理浏览器等 Web 客户端的请求并返回相应响应，可以放置网站文件，让全世界浏览；也可以放置数据文件，让全世界下载。目前最主流的三个 Web 服务器是 Apache、Nginx、IIS。简而言之，它就是发布网站的后台支撑程序，可以使你的机器成为一台 Web 服务器。

4．FTP 工具软件

FileZilla（其标志如图 2-5-68 所示）是一种快速、可信赖的 FTP 客户端及服务器端开放源代码程序。可控性、有条理的界面和管理多站点的简化方式使得 FileZilla 客户端版成为一个方便、高效的 FTP 客户端工具，而 FileZilla Server 则是一个小巧并且可靠的支持 FTP&SFTP 的 FTP 服务器软件。

图 2-5-68　FileZilla 图标

 课后习题

课后习题见在线测试 2-5-2。

在线测试 2-5-2

能力拓展

运用本任务学习的知识，体验安装 IIS 服务器并发布网站、申请域名、申请虚拟主机和利用 FTP 软件管理网站文件。

任务引导 1：安装 IIS 服务器	
已完成安装 □	安装存在问题 □
任务引导 2：利用 IIS 服务器发布网站、访问网站	
已完成发布并访问 □	发布或访问存在问题 □
任务引导 3：体验申请域名	
申请域名的网站：	
可以申请的域名：	
已完成申请体验 □	申请存在问题 □
任务引导 4：体验申请虚拟主机	
申请的哪里的虚拟主机：	
FTP 登录用户名：	
FTP 登录密码：	
FTP 登录主机地址：	
已完成申请体验 □	申请存在问题 □
任务引导 5：利用 FTP 软件管理网站文件	
已完成 FTP 软件的安装 □	安装存在问题 □
已完成 FTP 与虚拟主机的连接 □	连接存在问题 □
已完成 FTP 上传网站文件 □	上传存在问题 □

任务6　"英博特智能科技"企业网站宣传推广与维护

　　一个好的网站，不只是将其制作完成并发布就结束了，其实网站的工作才刚刚开始。互联网的魅力很大程度上在于它能源源不断地提供最及时的信息。试想如果有一天登录门户网站发现网站内容全是几年前的，或者利用搜索引擎进行搜索却只能查到几年前的资料，也许就再也没有人愿意去登录这些门户网站或使用这些搜索引擎了。同样，对于一个企业来说，其发展状况是在不断变化的，网站的内容也就需要随之更新，才能给人以常新的感觉和良好的印象。这就要求企业要对站点进行长期的、不间断的维护和更新，如丰富网站内容、定期进行界面改版、网站的安全管理和数据的后期维护等。特别是在企业推出了新产品或服务项目、有大的动作或变更时，都应该把企业的现有状况及时地在其网站上发布出来，以便让客户和合作伙伴及时地了解，同时企业也可以及时得到相应的反馈信息，以便做出合理的处理。总之，一个内容丰富、日新月异的网站才会受到欢迎，才会给网站所有者带来收益。

6.1　网站宣传推广

　　很多网站内容丰富，颇有创意，却鲜有来者，原因在于没有针对网站的宣传推广计划。虽说"好酒不怕巷子深"，但是也要能找到才可以。特别是在如今的网络时代，如果不做宣传推广，网上营销就很难成功，也就无法从中获利。

　　网站推广，主要是指利用互联网这一媒介，把企业要宣传和展示的产品、服务及相关信息推广到目标受众面前。换句话说，凡是通过网络手段进行的推广活动，都属于网站推广。而要把网站推广工作做好，需要了解在网上进行网站推广的方法和途径，并能根据实际需要合理利用。

　　网站推广的方式有很多，常见的有搜索引擎推广、电子邮件推广、资源合作推广、信息发布推广等。很多时候，做好一个推广并不需要那么多的推广方式齐上阵，而是需要在实践中寻找出最适合的推广方式的组合。

能力要求

（1）了解多种网站宣传推广的方式。
（2）了解网站推广的步骤。
（3）了解搜索引擎优化工具。

学习导览

本任务学习导览如图 2-6-1 所示。

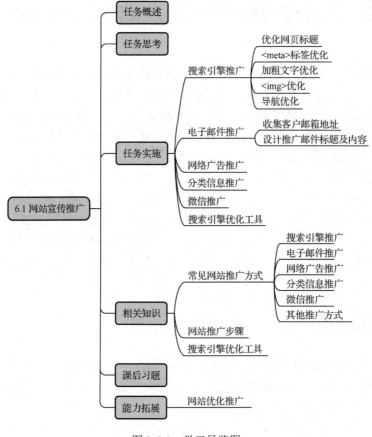

图 2-6-1　学习导览图

 任务概述

对"英博特智能科技"企业网站进行合理的优化，并为其设计电子邮件推广、网络广告推广、分类推广、微信推广方案，利用 SEO 辅助工具对其进行测试，完成相关表格的填写。

 任务思考

（1）有哪些网络宣传推广的方式，请举例？

_____

（2）网站测试有测试工具吗，请举例？

_____

（3）什么是 SEO？

_____

任务实施

6.1.1　搜索引擎推广

1．优化网页标题

优化"英博特智能科技"企业网站的标题，给所有页面添加合适的网页标题（title），并完成"设置网页标题"表格。表格见电子活页 2-6-1。

电子活页 2-6-1

以"英博特智能科技"中的 index.html 页面为例，为其设计的网页标题为"英博特智能"，具体代码如下。

```
<html>
<head>
    <meta charset="utf-8">
    <title>英博特智能</title>
    …
</head>
<body>
…
</body>
</html>
```

2．<meta>标签优化

给"英博特智能科技"企业网站首页添加描述性<meta>标签，为其设计关键字和网站描述内容，并完成"首页关键字和网站描述"表格，表格见电子活页 2-6-2。

电子活页 2-6-2

<meta>标签总的描述性文字应放在网页代码的<head>和</head>之间，形式是"<meta name=" keywords " content="描述性文字"> <meta name="description" content="描述性文字">"。"英博特智能科技"中<meta>标签的设计如下。

```
<html>
<head>
    <meta charset="utf-8">
    <meta name="keywords" content=" AGV,搬运机器人,AGVS,调度系统,穿梭机器人,KIVA, AGVS,调度系统,AGV 调度系统,中央控制系统,AGV 中央控制系统,仓储物流">
    <meta name="description" content="苏州英博特智能科技有限公司（Int-Bot）是一家专业从事 AGV 小车、AGV 调度系统及自动化解决方案研发、推广、销售、服务于一体的高科技企业。">
    <title>英博特智能</title>
    …
</head>
<body>
…
</body>
</html>
```

3．加粗文字优化

在"英博特智能科技"企业网站首页中查找加粗文字，比对该加粗文字是否为关键字，统计加粗的关键字文字的数量，并填写到"首页中加粗文字统计"表格，表格见电子活页 2-6-3 中。

电子活页 2-6-3

4．<img>优化

在"英博特智能科技"企业网站首页的代码中检查<img>标签中是否包含 alt 属性和 title 属性，如没有请为其添加 alt 属性和 title 属性，并为它们设计合适的关键字，完成"alt 属性设置"表格，表格见电子活页 2-6-4。

电子活页 2-6-4

5．导航优化

在"英博特智能科技"企业网站首页的代码中检查导航的代码结构，是用了 frame 框架，还是 Flash 导航，还是 HTML+CSS，完成"导航的实现技术"表格，表格见电子活页 2-6-5。

电子活页 2-6-5

6.1.2　电子邮件推广

1．收集客户邮箱地址

可以通过下面 3 种方式收集、整理和建立客户邮箱列表，并将收集的客户邮箱填入"客户邮箱地址"表格，表格见电子活页 2-6-6 中。

电子活页 2-6-6

- 已有客户（已注册客户）的邮箱地址。
- 由专业的互联网服务商收集、整理和建立的邮箱地址列表，需要花费一定的代价，但可以发展潜在用户。
- 自己上网搜集与自己网站相关的客户邮箱。

2．设计推广邮件标题及内容

请选择一个主题，为"英博特智能科技"设计推广邮件，包括为其设计标题及推广邮件的内容。内容要简洁明了，表明主题，用 HTML 设计，可以加入二三张图片，设计好名片便于联系，推广邮件样例如图 2-6-2 所示。完成"推广邮件设计"表格，表格见电子活页 2-6-7。

电子活页 2-6-7

图 2-6-2　邮件推广内容设计参考

6.1.3 网络广告推广

电子活页 2-6-8

为"英博特智能科技"设计网络推广的 banner、标语等,并填入"网络推广设计"表格,表格见电子活页 2-6-8。

6.1.4 分类信息推广

(1)为"英博特智能科技"在"58 同城"发布招聘信息。进入"58 同城"网站,并完成注册登录,注册页面如图 2-6-3 所示。

说明:根据网站的特点,针对性选择适合本网站类别的网站,寻找合适的分类信息网站。

图 2-6-3 58 同城注册页面

(2)注册后,进入个人中心页面,如图 2-6-4 所示,单击右上角的"发布信息"按钮,或页面中的"去发一条"按钮进行信息发布。

图 2-6-4 个人中心页面

(3)进入信息发布页面后,按照具体的要求选择发布的大类、小类和发布信息的主要内容,如图 2-6-5 所示。

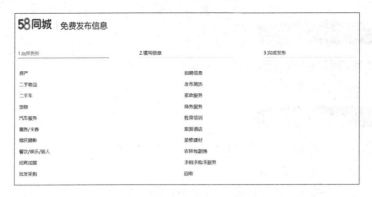

图 2-6-5　选择发布信息类别

（4）选择招聘信息，进入填写招聘信息页面，按照提示完成招聘信息的填写与发布，如图 2-6-6 所示。

图 2-6-6　招聘信息填写

6.1.5　微信推广

请为"英博特智能科技"进行微信推广的设计，确定微信推广的周期和频率，设计微软文的内容，选择合适的配图，并完成"微信推广软文设计"表格，表格见电子活页 2-6-9。

电子活页 2-6-9

6.1.6　搜索引擎优化工具

请利用表格中提供的网站对"英博特智能科技"网站进行测试，并将获取的信息填入"网站测试"表格，表格见电子活页 2-6-10 中。

电子活页 2-6-10

　相关知识

1．常见网站推广方式

1）搜索引擎推广

搜索引擎推广是指利用搜索引擎、分类目录等具有在线检索信息功能的网络工具进行网站推广的方法。据统计，当人们在 Internet 上寻找信息资源时，90%的人是通过百度、360、搜狗、Google 等搜索引擎来进行查询检索的，因此将站点发布到知名的搜索引擎，会使站点得到很高的访问率。

搜索引擎推广的方法有很多，常见的有登录免费分类目录、登录付费分类目录、搜索引擎优化、关键词广告、关键词竞价排名、网页内容定位广告等。

（1）网站内容优化。网站内容优化第一需要优化每个网页的标题（title）。网页标题将出现在搜索结果页面的链接上，因此网页标题写得有吸引力才能让搜索者想去点击该链接。标题要简练，5～8 个字最好，要说明该页面、该网站最重要的内容是什么。标题在代码的<head>和</head>之间的<title>标签中输入。

第二，添加描述性<meta>标签。除了网页标题，不少搜索引擎会搜索到<meta>标签。这是一句说明性文字，用于描述网页正文的内容，其中要包含本页使用到的关键词、词组等。这段描述性文字放在网页代码的<head>和</head>之间，形式是 "<meta name=" keywords " content="描述性文字"> <meta name="description" content="描述性文字">"。

第三，在网页中的加粗文字中填上关键词。在网页中一般加粗文字是作为文章标题的，所以搜索引擎很重视加粗文字，认为这是本页很重要的内容，因此，要确保在一两个粗体文字标签中用上<meta>中的关键词。

第四，确保在正文第一段中就出现关键词。搜索引擎希望在第一段文字中就找到关键词，但也不能充斥过多关键词。Google 大概将全文每 100 个字中出现 1.5～2 个关键词视为最佳的关键词密度，可获得好排名。其他考虑放置关键词的地方可以在代码的 alt 属性或<comment>标签里。

第五，导航设计要易于搜索引擎搜索。一些搜索引擎不支持框架结构与框架调用，框架不易搜索引擎收录抓取。Google 可以检索使用网页框架结构的网站，但由于搜索引擎工作方式与一般的网页浏览器不同，因此会造成返回的结果与用户的需求不符，这是搜索引擎极力要避免的，所以 Google 在收录网页框架结构的网站时还是有所保留的，这也是要慎用框架的原因。而用 JavaScript 和 Flash 制作的导航按钮虽然看起来很漂亮，但搜索引擎找不到。当然可以通过在页面底部用常规 HTML 链接再做一个导航条，确保可以通过此导航条的链接进入网站每一页；或通过制作一个网站地图，也可以链接每个页面来补救。

（2）登录各大门户网站搜索引擎。门户网站搜索引擎是许多普通网民搜索和发现新网站的重要途径，将优化并设计好含有关键词的问题、需求等在门户网站中进行发布，能够有效地提升网站的曝光率，将网站快速呈现在普通网民面前。其中各大门户网站搜索引擎的"推荐登录"方式能够让网站具有较好的关键词搜索排名位置，是比较理想的登录方式。

（3）登录百度、360、搜狗等专业搜索引擎。百度、360 等知名专业搜索引擎属于自动收录加关键词广告模式，如果能够被其收录，并在搜索相关关键词时有较好的搜索引擎自然排名，将极大地促进网站的营销推广和自我增值。

提示：向搜索引擎登记网页时注意如下几点。

① 严格遵守每个搜索引擎的规定，如某搜索引擎规定网站描述不要超过 20 个字，那就千万不要超过 20 个字（包括标点符号）。

② 只向搜索引擎登记首页和最重要的两三页，搜索程序会根据首页的链接读出其他页面并收录（建议第一次只登记首页）。

③ 搜索引擎收录网页的时间从几天至几周不等。建议等待一个月后，输入域名中的

yourname 查询。如果网站没有被收录，再次登记直至被收录为止。要注意在一个月内，千万不要频繁地重复登记网页，这也许会导致网页永远不会被收录。

④ 百度、360 等知名专业搜索引擎提供了点击付费模式的关键词广告，投放关键词广告更有利于推广。

2）电子邮件推广

电子邮件推广即利用电子邮件向潜在客户或客户发送电子刊物、广告、新闻邮件等来达到推广的目的。电子邮件推广是基于用户许可的电子邮件营销，相对于滥发邮件（Spam）具有明显的优势，可以减少广告对用户的滋扰、增加潜在客户定位的准确度、增强与客户的关系、提高品牌忠诚度等。

电子邮件推广技巧与注意事项如下。

① 发邮件前要得到对方的允许。

② 邮件内容要有趣、吸引人。邮件视觉效果、文字内容、产品信息三个方面可以分别建出模板，一劳永逸。

③ 在邮件的最后要附上一段文字，告诉别人如果不想再收到你的邮件该怎么做。

④ 邮件要短。加入超链接，以便直接点进网站了解更多信息。

⑤ 客户的邮件一定要在一个工作日内回复。

⑥ 绝对不要发垃圾邮件。

⑦ 不要全用大写的字母写邮件，这会让人感觉你在大叫或在吼，还很粗暴。

⑧ 邮件中不要出现彩色字和艺术字，这是幼稚和不专业的表现，建议通篇用一个字号和黑色，图片除外。

⑨ 不要用黑色背景（如黑底白字），这同样是不专业的表现，而且阅读起来很困难，应坚持用白底黑字。

3）网络广告推广

网络广告推广是指在互联网上发布以广告宣传为目的的信息，常见的形式包括 Banner 广告、关键词广告、分类广告、赞助广告、Email 广告等。它是营销计划中非常重要的步骤，网络广告推广效果的好坏甚至影响整个营销计划的成功。

网络广告的载体主要是多媒体和超文本格式文件（HTML 文件），只需点击就能进一步了解更详细、生动的信息，从而使消费者能亲身"体验"产品与服务，让他们如身临其境般感受商品或服务，因此，网络广告又具备强烈的交互性与感官性这一优势。

网络广告是投入较大、效果明显的网站推广方式之一。广告投放对象的选择要符合网站访问群特征，并根据网站不同推广阶段的需要进行调整。

网络广告推广的步骤与方法如下。

① 生动的广告搭配，刺激点击欲望。网络广告一般放置在网页的醒目位置，采用图片+动画+文字等方式，可以让广告更生动，视觉上更具冲击力，此外广告应与网页的风格相配，提高用户体验，让访客不由自主产生点击的欲望，从而产生广告效益。

② 构思广告语，树立品牌形象。一些国内国际著名的网站，为了拉近与用户的距离，树立品牌形象，都设计了相关品牌形象，如"百度一下，你就知道""一切皆有可能""不走寻常路""真诚到永远""我的地盘听我的""钻石恒永久，一颗永流传"等。要设计好广告语，需注意以下几点。

• 句子精简、顺口、直截了当。

- 要用口语化的表达形式，方便用户记忆，提高口碑推广。
- 广告语要创新、独特，文字要通俗易懂，给人以想象的空间，抓住用户的注意力。

③ 内容常更新，提高新鲜感。广告看的时间长了、次数多了，会产生疲劳感、厌烦感，为了更好地适应网站回头客，广告做好后不能一成不变，如果确定广告语是固定的，那就要合理处理好图片、影像及周边搭配，经常更新色彩、文字，更能提高用户的点击率。

④ 定位用户群体，投放相应广告。要根据广告的类型，分析、锁定相关用户群体，精简预算，投放相应的网络媒体，投放广告不要求多，而要做到精准。选取用户群多、流量高、信任度好的行业相关网站去投放，能事半功倍，提高用户转换率。

网络广告发布的途径如下。

- 通过企业自有网站发布。
- 利用知名网站发布，可选择访问率高或有明确受众定位的网站。
- 使用电子邮件发布。

4）分类信息推广

分类信息又称分类广告或主动广告，它根据人们的主观需求，按信息内容的行业和信息类型、信息范围等进行归类。它是 Web 2.0 的衍生物，是新一代互联网应用模式，它让网络变得更普及、更贴近生活。分类信息推广就是将营销推广信息发布在分类信息网站相应的版块，让有需求的用户搜索到。

比较著名的分类信息网如下。

电子商务类网站：阿里巴巴、中国供销商、慧聪网等。

网址导航类网站：hao123、360 导航、搜狗网址导航、265、2345 等。

企业黄页类网站：中国黄页网、电信黄页、网络 114、全球黄页、中国企业名录等。

行业门户类网站：中国工业信息网、中国工业电器网等大型行业门户。

生活服务类网站：百姓网、索虎网、一问百答分类信息网、赶会网、搜信网、找查发、58 同城、赶集网、酷易搜、口碑、快点 8、八戒信息网、中国收售网，站台网、北京信息网、娃酷网、搜事网等。

同城小区类网站：17365 户邻网、口碑网、登道网等。

校园分类网站：零点校园网、阿里分分、中国校园网等。

5）微信推广

微信营销是网络经济时代企业或个人营销模式的一种，是伴随着微信的火热而兴起的一种网络营销方式。微信不存在距离的限制，用户注册微信后，可与周围同样注册的"朋友"形成一种联系，订阅自己所需的信息。商家通过提供用户需要的信息，推广自己的产品，从而实现点对点的营销。

微信营销主要体现在以安卓系统、苹果系统的手机或平板电脑中的移动客户端进行的区域定位营销，商家通过微信公众平台，结合转介率、微信会员管理系统展示商家微官网、微会员、微推送、微支付、微活动，已经形成了一种主流的线上线下微信互动营销方式。

下面介绍一些常见的微信公众号的推广渠道及方法。

① 微博或社交网站推广。在微博资料或社交网站介绍中推荐相关的微信号，并且配上二维码，方便粉丝扫一扫关注，私信给自己的微博粉丝或找其他大 V 帮转发。

② 微信号群组推广方法。微信号的门槛比较低，任何人都可以注册，可以利用这一点注册多个小号，然后每个小号设置好头像，添加更多的好友，通过小号向用户推送公众号信息。

③ 微信红包。通过微信个人账号，建立多个微信群组，发放红包让群内用户转发文章、分享文章、关注公众号。

④ 微信号互推。由于公众号发布内容不能太随意，所以可以通过小号的方式来实现，这样既可以保障公众号的形象，又可以起到较好的宣传效果，不过这个做法只适合前期涨粉。

⑤ 摇一摇。通过"摇一摇"让用户看到我们的签名甚至更进一步添加我们为好友，这个做法的好处是可以突破地域限制。

⑥ 活动推广。活动的效果是最直接也是最有效的方法，不论是线上活动还是线下活动，一个鲜明的活动主题最容易让人们记住。尤其是线下活动导流效果比较明显，如亲子 O2O 活动，可以通过送荧光棒等小礼品的方式涨粉。

⑦ 软文推广。软文推广也是一种很好的方法，利用信息来源推广公众号也是最能让用户关注的。

⑧ 微信朋友圈。微信公众号的粉丝来源最多是朋友圈，很多文章通过朋友圈的扩散，会造成阅读人数超过送达人数的几十倍，那么怎么能达到高倍的阅读数，那就是转发到朋友圈，给更多的人看。所以加大量的好友并转发公众号的文章是最能提高粉丝的方法了。

⑨ 线下沙龙。通过线下沙龙和一些传统媒体联合举办行业沙龙，可以在签到处放一些二维码，方便来宾快速扫描添加微信号，这种方法增加粉丝的速度也非常快。

6）其他推广方式

网站的宣传方式还有很多，重点的是要找到适合自己的方法。

- 去论坛发帖推广。
- 加入网摘、图摘、论坛联盟、文字链。
- 流量交换。
- 友情链接。
- QQ 群宣传。
- 资源互换。
- 媒体炒作。
- 购买弹窗、包月广告。
- 加入网站之家。

2. 网站推广步骤

网站宣传推广的方法有很多，但真正实施时并不是所有的方法都要用上，很多时候做好网站仅仅只需要将选定的推广方法更深入地执行下去。那么到底如何去做好网站推广呢？关键是做好如下几步。

1）定位分析

（1）网站分析：对网站的自身进行解剖，目的是寻找网站的基础问题所在。

（2）电子商务定位：对企业网站进行电子商务定位，明确网站的位置。

（3）电子商务模式分析：分析网站的电子商务模式，研究与网站相匹配的电子商务模式。目前电子商务模式主要有 6 种类型：企业与消费者之间的电子商务（Business to Consumer，B2C）、企业与企业之间的电子商务（Business to Business，B2B）、消费者与消费者之间的电子商务（Consumer to Consumer，C2C）、线下商务与互联网之间的电子商务（Online to Offline，O2O）、供应方（Business）与采购方（Business）通过运营者（Operator）实现的电子商务（BOB）、企业网购引入质量控制（B2Q）。

（4）行业竞争分析：根据网站行业竞争的情况，综合其他网站优点，综合性地融入网站整体中。

（5）网站前景分析：分析网站短期规划与长期发展战略、网站的营利点。

2）网站诊断

（1）网站结构诊断：网站的结构是否合理、是否高效、是否方便、是否符合用户访问的习惯。

（2）网站页面诊断：页面代码是否精简、页面是否清晰、页面容量是否合适、页面色彩是否恰当。

（3）文件与文件名诊断：包括文件格式、文件名等。

（4）访问系统分析：统计系统安装、来路分析、地区分析、浏览者分析、关键词分析等。

（5）推广策略诊断：网站推广策略是否有效、是否落后、是否采用复合式推广策略等。

3）营销方法

（1）关键词方法：包括主体关键词、栏目关键词、页面关键词、SEO 优化等。

（2）搜索引擎登录方法：登录常用的搜索引擎，如百度、Google、360 等。

（3）链接相关性方法：链接相关性、网站的权重。

（4）目标市场方法：对行业市场进行分析，研究网站与市场的结合关系。

（5）特点分析：分析网站的特色、卖点是什么等。

（6）营销页面方法：营销页面设置的位置、营销页面的内容、营销页面的第一感觉等。

（7）网站维护：内容维护、服务维护、客服维护。

4）整体优化

（1）网站的架构优化：结构优化、分类的优化、网站地图等。

（2）网站页面优化：页面布局、页面设计优化、页面的用户体验、页面的广告融合。

（3）导航设计：导航的方便性、精简性，导航的文字优化等。

（4）链接整理：对网站的内外链接进行整体优化。

（5）标签优化设计：对相关标签进行优化设计。

5）整合推广

（1）网站流量推广策略：关键还是流量，这个过程中会用到许多网络营销方法。

（2）文章推广：去相关行业网站、论坛、博客等发布专业类的知识，并附上网址。

（3）广告策略：策略要灵活，选择合适的广告投放推广。

（4）其他推广：开发、挖掘新的推广手段，提高网站的信任度。

3. 搜索引擎优化工具

搜索引擎优化即 SEO（Search Engine Optimization），是指通过对网站进行站内优化（网站结构调整、网站内容建设、网站代码优化等）和站外优化，从而提高网站的关键词排名及公司产品的曝光度，以达到网站推广的目的。

SEO 工具即在搜索引擎优化过程中用到的辅助软件，如查询工具、排名工具、流量分析软件、站群软件等。常用的 SEO 站点有站长工具、站长工具客户端（公测版）、爱站网等。

 课后习题

在线测试 2-6-1

课后习题见在线测试 2-6-1。

能力拓展

运用本任务学习的知识，请选择一个你熟悉领域的网站（如本学校网站、校企合作的企业网站等），并对该网站进行页面优化，进而进行宣传推广，优化并设计的方案可参考前面任务实施中的相关表格进行填写，并最终完成下表的统计。

目标网站：
任务引导 1：目标网站优化主要内容罗列
任务引导 2：目标网站宣传推广内容罗列
任务引导 3：辅助工具测试目标网站基本信息罗列

6.2 网站维护

企业网站一旦建成，网站的维护就成了摆在企业经理面前的首要问题。人们上网无非是要获取所需，所以对于一个网站，只有不断地更新，提供人们所需要的内容才能有吸引力。如果是一个毫无新意、一成不变的网站，相信即便宣传做好了，还是会流失大量的客户。对于企业来说，企业的情况是在不断地变化的，网站的内容也需要随之调整，只有在网站更新维护上持之以恒，才能保持网站的新意和吸引力。

网站维护不仅是网页内容的更新，还包括通过 FTP 软件进行网页内容的上传、cgi-bin 目录的管理、计数器文件的管理、新功能的开发、新栏目的设计、网站的定期推广服务等。所以本次任务将完成"英博特智能科技"企业网站的维护工作。

 能力要求

（1）了解网站维护的重要性。

（2）知道网站维护的基本内容有哪些，应该如何进行基本的维护。

学习导览

本任务学习导览如图 2-6-7 所示。

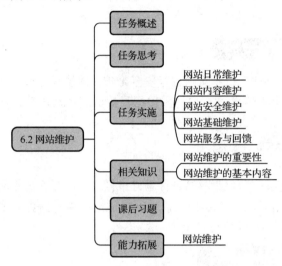

图 2-6-7 学习导览图

任务概述

记录已发布的"英博特智能科技"企业网站的日常维护、安全维护、基础维护和服务与回馈工作日志。

任务思考

（1）网站维护包括哪些维护？列举两个。

_____

（2）网站的日常维护通常包括哪些？列举两个。

_____

（3）如何做好客户的维护？

_____

任务实施

6.2.1 网站日常维护

电子活页 2-6-11

请对"英博特智能科技"企业网站进行日常维护，并填写完成"网站日常维护表"，表格见电子活页 2-6-11。需根据具体情况填写内容，如果

当天某项没有维护，可以填写"无"。

 6.2.2　网站内容维护

电子活页 2-6-12

请对"英博特智能科技"企业网站内容进行更新，并填写完成"网站内容维护表"，表格见电子活页 2-6-12。需根据具体情况填写内容，如果当天某项没有进行维护，可以填写"无"。

6.2.3　网站安全维护

电子活页 2-6-13

请对"英博特智能科技"企业网站进行安全维护，并填写完成"网站安全维护表"，表格见电子活页 2-6-13。需根据具体情况填写内容，如果当天某项没有进行维护，可以填写"无"。

6.2.4　网站基础维护

电子活页 2-6-14

请对"英博特智能科技"企业网站进行基础维护，并填写完成"网站基础维护表"，表格见电子活页 2-6-14。需根据具体情况填写内容，如果当天某项没有进行维护，可以填写"无"。

6.2.5　网站服务与回馈

电子活页 2-6-15

请对"英博特智能科技"企业网站提供的服务进行维护，并填写完成"网站服务与反馈"表格，表格见电子活页 2-6-15。需根据具体情况填写内容，如果当天某项没有进行维护，可以填写"无"。

 相关知识

1. 网站维护的重要性

据统计，目前互联网上有将近 40%的网站是没有任何更新的，即通常所说的"死站"。而在这个互联网飞速发展的时代，人们检索信息应用最多的就是互联网。当在搜索引擎中输入某个关键词，看到一个不错的网站名字，但是打开它却发现版式还是四五年前的，内容还是刚刚上线时候的，相信你的第一感觉肯定会大打折扣，甚至懒得再看第二眼；相反地，如果看到的网站中有定期的内容更新，如新闻的更新、产品的更新，至少可以说明这个企业一直在发展。

开发一个企业网站，通常需要的时间为一周到六个月，但在企业经营的过程中，网站的生命应该随着企业的发展而更长久。只有长期坚持维护网站，才能给网站带来更大的利益。

网站不更新的原因是相似的，网站更新却各有各的理由，主要是从以下几个方面来考虑。

（1）需要有新鲜的内容来吸引人。这个时代不缺少网站，缺少的是内容，而且是新鲜的内容。试想当花费了时间、精力，投入了资金和热情，寄予了期望的网站，因为缺乏维护，当人们第二次光临网站时，看到一样的内容、一样的面孔，谁愿意为此而浪费宝贵的时间呢？想让更多的人来访问网站，就要考虑给它加些新鲜的要闻或不断更新产品、有用的信息，这样才会吸引更多的关注。

（2）让网站充满生命力。一个网站只有不断更新才会有生命力，人们上网无非是要获取所需,只有不断地提供人们所需要的内容,才能有吸引力。网站好比一个电影院,如果每天上映的都是十年前的老电影,而且总是同一部影片,相信没有人会来第二次。

(3)与推广并进。网站推广会给网站带来访问量,但这很可能只是昙花一现,真正想提高网站的知名度和有价值的访问量,只有靠回头客。网站应当经常有吸引人的、有价值的内容,让人能够经常访问。

总之,一个不断更新的网站才会有长远的发展,才会带来真正的效益。

2. 网站维护的基本内容

(1)网站日常维护。网络日常维护包括帮助企业进行网站内容更新调整、网页垃圾信息清理、网络速度提升等网站维护操作,定期检查企业网络和计算机工作状态,降低系统故障率,为企业提供即时的现场与远程技术支持并提交系统维护报告。涉及的具体内容如下。

① 静态页面维护:包括图片和文字的排列和更换。

② 更新 JavaScript banner:把相同大小的几张图片用 JavaScript 进行切换,达到变换效果。

③ 制作漂浮窗口:在网站上面制作动态的漂浮图片,以吸引浏览者眼球。

④ 制作弹出窗口:打开网站的时候弹出一个重要的信息或网页图片。

⑤ 新闻维护:对公司新闻进行增加、修改、删除的操作。

⑥ 产品维护:对公司产品进行增加、修改、删除的操作。

⑦ 供求信息维护:对网站的供求信息进行增加、修改、删除的操作。

⑧ 人才招聘维护:对网站招聘信息进行增加、修改、删除的操作。

(2)网站安全维护,涉及的具体内容如下。

① 数据库导入/导出:对网站 SQL/MySQL 数据库导出备份、导入更新服务。

② 数据库备份:对网站数据库备份,传送给管理员。

③ 数据库后台维护:维护数据库后台正常运行,以便于管理员可以正常浏览。

④ 网站紧急恢复:如网站出现不可预测性错误时,及时把网站恢复到最近备份的状态。

(3)网站故障恢复。帮助企业建立全面的资料备份及灾难恢复计划,做到有备无患;在企业网站系统遭遇突发严重故障而导致网络系统崩溃后,在最短的时间内进行恢复;在重要的文件资料、数据被误删或遭病毒感染、黑客破坏后,通过技术手段尽力抢救,争取恢复。

(4)网站内容更新。网站的信息、内容应该适时更新。在网站栏目设置上,也最好将一些可以定期更新的栏目,如企业新闻等放在首页上,使首页的更新频率更高些。

帮助企业及时更新网站内容,包括文章撰写、页面设计、图形设计、广告设计等服务内容,把企业的现有状况及时地在网站上反映出来,以便让客户和合作伙伴及时了解企业的最新动态,同时也可以及时得到相应的反馈信息,以便做出及时、合理的处理。

(5)网站优化维护。帮助企业网站进行<meta>标签优化、W3C 标准优化、搜索引擎优化等合理优化操作,确保企业网站的页面布局、结构和内容对于浏览者和搜索引擎都更加亲和,使得企业网站能够更多地被搜索引擎收录,赢得更多潜在消费者的注目和好感。

(6)网络基础维护。涉及的具体内容如下。

① 网站域名维护:如果网站空间变换,及时对域名进行重新解析。

② 网站空间维护:保证网站空间正常运行,掌握空间最新资料,及时保存和更新空间资源。

③ 企业邮局维护:分配、删除企业邮局用户,帮助企业邮局 Outlook 的设置。

④ 网站流量报告:可统计出地域、关键词、搜索引擎等统计报告。

⑤ 域名续费:及时提醒客户域名到期日期,防止到期后被别人抢注。

（7）网站服务与回馈工作要跟上。客户向企业网站提交的各种回馈表单、购买的商品、发到企业邮箱中的电子邮件、在企业留言板上的留言等，企业如果没有及时处理和跟进，不但丧失了机会，还会造成很坏的影响，以致客户不会再相信企业的网站。所以应给企业设置专门从事网站服务和回馈处理的岗位人员，并对他们进行培训，掌握基本的处理方式，以达到网站服务与回馈工作的及时跟进。

（8）不断完善网站系统，提供更好的服务。企业初始建立网站一般投入较小，功能也不是很强。随着业务的发展，网站的功能也应该不断完善以满足顾客的需要，此时使用集成度高的电子商务应用系统可以更好地实现网上业务的管理和开展，从而将企业的电子商务带向更高的阶段，也将取得更大的收获。

 课后习题

在线测试 2-6-2

课后习题见在线测试 2-6-2。

能力拓展

运用本任务学习的知识，分析你目前正在开发的网站，确定哪些内容需要进行维护和更新，并能形成文字，制订计划，确定这些需要维护的内容的维护周期。

任务引导 1：需要进行维护和更新的内容
任务引导 2：确定需要维护的内容的维护周期
任务引导 3：为需要维护的内容制作记录表

任务7 "英博特智能科技"企业网站项目总结

通过前面任务的学习，我们已经基本完成"英博特智能科技"网站建设项目。此时就需要对整个项目做最后的总结，包括对项目的成功、效果及得到的教训进行分析，以及将这些信息存档以备将来利用，同时也要对项目做出最后的评价。

项目总结的目的和意义在于总结经验教训、防止犯同样的错误、评估项目团队、为绩效考核积累数据，以及考察是否达到阶段性目标等。

7.1 文档的书写与整理

文档是过程的踪迹，它提供项目执行过程的客观证据，同时也是对项目有效实施的真实记录。项目文档记录了项目实施轨迹，承载了项目实施及更改过程，并为项目交接与维护提供便利。项目应具有真实有效、准确完备的说明文档，便于以后科学、规范地管理。

 能力要求

（1）规范文档写作的格式要求。
（2）明确文档写作的内容。
（3）会进行文档的整理。

 学习导览

本任务学习导览如图 2-7-1 所示。

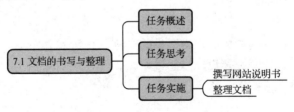

图 2-7-1　学习导览图

 任务概述

文档是在网站开发过程中不断生成的，在开始接手项目时的网站项目策划书，在网站制作过程中小组会议的记录、工作进程的记录，在网站制作完成后的网站说明书，都属于文档的范畴。文档是一种交流的手段，也是网站建设逐步成形的体现。文档的书写及整理在整个网站开发过程中也起着必不可少的作用。

任务思考

（1）文档在整个项目开发中的地位和作用是什么？
_____

（2）文档书写的规范是什么？
_____

（3）文档书写的内容包含哪些？
_____

任务实施

7.1.1 撰写网站说明书

网站作品说明写作方向：网站名称，作者，软硬件条件说明，网站基本功能说明，网页设计创意（创作背景、目的、意义）。

创作过程：在网站制作过程中运用了哪些技术和技巧，文字处理是否有特殊方面，图形处理方面运用了哪些技术和技巧，是否有其他得意之处和原创部分。

主要撰写内容可参考如下大纲。

文档："英博特智能科技"网站说明书完整稿

一、开发目的

二、软、硬件环境

1. 服务器环境

2. 客户端浏览器环境

三、网站基本功能

（主要是一级导航的栏目说明）

四、网站内容介绍

1. 网站名称（具体写如何确定本网站的名称，有何意义）

2. 网站标志（标志截图及设计思想说明）

3. 网站相关页面（截图）

（1）首页

（2）一级页面

（3）二级页面

（4）三级页面

4. CSS（截图）

五、网站技术方案

（主要是运用了哪些技术，如页面布局技术、HTML、CSS、JavaScript 特效、图像查看器，表单；Photoshop 中设计界面、修改图像大小、调整色彩特殊文字等；Flash 中各种动画；技术难点等描述，也可以截图辅助说明，各自展开叙述。）

六、进度

姓　名	任务（承担的任务及列出所做的页面文件名）

7.1.2 整理文档

文档是项目产品的重要组成部分，同时也能得到很好的复用。只要提供完整的架构、需求与设计文档，在没有源代码的情况下，也可以重新开发出一款与原来一样的产品。

此外，项目文档是管理者跟踪和控制项目的一个重要工具。管理者跟踪和控制项目主要通过面对面地交流与文档两种方式，交流具有随机性、即时性与局限性的特点，而文档具有延续性、长期性与全面性的特点，特别是报告与进度文档能让管理者对项目的整体情况了如指掌。

项目文档是项目实施和管理的工具，用来理清工作条理、检查工作完成情况、提高项目工作效率，所以每个项目都应建立文档管理体系，并做到制作、归档及时，同时文档信息要真实有效，文档格式和填写必须规范，符合标准。

网站开发完毕后对在其开发期间生成的一些文档必须进行整理归档，以备后期使用。

7.2 网站展示、交流与评价

经过前期的设计与制作，一个完整的网站已经展现在眼前。作为一个网站，它的好坏并非由网站的设计制作者来判定的，网站的最终目的是给广大的浏览者浏览，因此浏览者即客户的评价才是最重要的。

能力要求

（1）培养文字表达能力。
（2）培养分析能力。
（3）培养协作与交流能力。
（4）培养实事求是的精神和挫折感教育。

学习导览

本任务学习导览如图 2-7-2 所示。

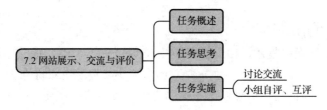

图 2-7-2　学习导览图

 任务概述

本任务通过组内与组间交流，集大家的智慧对开发的网站进行完善，同时可以发现自身的不足之处。

 任务思考

（1）可以通过哪些途径展示自己的网站？
_____

（2）应该从哪些方面评价网站？
_____

（3）评价的意义是什么？
_____

 任务实施

7.2.1　讨论交流

1．小组内部交流
（1）小组交流心得，并完成《网站设计与网页制作》小组成员互评表。
（2）通过交流修改完善网站。
（3）每小组选一个代表展示本小组的作品并简单介绍其设计思想、内容、特色等。
（4）小组合作完成作品介绍的演讲稿。
2．小组间交流
（1）由每个小组的代表上讲台展示并简单介绍作品。
（2）各小组发表自己的意见，以供参考。
（3）各小组完成《网站设计与网页制作》小组互评表。。

7.2.2　小组自评、互评

1．小组成员互评
"小组成员互评标准表"见电子活页 2-7-1。
2．小组自评、互评
小组自评、互评标准表见电子活页 2-7-2。

电子活页 2-7-1　　电子活页 2-7-2

能力拓展

运用本任务学习的知识，完成自选主题网站项目总结报告的撰写。

任务引导 1：根据实际开发的网站，撰写网站开发目的和运行的软/硬件环境配置要求。
任务引导 2：介绍网站基本功能，包含网站的一级导航栏目说明。
任务引导 3：介绍网站内容，包含网站名称有何意义、网站标志的设计思路、网站相关页面的内容（首页和子页截图）和主要 CSS 代码（截图）。
任务引导 4：介绍网站技术方案，包含主要运用的技术、技术难点的描述，可以截图辅助说明，各自展开叙述。
任务引导 5：跟进网站开发制作的进度和任务分配情况。

姓　　名	任务（承担的任务及列出所做的页面文件名）

本篇小结

　　本篇按照真实的网站开发流程，完成了"英博特智能科技"企业网站建设项目。在开发项目的过程中学习 HTML5 的常用标签元素及样式，灵活运用 CSS 的布局模型排版页面，掌握 CSS3 的新特性，包括渐变、动画、过渡等，掌握多媒体应用及 JavaScript 特效应用等技能。使读者在项目实战中系统地掌握网站开发的流程和技术，并通过能力拓展强化和训练网页制作技能。通过本篇的学习，读者能够实现更复杂的样式变化及一些交互效果，页面不再仅仅局限于简单的静态内容展示，而是通过简单的方法使页面元素动起来，实现了元素从静到动的变化，完成的网页有更好的交互性和用户体验。

第三篇
岗位能力强化篇

为了帮助读者更好地学习和掌握网页制作的实践技能，本篇将结合企业前端开发岗位能力模型和《Web 前端开发职业技能等级标准》（1+X 证书初级），形成 Web 前端开发三位一体知识导图，以实践能力为导向，遵循企业软件工程标准和技术，以任务为驱动，针对 HTML、CSS 等重要 Web 前端开发中的知识单元，结合实际案例和应用环境进行分析和设计，并对每个重要知识单元进行详细的实现，使读者能够真正掌握这些知识在实际场景中的应用。

任务1　HTML制作静态网页

使用HTML将所要表达的信息按某种规则写成HTML文件，通过浏览器来识别，并将这些HTML文件"翻译"成可以识别的信息，即我们在互联网上所见到的网页。任务1将完成一个静态网页——体育资讯网站的制作。

能力要求

（1）掌握 HTML 基本结构。
（2）掌握 HTML 文本标签、头部标签的定义和功能。
（3）掌握超链接、表格、表单、图像的定义和功能。

（4）综合应用 HTML 制作静态网页，并开发体育资讯网站页面。

 学习导览

本任务的知识地图如图 3-1-1 所示。

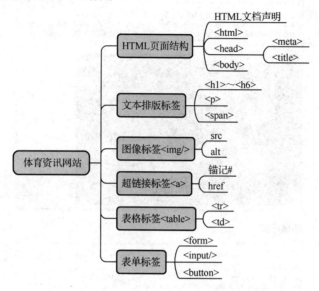

图 3-1-1　体育资讯网站知识地图

3.1.1　任务概述

制作一个体育资讯网站，体验利用 HTML 制作网页的过程，包括体育资讯网站"登录"页面、首页及二级页面的制作，最终页面效果如图 3-1-2～图 3-1-4 所示。

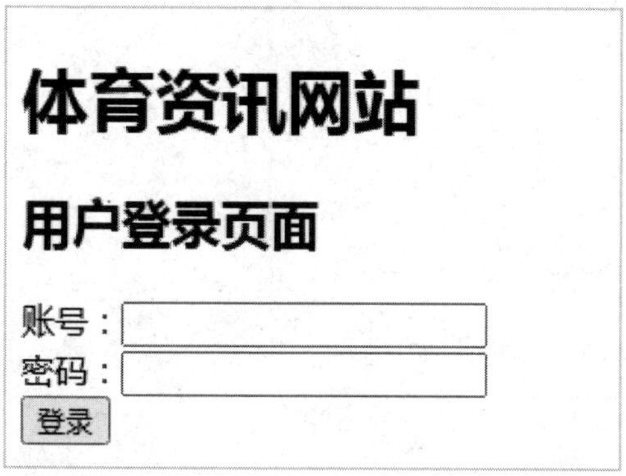

图 3-1-2　体育资讯网站"登录"页面

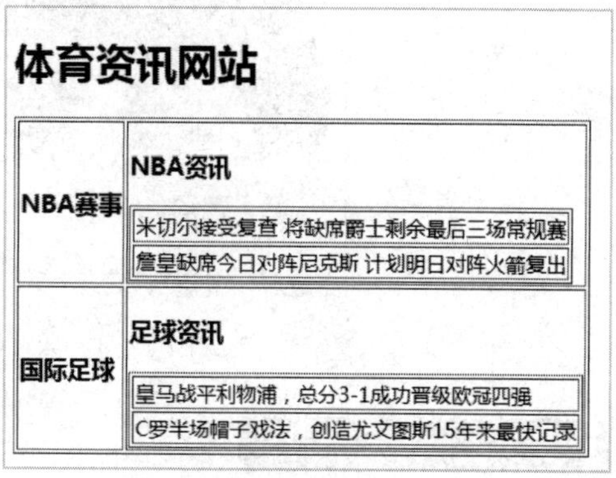

图 3-1-3　体育资讯网站首页

图 3-1-4 体育资讯网站二级页面

3.1.2 任务分析

（1）体育资讯网站"登录"页面从上往下分为页头和正文两个部分，页头是页面标题，正文部分是登录表单，其页面结构图如图 3-1-5 所示，页面元素布局图如图 3-1-6 所示。

（2）体育资讯网站首页从上往下分为页头和正文两个部分，页头为页面标题，正文为新闻内容，主要包括"NBA 赛事"和"国际足球"两个分类的新闻，其页面结构图如图 3-1-7 所示，页面元素布局图如图 3-1-8 所示。

图 3-1-5　体育资讯网站"登录"页面结构图

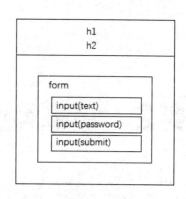

图 3-1-6　体育资讯网站"登录"页面元素布局图

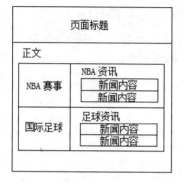

图 3-1-7　体育资讯网站首页结构图

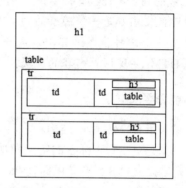

图 3-1-8　体育资讯网站首页元素布局图

（3）体育资讯网站二级页面从上往下也分为页头和正文两个部分，页头为页面标题，正文主要包括新闻锚记链接、新闻内容和回到顶部锚记链接，其页面结构图如图 3-1-9 所示，页面元素布局图如图 3-1-10 所示。

图 3-1-9　体育资讯网站二级页面结构图

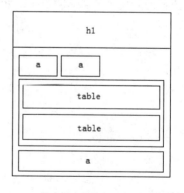

图 3-1-10　体育资讯网站二级页面元素布局图

3.1.3　任务实施

任务实施步骤见电子活页 3-1-1。

电子活页 3-1-1

任务2 HTML实现静态页面内容的呈现

HTML是一种标记语言，它包括一系列标签，通过这些标签可以将网络上的文档格式统一，使分散的Internet资源连接为一个逻辑整体。HTML是一种建立网页文件的语言，通过标记式的指令（Tag），将影像、声音、图片、文字动画、影视等内容显示出来。事实上，每个HTML文档都是一种静态的网页文件，这个文件里面包含了HTML指令代码，这些指令代码并不是一种程序语言，只是一种排版网页中资料显示位置的标记结构语言。任务2将利用HTML实现网页内容的呈现，完成一个甜品网站的制作。

能力要求

（1）掌握 HTML 基本结构。
（2）掌握无序列表标签的定义和功能。
（3）掌握 HTML5 语义化标签<header>、<main>和<footer>的使用。
（4）掌握 iframe 框架的定义和功能
（5）综合应用 HTML 呈现页面内容的技术，实现甜品网站的制作。

学习导览

本任务的知识地图如图 3-2-1 所示。

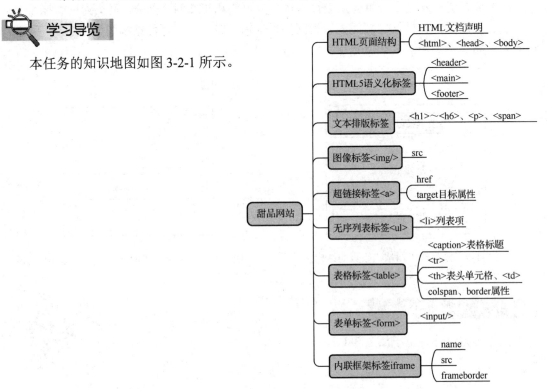

图 3-2-1　甜品网站知识地图

3.2.1 任务概述

制作一个甜品网站，体验利用 HTML 呈现网页内容的过程，包括甜品网站首页、甜品分类子页及甜品详情页面的制作，最终页面效果如图 3-2-2～图 3-2 4 所示。

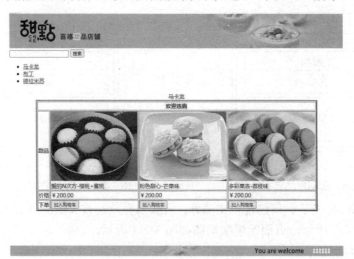

图 3-2-2 甜品网站首页

图 3-2-3 甜品分类子页

图 3-2-4 甜品详情页面

3.2.2 任务分析

（1）甜品网站首页从上往下分为页头、正文和页脚 3 个部分，其中正文又分为搜索区、甜品列表区和甜品展示区，其页面结构图如图 3-2-5 所示，页面元素布局图如图 3-2-6 所示。

图 3-2-5　甜品网站首页结构图

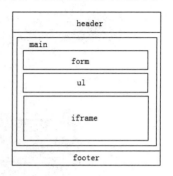

图 3-2-6　甜品网站首页元素布局图

（2）甜品网站分类子页只包含正文部分，页面内容就是首页中甜品展示区的内容，其页面结构图如图 3-2-7 所示，页面元素布局图如图 3-2-8 所示。

图 3-2-7　甜品网站分类子页结构图

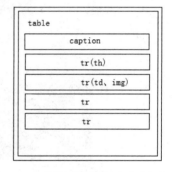

图 3-2-8　甜品网站分类子页元素布局图

（3）甜品网站详情页面是通过在首页的内联框架中嵌入甜品详情子页形成的，甜品详情子页也只包含正文部分，其页面结构图如图 3-2-9 所示，元素布局图如图 3-2-10 所示。

图 3-2-9　甜品详情子页结构图

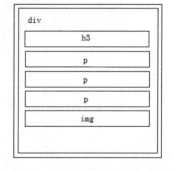

图 3-2-10　甜品详情子页元素布局图

3.2.3 任务实施

任务实施步骤见电子活页 3-2-1。

电子活页 3-2-1

任务3 CSS实现网页整体布局

CSS是用来表现HTML（标准通用标记语言的一个应用）或XML(标准通用标记语言的一个子集）等文件样式的计算机语言。CSS能够对网页中元素位置的排版进行像素级精确控制，拥有对网页对象和模型样式编辑的能力。任务3将利用CSS实现网页的整体布局，完成一个旅游网站首页的制作。

 能力要求

（1）掌握 CSS 选择器的定义和功能。
（2）掌握 CSS 的区块、网页布局属性的功能，以及盒模型。
（3）掌握设置元素浮动和清除浮动的方法。
（4）综合应用 CSS 布局页面技术，开发旅游网站首页。

 学习导览

本任务的知识地图如图 3-3-1 所示。

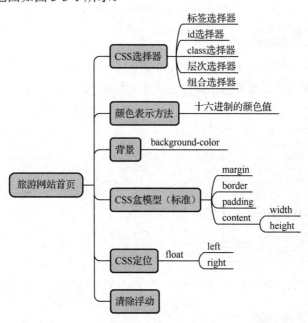

图 3-3-1　旅游网站知识地图

3.3.1 任务概述

制作一个旅游网站，体验利用 CSS 实现网页整体布局的过程，所实现的是一个旅游网站首页的制作，最终页面效果如图 3-3-2 所示。

图 3-3-2 旅游网站首页

3.3.2 任务分析

旅游网站首页从上往下分为页头、正文和页脚 3 个部分，其中正文又分为横幅广告区、旅游向导区和热门推荐区，其页面结构图如图 3-3-3 所示，页面元素布局图如图 3-3-4 所示。

图 3-3-3 旅游网站首页结构图

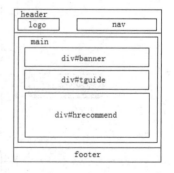

图 3-3-4 旅游网站首页元素布局图

3.3.3 任务实施

任务实施步骤见电子活页 3-3-1。

电子活页 3-3-1

任务4 CSS设计页面样式

在网页制作时采用CSS技术，除了可以实现页面的布局，还可以有效地对页面的字体、颜色、背景和其他效果实现精确地控制。只要对相应的代码做一些简单的修改，就可以改变同一页面的不同部分，或者页数不同的网页的外观和格式。任务4将利用CSS设计页面样式，完成一个数码商城网站首页的制作。

能力要求

（1）掌握 CSS 选择器的定义和功能。
（2）掌握 CSS 中的单位。
（3）掌握字体样式、文本样式、颜色、背景功能。
（4）掌握 CSS 的区块、网页布局属性的功能，以及盒模型。
（5）掌握设置元素布局定位的方法。
（6）掌握设置元素浮动和清除浮动的方法。
（7）综合应用 CSS 布局页面技术，开发数码商城网站首页。

学习导览

本任务的知识地图
如图 3-4-1 所示。

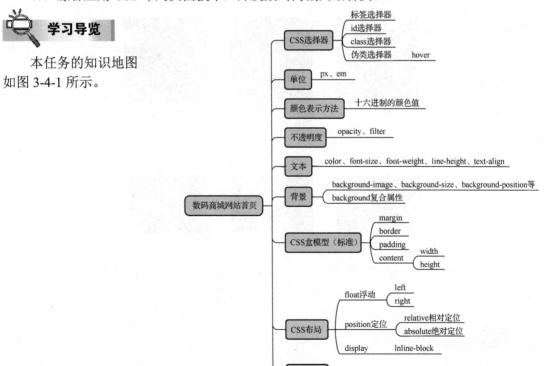

图 3-4-1　CSS 实现数码商城网站首页页面样式知识地图

3.4.1 任务概述

制作一个数码商城网站首页，体验利用 CSS 进行页面样式设计的实现过程，最终页面效果如图 3-4-2 所示。

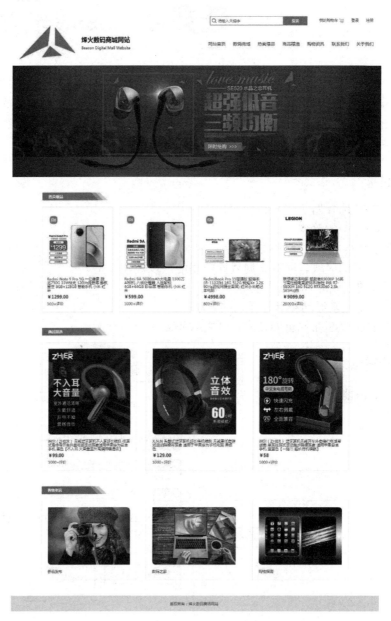

图 3-4-2 数码商城网站首页

3.4.2 任务分析

数码商城网站首页从上往下分为页头、正文和页脚 3 个部分，其中正文又包括横幅广告区、热卖爆品区、商品精选区和购物资讯区几个部分，其页面结构图如图 3-4-3 所示，页面元素布局图如图 3-4-4 所示。

图 3-4-3 数码商城网站首页结构图

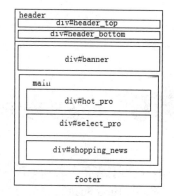

图 3-4-4 数码商城网站首页元素布局图

3.4.3 任务实施

任务实施步骤见电子活页 3-4-1。

电子活页 3-4-1

任务5 CSS3实现页面动态交互效果

CSS3是CSS（层叠样式表）技术的升级版本，主要包括盒模型、列表模块、超链接方式、语言模块、背景和边框、文字特效、多栏布局等模块。CSS3不仅有利于网站的开发与维护，还能提高网站的性能，增加网站的可访问性、可用性，使网站能适配更多的设备，甚至还可以优化网站，提高网站的搜索排名结果。任务5将利用CSS3实现网页图片的动态交互效果，完成一个明信片在鼠标悬停时翻转的页面制作。

 能力要求

（1）掌握 CSS3 中弹性布局的定义和功能。
（2）掌握 CSS3 设置元素圆角和阴影等的方法。
（3）掌握 CSS3 设置元素过渡效果的方法。
（4）掌握 CSS3 实现元素变形的方法。

 学习导览

本任务的知识地图如图 3-5-1 所示。

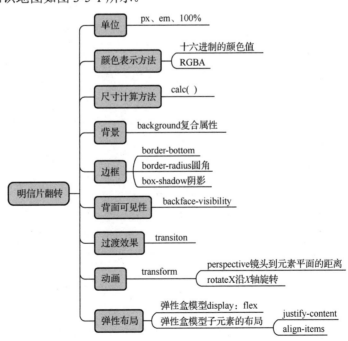

图 3-5-1 CSS3 实现明信片翻转页面效果知识地图

3.5.1　任务概述

制作一个明信片页面，体验利用 CSS3 设计页面中的明信片在鼠标悬停时产生翻转的实现过程，最终页面效果如图 3-5-2 和图 3-5-3 所示。

图 3-5-2　明信片正面效果图

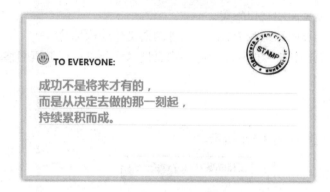

图 3-5-3　明信片翻转后的反面效果图

3.5.2　任务分析

明信片页面只包含正文部分，正文的内容分为明信片正面和明信片反面两部分，其页面结构图如图 3-5-4 所示，元素布局图如图 3-5-5 所示。

图 3-5-4　明信片页面结构图

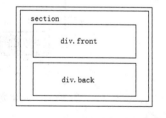

图 3-5-5　明信片页面元素布局图

3.5.3　任务实施

电子活页 3-5-1

任务实施步骤见电子活页 3-5-1。

任务6　HTML5制作移动端静态网页

HTML5技术结合了HTML4及之前的相关标准，并进行了革新，目前已成了万维网的核心语言。HTML5新增了很多语义化标签，使其不仅能开发PC端Web应用，更能有效地支持移动端Web应用的开发。任务6将为读者介绍一个使用HTML5技术制作的运动健康网移动端静态网页。

 **能力要求**

（1）掌握移动端页面的视口配置。
（2）掌握移动端页面结构和 HTML5 基础的语义化结构标签。
（3）综合应用 HTML5 制作移动端静态网页技术，开发运行健康网移动端静态网页。

 **学习导览**

本任务的知识地图如图 3-6-1 所示。

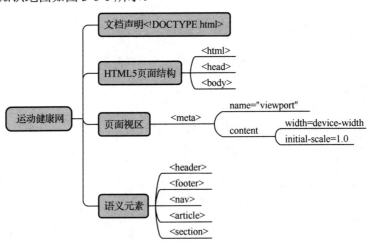

图 3-6-1　运动健康网移动端静态网页知识地图

3.6.1　任务概述

在运动健康网移动端静态网页的设计任务中，需要使用 HTML5 语义化结构标签完成两个简单页面的制作，一个是"主页"，另一个是"体重管理"子页面，最终完成的页面效果如图 3-6-2 和图 3-6-3 所示。

图 3-6-2　运动健康网"主页"

图 3-6-3　运动健康网"体重管理"子页面

3.6.2　任务分析

（1）运动健康网"主页"从上至下分别是头部标题和运动数据、网站导航栏、健康管理栏目和页脚广告，其页面结构图如图 3-6-4 所示。

（2）在页面结构图基础上，结合 HTML5 移动端网页结构布局特点，"主页"页面使用 HTML5 结构化语义标签搭建的页面元素布局如图 3-6-5 所示。

图 3-6-4　"主页"结构图

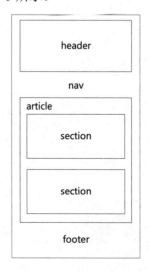

图 3-6-5　"主页"元素布局图

（3）"体重管理"页面从上至下分别是头部标题和用户信息、日期导航、今日数据、会员推广和体重研究所栏目，其结构图如图 3-6-6 所示，其元素布局如图 3-6-7 所示。

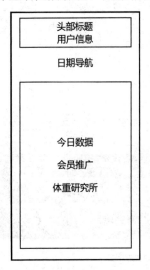

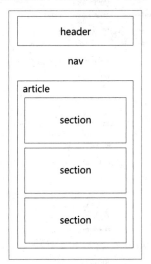

图 3-6-6 "体重管理"子页面结构图   图 3-6-7 "体重管理"子页面元素布局图

3.6.3 任务实施

任务实施步骤见电子活页 3-6-1。

电子活页 3-6-1

任务7 HTML5优化移动端静态网页结构

HTML5不仅新增了可用于结构化网页页面的语义标签，还新增了表单、图形绘制、多媒体、页面增强元素等标签及其相关属性，极大地丰富了网页可设计内容，提高了网页开发效率。任务7将为读者介绍一个使用HTML5技术制作的网上书城移动端静态网页。

 能力要求

（1）理解 HTML5 语义化元素的作用。
（2）理解 HTML5 新增全局属性、页面增强元素。
（3）理解 HTML5 表单标签和属性。
（4）了解多媒体元素的使用方法，如 audio 元素。
（5）综合应用 HTML5 制作移动端静态网页技术，开发网上书城移动端静态网页。

 学习导览

本任务的知识地图如图 3-7-1 所示。

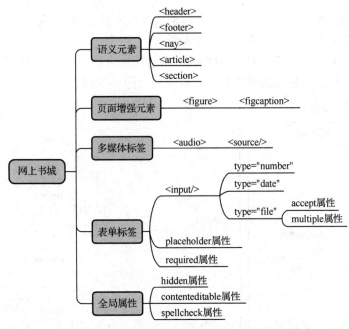

图 3-7-1 "网上书城"移动端静态网页知识地图

3.7.1 任务概述

在网上书城移动端静态网页的设计任务中，需要使用 HTML5 技术制作完成两个简单的页面，一个是网站"图片信息列表"页面，另一个是"新增图书"页面，最终完成的页面效果如图 3-7-2 和图 3-7-3 所示。

图 3-7-2 "图书信息列表"页面

图 3-7-3 "新增图书"页面

3.7.2 任务分析

（1）"图书信息列表"页面从上至下分别是头部搜索栏、网站导航栏、图书信息列表和页脚"加载更多"按钮，其结构图如图 3-7-4 所示。

（2）在页面结构图基础上，结合 HTML5 移动端网页制作特点，"图书信息列表"页面使用 HTML5 结构化语义标签搭建的页面元素布局如图 3-7-5 所示。

图 3-7-4 "图书信息列表"页面结构图

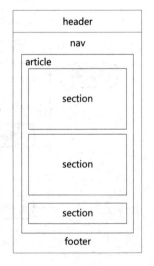

图 3-7-5 "图书信息列表"页面元素布局图

（3）"新增图书"页面从上至下分别是头部标题栏、收集图书信息的主体内容区域，其结构图如图 3-7-6 所示，页面元素布局如图 3-7-7 所示。

图 3-7-6 "新增图书"页结构图

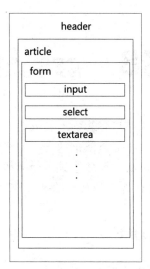

图 3-7-7 "新增图书"页面元素布局图

 3.7.3 任务实施

任务实施步骤见电子活页 3-7-1。

电子活页 3-7-1

任务8　CSS3新特性制作移动端网页加载动画

CSS3是在CSS基础上发展的一项革新性升级技术。它不仅继承了CSS优秀的网页样式和布局控制，更为突出的是它的动画设计能力。使用CSS3的动画属性，在处理网页元素的位移、缩放、旋转等过渡动画方面可以完全取代Flash动画和JavaScript程序设计动画。任务8将为读者介绍使用CSS3技术制作的4个不同风格的移动端网页加载动画。

 能力要求

（1）理解 CSS3 新特性。
（2）理解 CSS3 弹性布局，掌握其使用方法。
（3）熟练掌握 CSS3 动画效果。
（4）综合应用 CSS3 新特性、动画、布局等技术，开发网页加载动画。

 学习导览

本任务的知识地图如图 3-8-1 所示。

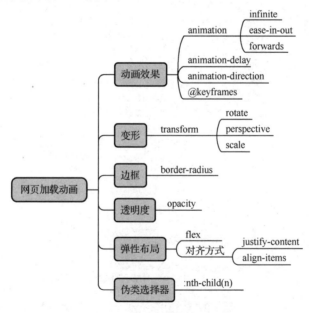

图 3-8-1　网页加载动画知识地图

3.8.1　任务概述

　　页面加载动画是在用户打开网页时，预先执行的一段短暂的动画效果，其主要目的是解决客户端向服务器请求大量数据与资源时，因网络数据传输不畅而导致的页面"白板"，从而给用户造成的不良用户体验。本任务中将由简单至复杂，分别使用 CSS3 制作 4 种不同效果的页面加载动画，最终完成的页面效果序列如图 3-8-2～图 3-8-5 所示。

图 3-8-2　"放大淡出"加载动画序列

图 3-8-3　"翻转"加载动画序列

图 3-8-4　"信号条"加载动画序列

图 3-8-5　"弹跳球"加载动画序列

3.8.2　任务分析

　　（1）"放大淡出"动画的基础元素是一个正圆形，其运动过程是圆形由小到大，同时由深至浅的一种动画过渡效果。

　　（2）"翻转"动画的基础元素是一个正方形，其运动过程是先围绕水平轴翻转，再围绕垂直轴翻转的一种动画过渡效果，为模拟自然视觉，在运动过程中增加了透视效果。

（3）"信号条"动画的基础元素是由 5 个长方形组成的一组"信号"元素，其运动过程是从左至右逐个在垂直方向，以中线为基准上下增高的一种动画过渡效果。

（4）"弹跳球"动画是基础元素是由 4 个正圆形组成一组"弹跳球"元素，其运动过程是从左至右逐个在水平方向上下弹跳，并且在 4 秒钟后淡出屏幕的一种动画过渡效果。

3.8.3 任务实施

任务实施步骤见电子活页 3-8-1。

电子活页 3-8-1

任务9 CSS3新特性美化移动端页面样式

CSS3相比CSS增加了诸多新特性，包括flex弹性布局、多列布局、动画、过渡、渐变、圆角、阴影、背景控制等。CSS3中的弹性盒子是一种可以自适应屏幕大小及设备类型的布局方式，极大地提升了网页布局的有效性；而CSS3中的圆角、阴影等设置更加丰富了页面元素的视觉效果。任务9将为读者介绍一个使用CSS3中的部分新特性，美化云端影音网移动端的网站主页。

 能力要求

（1）理解 CSS3 弹性布局，熟练掌握其使用方法。
（2）熟练掌握 CSS3 边框、阴影等新特性。
（3）综合应用 CSS3 边框、布局等新特性，开发云端影音网移动端网站主页。

 学习导览

本任务的知识地图如图 3-9-1 所示。

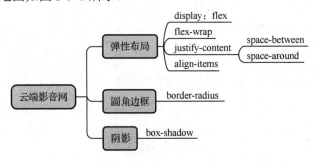

图 3-9-1 云端影音网移动端网站主页知识地图

3.9.1 任务概述

在云端影音网移动端网站主页的设计任务中，需要使用 HTML5 和 CSS3 技术综合制作完成一个网站主页。页面内容需要符合移动端显示风格，自上而下，结构简单，各栏目区域分隔清晰。最终完成的页面效果如图 3-9-2 所示。

图 3-9-2　网站主页

3.9.2　任务分析

（1）云端影音网移动端网站主页从上至下分别是头部 logo、网站导航栏、编辑推荐栏、最新影片栏和页脚版权信息等部分，其结构图如图 3-9-3 所示。

（2）在页面结构图基础上，结合 HTML5 移动端网页制作特点，云端影音网移动端网站主页使用 HTML5 结构化语义标签搭建的页面元素布局如图 3-9-4 所示。

图 3-9-3 主页结构图

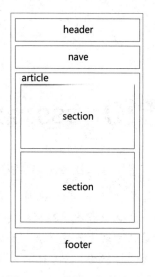

图 3-9-4 主页元素布局图

 ### 3.9.3 任务实施

任务实施步骤见电子活页 3-9-1。

电子活页 3-9-1

任务10 CSS3自定义资源美化移动端页面元素

　　为了使开发更便捷，页面元素更丰富，CSS3中提供了较多的自定义设置，例如可用于自定义字体的@font-face规则，该规则可以不再需要对特殊字体进行图形化使用，而是以在线的方式从服务器端提供指定字体，消除了网页对客户端字体库的依赖。自定义图标则是一种第三方网页开发元素，通常提供了一整套使用方案，极大地提高了网页前端开发人员的页面设计能力。任务10将为读者介绍一个以自定义资源为主设计的学校综合服务门户移动端网页。

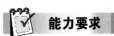 **能力要求**

　　（1）熟练掌握 CSS3 弹性布局使用方法。
　　（2）熟练掌握自定义字体、自定义图标使用方法。
　　（3）熟练掌握 CSS3 圆角边框、元素阴影设置方法。
　　（4）熟悉掌握长文省略号设置方法。
　　（5）综合应用 CSS3 布局、边框、自定义资源等新特性，开发学校综合服务门户移动端网页。

 **学习导览**

　　本任务的知识地图如图 3-10-1 所示。

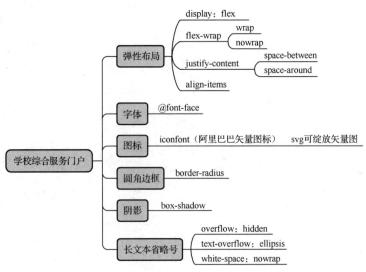

图 3-10-1　学校综合服务门户移动端网页知识地图

3.10.1　任务概述

在学校综合服务门户移动端网页的设计任务中，不仅需要 HTML5 和 CSS3 技术的综合应用，还涉及自定义元素的应用，如自定义字体、自定义图标等。最终完成的页面效果如图 3-10-2 所示。

图 3-10-2　学校综合服务门户移动端网页

3.10.2　任务分析

（1）学校综合服务门户移动端网页从上至下分别是页头（包括 logo 标题和栏目主导航）、主体内容（包括分类次导航、新闻列表等）和页脚版权信息 3 部分，其结构图如图 3-10-3 所示。

（2）在页面结构图基础上，结合 HTML5 移动端网页制作特点，学校综合服务门户移动端网页使用 HTML5 结构化语义标签搭建的页面元素布局如图 3-10-4 所示。

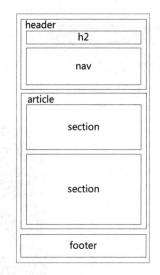

图 3-10-3　学校综合服务门户页面结构图　　图 3-10-4　学校综合服务门户页面元素布局图

 ### 3.10.3　任务实施

任务实施步骤见电子活页 3-10-1。

电子活页 3-10-1

 ## 本篇小结

　　本篇以工业和信息化部教育与考试中心发布的《Web 前端开发职业技能等级标准》（初级）（以下简称"Web 前端初级标准"）为依据，重点介绍了"Web 前端初级标准"中的 HTML、CSS、HTML5 和 CSS3 部分技术的实操应用。本篇采用技术专题的形式，分别面向 PC 端和移动端进行静态网页开发的专项训练，任务 1～任务 5 面向 PC 端，任务 6～任务 10 面向移动端，其中任务 1 和任务 2 是 HTML 技术专题，任务 3 和任务 4 是 CSS 技术专题，任务 5 是 CSS3 技术中的交互效果专题，任务 6 和任务 7 是 HTML5 技术专题，任务 8 和任务 9 是 CSS3 技术专题，任务 10 是引入第三方外部资源的综合技术专题。通过本篇中技术专题的综合训练，读者能够熟练运用 HTML、CSS、HTML5 和 CSS3 等技术，面向 PC 端和移动端制作出图文混排的静态网页。